ESCRITOS LÓGICO-FILOSÓFICOS

GOTTLOB FREGE

ESCRITOS LÓGICO-FILOSÓFICOS

Introducción, traducción y selección bibliográfica de

Alfonso Gómez-Lobo y Luis Placencia

Edición al cuidado de

Ruth Espinosa y Luis Placencia

COLIHUE CLÁSICA

Frege, Gottlob

Escritos lógico-filosóficos / Gottlob Frege. - 1ª ed . - Ciudad Autónoma de Buenos Aires : Colihue, 2017.

336 p. ; 18 x 12 cm. - (Colihue Clásica)

Traducción de: Alfonso Gómez-Lobo y Luis Placencia.

ISBN 978-950-563-071-4

1. Lógica Matemática. 2. Filosofía. I. Gómez-Lobo, Alfonso, trad. III. Título.

CDD 511.3

Coordinador de colección: Dr. Mariano Sverdloff
Asistente de coordinación: Emiliano De Bin

Equipo de producción editorial: Cristina Amado y Leandro Capdepón.

Diseño de tapa: Estudio Lima+Roca

ISBN 978-950-563-071-4

Av. Díaz Vélez 5125
(C1405DCG) Buenos Aires - Argentina
www.colihue.com.ar
ecolihue@colihue.com.ar

Hecho el depósito que marca la ley 11.723
IMPRESO EN LA ARGENTINA - PRINTED IN ARGENTINA

INTRODUCCIÓN

GOTTLOB Frege es una de las figuras más importantes del pensamiento contemporáneo y sus ideas fundamentales están en la base de muchos aspectos de nuestra cultura actual.

En este estudio introductorio, nos proponemos proveer un contexto amplio para la lectura de los escritos de Frege. Primero mencionamos los hitos más importantes de su vida, para luego resumir las ideas centrales de sus obras más importantes. A modo de conclusión caracterizamos los escritos incluidos en esta edición[1].

1. VIDA DE FREGE[2]

Gottlob Frege nació en Wismar (Mecklenburg Vorpommern, Alemania) el 8 de noviembre de 1848. Debido a la temprana muerte de su padre en 1866, dependió económi-

1. El lector puede hallar una buena y compacta introducción a la obra completa de Frege en Kenny (1995) (hay traducción castellana). De muy buen nivel es también Stepanians (2001). Introducciones más detalladas a los aspectos centrales del pensamiento de Frege se pueden hallar en Dummett (1973) y Dummett (1991). El lector encontrará en la «Bibliografía» los datos bibliográficos completos. Todas las referencias a Frege se hacen, de acuerdo a una convención ya establecida indicando la paginación de la edición original. En esta edición dicha paginación va indicada al margen de los textos.

2. El lector interesado en mayores detalles puede hallar una excelente biografía en Kreiser (2001). Una tabla cronológica con los principales datos de la vida de Frege se encuentra *infra* pp. XXXIII-XXXV.

camente de su madre durante buena parte de su educación secundaria y universitaria, y durante los inicios de su carrera docente. En abril de 1869 ingresa a la Universidad de Jena. Luego de estudiar matemáticas, filosofía y ciencias naturales en Jena y Göttingen[3], obtuvo en 1873 el doctorado en la segunda de estas universidades con la tesis *Sobre una representación geométrica de las figuras imaginarias en el plano*[4]. Al año siguiente presentó una tesis de habilitación en matemáticas a la Facultad de Filosofía de la Universidad de Jena (con el título de *Métodos de cálculo fundados en una ampliación del concepto de magnitud*) y después de la defensa de rigor le fue concedida la *venia legendi*, el derecho a la docencia universitaria. De allí en adelante su vida académica completa transcurre en el Departamento de Matemáticas de la Universidad de Jena, donde enseñó durante cuarenta y cuatro años sin alcanzar la meta normal de una carrera académica: una cátedra en propiedad. Al cumplir los sesenta años de edad, los funcionarios de la universidad rechazan la idea de condecorar a Frege, pues consideran que sus lecciones tienen un carácter subalterno y no constituyen un aporte de peso dentro de la institución[5]. Frege tampoco fue muy popular entre los estudiantes. Sabemos por R. Carnap, quien asistió a

---

3. Frege estudió principalmente matemáticas, mas visitó lecciones de filosofía impartidas por Kuno Fischer en Jena (1870-1871) y Hermann Lotze (1871) en Göttingen. En Jena estudió también tres semestres de química y realizó una práctica en esa disciplina. Cf. Kreiser (2001) 64-87.

4. La Universidad de Jena, que había sido el centro del idealismo alemán (profesaron ahí entre otros Fichte, Schelling y Hegel), no poseía, al comenzar Frege sus estudios, particular prestigio ni en filosofía ni en matemáticas. Aparentemente Frege habría ingresado a Jena bajo recomendación de un profesor secundario en Wismar, el Dr. Leo Sachse. Diferente es el caso de Göttingen, que poseía a la sazón (tal como hoy) un gran prestigio dentro de Alemania.

5. Cf. Patzig (1970) p. 77.

sus clases en los años 1910, 1913 y 1914, que en la lección de 1913 Frege solo tenía por oyentes al ya mencionado Carnap, a un amigo de este último y a un militar jubilado aficionado a las ideas matemáticas modernas[6]. En 1917, Frege se retira de la universidad luego de ciertos períodos de depresión y amargura debidos principalmente a su soledad (desde 1904, luego de la muerte de su esposa Margarete, vivió con la sola compañía de su hijo adoptivo Alfred), y murió finalmente en 1925 con plena conciencia del valor de sus contribuciones. En efecto, sus papeles póstumos los hace llegar a su hijo adoptivo con la siguiente carta:

> «Bad Kleinen, 12 de enero, 1925
>
> Querido Alfred:
>
> No desprecies mis manuscritos. Si bien no todo es oro, hay sin embargo oro en ellos. Yo creo que llegará el día en que algo de esto será mucho más apreciado que hoy. Vela para que nada se pierda. Con el amor de tu padre.
>
> Es una gran parte de mí mismo lo que aquí te dejo»[7]

Además de los trabajos póstumos sobre matemáticas, lógica y filosofía que fueron publicados en 1969[8], el legado

---

6. Cf. Carnap (1963) pp. 5. En Kreiser (2001) pp. 280-284, se puede hallar una tabla con los cursos dados por Frege con la cantidad de alumnos que asistieron a ellos. La situación parece no ser muy divergente de la que Carnap narra.

7. Frege (1969) p. XXXIV.

8. En 1994 se ha publicado un conjunto de apuntes personales de Frege pertenecientes al año 1924, que contienen principalmente anotaciones de ideas políticas (su publicación fue deliberadamente omitida por los editores de Frege [1969] por considerarse que no podían ser contadas como parte de la *Obra póstuma científica*, que la edición pretendía compilar, cf. Frege [1969] n. 1). En los apuntes incluye una gran cantidad de cartas que muestran que, si bien el reconocimiento oficial le estuvo vedado a Frege, la importancia de su pensamiento no pasó inadvertida a algunos de los matemáticos y filósofos más preclaros de su tiempo. En efecto, Frege mantuvo una nutrida correspondencia científica entre otros con L. Couturat, H. Dingler, D. Hilbert, E. Husserl, L. Löwenheim, M. Pasch, G. Peano, B. Russell y L. Wittgenstein[9]. La influencia que Frege tuvo sobre la mayoría de ellos tampoco es hoy puesta en duda. Es de notar que el valor de algunas de las contribuciones de Frege llamó la atención incluso de algunos filósofos sagaces, más lejanos al campo de problemas en el que Frege se interesó principalmente. Este es el caso, por ejemplo, de M. Heidegger[10].

2. Principales obras

Durante su carrera docente Frege publicó tres grandes obras cuyo contenido es imprescindible conocer para comprender sus otros escritos:

2.1. La «*Conceptografía*» y el inicio de la lógica contemporánea:

En 1879 Frege abre la historia de la lógica matemática contemporánea con la publicación de su *Begriffsschrift*, «*Conceptografía*», «*Ideografía*» o «*Escritura conceptual*»[11]. En

mencionados, Frege se reconoce como un ex liberal que, después del fin de la Primera Guerra, de la abdicación de Guillermo IV y de la firma del «Tratado de Versailles», desarrolló ideas nacionalistas, contrarias a la democracia, al socialismo y con un fuerte componente antisemita. Al respecto, cf. Gabriel & Kienzler (1994).

9. Patzig (1970) p. 77.

10. Cf. Heidegger (1912) p. 20.

11. Como indica recientemente Künne (2010) p. 167, el término *Begriffsschrift* no es un neologismo fregeano. Se remonta a W. von Humboldt, quien probablemente lo utilizó como «germanización» del término francés *idéographie* utilizado a su vez por Champollion esta obra Frege logra construir por vez primera un lenguaje formal que responde a las principales exigencias esbozadas por Leibniz, quien había concebido ya en el s. XVII el proyecto de desarrollar un lenguaje de signos en el que estos «mantengan entre sí la relación que poseen los pensamientos» (Leibniz [1889] p. 80). Para extraer verdades a partir de un pensamiento verdadero, era menester, según Leibniz, «seguir un cierto encadenamiento en el que no haya vacíos» (cf. Leibniz [1923] p. 670). Para lograr este objetivo, el mejor medio sería la creación de un lenguaje simbólico que Leibniz llamó *characteristica universalis*. Pues bien, un objetivo similar al de Leibniz se traza Frege en su *Begriffsschrift*, dentro de la cual «se debe evitar todo lo que no tenga valor para la inferencia (*Schlussfolge*)»[12]. Frege desarrolla con este fin un lenguaje formal que permite expresar sin equívocos todas las formas lógicas básicas de las proposiciones relevantes en el plano científico y logra formular junto con ellas

---

para describir el tipo de lengua de los egipcios. Según Kühne, Frege debe haber tomado el término de A. Trendelenburg. En nuestro texto utilizaremos la traducción «conceptografía», pese a que hay buenas razones para pensar que «ideografía» es una mejor traducción. En efecto, al ya mencionado origen del término, se suma el hecho de que varias personas que tuvieron contacto con Frege lo tradujeron usando respectivos cognados en sus lenguas (así Peano traduce al italiano como *ideografia*, mientras que Jourdain al inglés con el término *ideography*). La razón por la que, pese a lo anterior, optamos por «conceptografía», es sencilla: en castellano (al igual que inglés) es usual traducir el término *Begriffsschrift* por «escritura conceptual» o «conceptografía», de suerte que hemos preferido aquí seguir el uso ya convencional.

12. Cf. Frege (1879b) p. iv. A diferencia de la «característica universal» de Leibniz, la *Begriffsschrift* de Frege no posee la pretensión de ser un lenguaje universal, sino más bien un lenguaje más poderoso que permita no pasar por alto aquello que el lenguaje natural sí pasa, y sea así capaz de reemplazar al lenguaje natural *en ciertos ámbitos* en los que se requiere de mayor precisión. Cf. Frege (1879) p. XI. Respecto de las razones que hacen necesaria una conceptografía, cf. Frege (1882b) *infra* pp. 3 y ss.

reglas de inferencia que no habían sido consideradas por la lógica anterior. De este modo soluciona muchas veces de manera elegante ciertos problemas que habían torturado a generaciones completas de lógicos. Así, por ejemplo, Frege construye un cálculo que permite incluir proposiciones con el cuantificador universal «todo», tanto en el sujeto como en el predicado. De esta manera, se pueden hallar reglas de inferencia para proposiciones como «todos los humus odian a todos los humus» o «todos los hombres aman a todas las mujeres», reglas que no existían en la lógica aristotélica[13].

Para esto Frege se sirve de un reducido número de elementos primitivos: la negación (que no es un acto, sino parte del contenido de lo expresado por una oración), la implicación (el tipo de relación que expresamos en el lenguaje ordinario diciendo «si..., entonces»), la identidad y el cuantificador universal. Este último, el aporte decisivo para la constitución de la lógica contemporánea, es designado por un símbolo que permite presentar por separado la validez universal de una oración. La oración «todos los seres humanos son mortales» se lee entonces «para todo objeto *x*, vale que si *x* es un ser humano, entonces *x* es mortal»[14]. En lógica actual, esta oración se escribe de la siguiente manera:

$$\forall x\ H(x) \rightarrow M(x).$$

La simbología de Frege es mucho más compleja que la notación lineal que utilizamos hoy en día, dado que opera con múltiples trazos verticales y horizontales. Así, una

---

13. Mayor información acerca de los aciertos de Frege en su *Begriffsschrift* se puede hallar en Mendelssohn (2005) pp. 185 y ss. que ofrece además una «traducción» de las pruebas de Frege en este texto al lenguaje lógico contemporáneo.

14. Cf. la introducción del cuantificador universal, en Frege (1891a) p. 23 (p. 37 y ss. de esta edición).

oración simple como la recién mencionada se expresaría en el lenguaje fregeano de la siguiente forma:

[15]

Esta complicada notación fue utilizada solo por Frege. En la historia posterior de la lógica ha sido reemplazada por otras más simples (como, por ejemplo, la que utilizamos más arriba para expresar que todos los seres humanos son mortales).

2.2. *Los fundamentos de la aritmética*:

La segunda gran obra de Frege es *Die Grundlagen der Arithmetik* (*Los fundamentos de la aritmética*) de 1884. Durante los años que precedieron a esta publicación, Frege llegó a lo que se ha llamado más tarde la «tesis logicista». Su contenido lo expresó así: «la aritmética es lógica más desarrollada; una fundamentación más rigurosa de las leyes de la aritmética conduce a leyes puramente lógicas y sólo a leyes de este tipo»[16]. Frege se propuso entonces llevar a cabo en detalle la reducción de la aritmética a la lógica (de la geometría siempre tuvo una concepción diferente[17]) y como etapa previa se vio obligado a elucidar las nociones básicas de «proposición aritmética» y de «número». Este es el contenido de los *Fundamentos*. La primera mitad del

---

15. Frege expresa el «cuadrado de las oposiciones» aristotélico en su notación en Frege (1879b) p. 24. Una breve explicación de la notación de Frege se puede hallar en Kenny (1995) pp. 214-215.

16. Frege (1891a) p. 29 (p. 29 y ss. de esta edición).

17. En efecto, Frege fue un «semikantiano» en filosofía de las matemáticas, pues sostuvo, al igual que Kant, que la geometría contiene juicios sintéticos *a priori*. Sobre las diferencias que Frege ve entre aritmética y geometría en este punto, cf. Frege (1884a) pp. 19-20.

libro está dedicada a atacar las opiniones, entre otros, de Leibniz, Kant, Mill y de algunos de sus contemporáneos (M. Cantor, E. Schröder[18]). En la segunda mitad, expone su propia doctrina del número como objeto independiente. Más que las doctrinas aritméticas, nos parece interesante el exponer aquí los tres principios básicos que guían a Frege en su empresa, pues ellos dejan ver con claridad la importancia de sus contribuciones para un campo más amplio, es decir, para la totalidad de la filosofía[19]:

a) «Hay que separar rigurosamente lo psicológico de lo lógico, lo subjetivo de lo objetivo». Esta tesis y su desarrollo en el libro mismo, representa la primera y decisiva ofensiva contra el «psicologismo». Con esta palabra se suele designar una corriente muy en boga en la filosofía de la segunda mitad del siglo XIX, que pretende fundar las leyes lógicas en procesos psíquicos. La disciplina fundamental para la lógica y la matemática es entonces la psicología, pues los números y las leyes lógicas no son sino representaciones nuestras. Frege no se cansará de mostrar una y otra vez, incluso en su vejez, los absurdos que se siguen de esta concepción[20]. El mérito de la superación del psicologismo, con el consiguiente hallazgo de un nuevo punto de partida para la filosofía, se suele atribuir erróneamente a las *Investigaciones lógicas* de Husserl, cuyo primer volumen fue publicado en 1900, die-

---

18. Cf. Frege (1884a) §§ 5-8. Un muy buen resumen de la argumentación de Frege en esta parte del texto se puede ver en Kenny (1995) pp. 50-73.

19. Frege (1884a), p. X.

20. Así por ejemplo Frege defiende el antipsicologismo no sólo en los *Fundamentos*, sino que también en escritos tardíos, como el importante artículo «El pensamiento» (Frege [1918-1919a] pp. 151 y ss. de esta edición). Una versión compacta de los principales aspectos de las críticas de Frege al psicologismo se puede ver en Frege (1894).

ciséis años después de los *Fundamentos*. Esta obra temprana de Husserl fue probablemente influenciada por el estímulo y las críticas de Frege[21].

b) «Por el significado de las palabras se debe preguntar en el contexto de una oración y no aisladamente». Este segundo principio, actualmente denominado «principio de contextualidad», echa las bases para una nueva teoría del significado. Si bien es cierto que ya Platón[22] se había percatado de que logramos decir algo solo mediante oraciones y no mediante términos aislados, se persistió en general en la costumbre de concebir aisladamente el significado de las palabras conforme al modelo de la relación entre un nombre y un objeto concreto: si al nombre «Teeteto» corresponde un hombre singular, Teeteto, así también a «volar» debe corresponder algo más o menos análogo, algún tipo de entidad. Frege abandona esta teoría y sostiene que hay que preguntar no por el significado de la forma nominativa, por ejemplo del verbo «volar», sino por el significado de «vuela» en cuanto contribuye a formar una oración verdadera o falsa (por ejemplo «Teeteto vuela»). La razón para hacer esto radica en la convicción de que el significado de una palabra está dado por su capacidad para contribuir a formar oraciones verdaderas o falsas. Esto no quiere decir que la palabra aislada carezca de significado; lo que ocurre es que sólo podemos conocer su significado en el uso actual de esa

---

21. Las principales críticas de Frege que pudieron haber influenciado a Husserl se pueden hallar en Frege (1894). Esta edición pp. 113 y ss. Con todo, hay autores que en el ámbito de la investigación husserliana, sostienen que Husserl podría haber llegado de manera independiente a sus críticas al psicologismo. Cf. Mohanty (1982). Husserl mismo, de todos modos, según testimonios de terceras personas, parece haber valorado la crítica de Frege. Cf. Künne (2010) p. 32.

22. Platón, *Sofista*, 262a-d.

palabra. La consecuencia más directa de esta concepción es que le permitió a Frege determinar con exactitud el rasgo fundamental de un predicado gramatical y de aquello que este representa en el contexto de la oración. El tercer principio de los *Fundamentos* acentúa justamente la importante distinción lograda por esta vía.

c) «Debe tenerse presente la diferencia entre concepto y objeto». Partiendo de la oración asertiva o apofántica, de aquella que tiene un contenido que es verdadero o falso, Frege distingue una parte que *generalmente* desempeña la función de sujeto gramatical. Este tipo de expresión es llamado «nombre propio» (*Eigenname*) y es a través de él que se define el concepto de objeto (*Gegenstand*): objeto es todo lo susceptible de ser designado por un nombre propio. Esta noción de objeto es sumamente amplia, pues incluye no solo las cosas concretas, sino también toda suerte de entidades abstractas como números, direcciones de líneas, formas geométricas, etc. Ahora bien, si en una oración elemental separamos la parte que representa al objeto, vale decir, el nombre propio, obtenemos un elemento lingüístico, el predicado, que lleva en sí una carencia, un vacío que debe ser llenado. Utilizando una metáfora tomada probablemente de la química, Frege habla de la «no saturación» del predicado. La nominalización, especialmente de los verbos, impide justamente percatarse de esto: «volar» aparece como un todo; «... vuela» en cambio nos muestra que estamos ante algo cuya naturaleza consiste precisamente en esa menesterosidad. Eso, lo designado por un predicado gramatical, recibe en la rigurosa terminología de Frege el nombre de concepto (*Begriff*). Un concepto es por lo tanto radicalmente distinto de un objeto, pues este último no lleva consigo menesterosidad alguna y por eso mismo puede servir precisamente para «saturar»un concepto. La expresión «... vuela» puede ser saturada por «esa golondrina» para formar una oración verdadera o por «Teeteto» para formar una falsa. Tanto el pájaro como el joven geómetra griego son entidades sin vacíos, son objetos[23].

En relación con ello, Frege llama la atención sobre un error en que se ha caído a menudo: el de pensar que es relativamente indiferente el lugar sintáctico que ocupe un término porque esto no modifica nuestra comprensión de lo designado por él. El predicado de nuestro ejemplo, se piensa, puede perfectamente oficiar de sujeto, por ejemplo en la oración «el volar (o la acción de volar) es una actividad natural de las aves». Pero esto significa desconocer la distinción del tercer principio: «...vuela» apunta a un concepto, «el volar» en cambio es un objeto. No podemos hacer de un concepto un objeto sin modificarlo, pues ser concepto significa tener un estatus irreductible, tal como lo posee la noción matemática equivalente: la función.

No podemos extendernos aquí sobre las consecuencias y dificultades que se derivan de los principios de los *Fundamentos*. Sólo quisiéramos señalar que, aparte de los resultados dentro del terreno de la filosofía de las matemáticas y de la semántica, este libro tiene una gran importancia por el modo como explica el funcionamiento del predicado «existe». Este ha sido tradicionalmente un predicado que presenta enormes dificultades, especialmente cuando es negado. En la tradición filosófica se ha sostenido que sólo existen los entes concretos (esta silla, esa ventana, etc.), es decir, que la existencia es un predicado que se afirma o niega de individuos singulares y no de abstracciones. Pero ¿qué ocurre cuando negamos la existencia? Si decimos «los caballos existen» se ha entendido que nos referimos mediante el sujeto gramatical

---

23. Sobre este punto Frege vuelve en múltiples textos, pero principalmente en Frege (1891a). Cf. esta edición pp. 13 y ss.

a entes concretos y afirmamos que existen, cuando decimos en cambio «los centauros no existen» ¿a qué nos estamos refiriendo? No a los centauros, puesto que no existen; tampoco a nuestra representación subjetiva, pues la intención de la aserción no es decir algo sobre nuestra mente sino sobre la realidad, de lo contrario emplearíamos la expresión «mi representación de los centauros». Sobre estas bases se trata, aparentemente, de un problema sin solución. Frege muestra en cambio que la existencia, al igual que el número, es un predicado de conceptos y no de objetos. Cuando decimos «los centauros no existen», estamos en realidad diciendo «para todo x vale que x no es un centauro», es decir, la clase de los centauros es una clase vacía, una clase no «instanciada» entre las cosas.

Directa relación con lo anterior tiene la teoría fregeana de la «asignación de número» (*Zahlangabe*). La tradición filosófica, orientada a partir del lenguaje natural, tendió a afirmar que en una oración del tipo «Chile tiene 15 regiones», se predicaba de un nombre propio (Chile) una propiedad, *sc.* el tener 15 regiones. Frege rechaza esta interpretación especialmente por las implicaciones psicologistas que podrían seguirse de algunas de sus versiones. En consecuencia, el modo en que debe ser analizada la oración anterior es diferente, sostiene Frege. Así, en un enunciado del tipo «Chile tiene 15 regiones», lo que hacemos es indicar una determinada cantidad (15) que indica la cardinalidad del concepto «regiones de Chile». Frege señala que donde más claro se ve esto es en el caso del número cero (con el cual la tradición que consideraba a los números como propiedades o entidades análogas tuvo problemas serios, al punto de tener que llegar a considerar, como lo hace Husserl en su *Filosofía de la aritmética*, que el cero no era un número). De esta manera, Frege rechaza el análisis de la oración «Venus tiene cero lunas» que la entiende como si del objeto al que corresponde el nombre propio «Venus» se predicara una propiedad equivalente a algo así como «la nada». Lo que ocurre más bien, dice Frege, es que aquí se sostiene que el concepto expresado por «luna de Venus» no tiene ninguna instancia que caiga bajo él, *i. e.* es un concepto vacío[24]. Como se ve, Frege trata aquí al número tal como trata la existencia: como un predicado de conceptos. Por esta razón las indicaciones recién dadas en las que se introducía la diferencia entre objeto y concepto a partir de la distinción entre sujeto y predicado deben ser tomadas *cum grano salis*. En efecto, la distinción gramatical entre sujeto y predicado cubre no solo aquella entre objeto y concepto, sino también la que se da entre un concepto (*v. gr.* luna de Venus) y otro concepto al que este está subordinado (ser un concepto vacío)[25].

2.3. *Leyes fundamentales de la aritmética*:

Grundgesetze der Arithmetik es el título del libro con que el matemático de Jena pensaba coronar su obra: en él se realizaría en concreto la deducción de las leyes básicas de los números con medios puramente lógicos. Al emprender esta tarea, Frege modificó en algunos puntos el sistema formal expuesto en la *Conceptografía* y redujo los axiomas a siete. El primer volumen, editado en 1893, incluye en su primera parte la exposición de los signos primitivos de las definiciones, la tabla de los axiomas y de las reglas y luego deducciones de algunas leyes fundamentales. El segundo, publicado recién en 1903, sigue adelante con estas deducciones e inicia la parte relativa a los números reales con una larga discusión de las diferentes doctrinas sobre los irracionales.

---

24. Frege (1884a) pp. 59-60.

25. Para este punto se puede ver Frege (1892b) esta edición pp. 103-107; (1969) pp. 129-130; (1976) pp. 102-103.

El tercer volumen, aquel en que se esperaba la definición del número real, no fue jamás escrito. En efecto, al encontrarse en prensa el segundo volumen, Frege recibió una carta de Russell, señalándole una importante contradicción[26]. Frege, dando muestra de un insobornable amor a la verdad, reconoció su error y agregó un epílogo al tomo en prensa en el que reconocía que la contradicción provenía del axioma V y lo modificaba para evitar la paradoja. Hoy sabemos gracias a los trabajos de S. Lesniewski[27] que no tuvo éxito.

Frege abandonó posteriormente la idea central de su sistema y derivó hacia una posición según la cual la geometría, un saber fundado en principios sintéticos a priori, sería la disciplina matemática fundamental[28].

3. Los textos de esta selección

La presente edición intenta entregar al lector un conjunto de textos representativos de las ideas centrales de Frege. Por ello, se han incluido textos que pueden ser clasificados en los siguientes tres grupos:

a) Textos enmendativos sobre filosofía de las matemáticas: Se incluyen en este grupo dos textos, que en cierta medida dan cuenta del origen (en sentido sistemático) de las preocupaciones filosóficas de Frege, *sc.* 1) «Sobre la justificación científica de una conceptografía» (1882)[29] y 2) la «Reseña a E. Husserl *Filosofía de la aritmética I*» (1894).

Se podría decir que el motivo inicial de la filosofía de Frege es su insatisfacción con las teorías que en su época

---

26. Cf. Frege (1976) p. 211 *infra* pp. 256-258.

27. Cf. Sobocinski (1949) pp. 94-107, 220-228, 308-316. Cf. Klemke (1968), p. 492.

28. Frege (1969) p. 297.

29. Cf. Frege (1882b).

intentaban dar fundamento a la matemática. Según Frege, «en matemáticas debe todo ser tan claro como que $2 \cdot 2 = 4$. Cuando en ellas tiene lugar algo misterioso, tenemos un signo de que no todo está en orden»[30]. Ahora bien, la matemática de su tiempo de hecho no podía satisfacer las exigencias que Frege le señalaba. Por eso Frege sostenía que: «La matemática debería ser, en rigor, un ejemplo de claridad lógica. <Pero> en realidad probablemente no se encuentren en los escritos de ninguna otra ciencia más expresiones desviadas y como consecuencia de eso, más pensamientos desviados que los que se encuentran en las matemáticas»[31]. Una de las causas de ello, sostiene Frege, radica en la carencia de un lenguaje adecuado para realizar demostraciones que aspiren al nivel de rigor al que la matemática debe aspirar[32]. Con el fin de remediar esa carencia, Frege desarrolló su ya mencionada *conceptografía*. En «Sobre la justificación científica de una conceptografía», Frege explica y defiende la necesidad de la creación de un lenguaje de símbolos que evite las ambigüedades del lenguaje natural y que permita realizar demostraciones «sin vacíos». Este texto prefigura ciertas ideas que serán centrales para el desarrollo de los tres principios que Frege hace suyos en *Los fundamentos de la aritmética* (que fueron recién tratados), especialmente el tercero de ellos. En efecto, ya aquí identifica Frege el orientarse a partir del lenguaje natural como uno de los errores habituales de los lógicos.

El segundo de los textos mencionados en este grupo también intenta dejar atrás un error habitual de los lógicos y matemáticos de la época prefregeana, *sc.* el psicologismo[33].

---

30. Cf. Frege (1969) p. 300.

31. Frege (1904) p. 666. Esta edición pp. 150 y s.

32. Cf. *v. gr.* Frege (1879b) p. IV, Frege (1904) p. 666. Esta edición p. 150.

33. Cf. *supra* p. XIV y s.

Frege construye en este escrito una batería de argumentos contra la concepción psicologista de la lógica con ocasión de la publicación de una obra que defendía esta tesis rechazada por Frege, *sc.* el primer volumen de la *Filosofía de la aritmética* del entonces poco conocido *Privatdozent* de la Universidad de Halle E. Husserl. El giro de Husserl hacia una teoría antipsicologista (que se hace patente en los *Prolegómenos a la lógica pura*, primer volumen de sus *Investigaciones lógicas*), parece haber sido influido por esta crítica reseña, pero aparentemente Husserl nunca reconoció públicamente su deuda con Frege.

b) Escritos sobre semántica: A este grupo pertenecen los siguientes artículos: «Función y concepto» (1891), «Sobre sentido y referencia» (1892), «Aclaraciones sobre sentido y referencia» (escrito entre 1892 y 1895, inédito hasta 1969), «Concepto y objeto» (1892) y «¿Qué es una función?» (1904). Como el lector podrá apreciar, casi la totalidad de estos escritos pertenece a la década de 1890[34].

Este grupo de textos posee dos notas características: 1) la reiteración y ulterior precisión de nociones que ya estaban en la *Conceptografía* o en los *Fundamentos*, y que resultan cruciales para la comprensión de la filosofía de Frege, y 2) la introducción de la hoy clásica distinción entre sentido y referencia[35].

Las nociones que se vuelven a estudiar y profundizar aquí son principalmente aquellas de función, concepto y objeto. Como ya se indicó más arriba, Frege asume como uno de

---

34. La excepción la constituye «¿Qué es una función?». Aunque este texto no corresponde temporalmente a la década de 1890, posee un claro vínculo temático con los de ese período.

35. Esta distinción es propia de los escritos de este grupo y no fue realizada por Frege ni en la *Conceptografía* ni en las *Leyes fundamentales de la aritmética*. Esto es reconocido por el mismo Frege en Frege (1976) p. 96. Cf. *infra* p. 244 y ss.

los principios centrales de su filosofía la distinción tajante entre concepto y objeto. Los conceptos corresponden en el lenguaje a expresiones «no saturadas» o «necesitadas de complementación» (tal como las funciones en matemáticas son representadas por símbolos que incluyen variables libres), mientras que los objetos son justamente lo contrario. Ahora bien, estos conceptos fundamentales, ya tratados en las obras anteriores, son reintroducidos aquí junto con el segundo punto característico de los textos de este conjunto, a saber, la ya mencionada distinción entre sentido y referencia. Para captar su enorme importancia se hace necesario adelantar una aclaración sobre las palabras empleadas para caracterizarla, pues estas tienden a producir cierta confusión. Frege se sirve de dos palabras alemanas «*Sinn*» y «*Bedeutung*» que en el lenguaje usual funcionan prácticamente como sinónimos (al igual que en castellano, donde habitualmente no distinguimos entre «sentido» [*Sinn*], y «significado» [*Bedeutung*], sus versiones más literales); sin embargo a una de ellas le asigna un papel nuevo: «*Bedeutung*» no es en su terminología *el* significado de una expresión, sino *lo* significado por ella. Dado que este uso induce a confusiones hoy se suele traducir convencionalmente «*Bedeutung*» por «referencia» y el verbo «*bedeuten*» por «referir». Hay que advertir sin embargo que al introducir esta mayor claridad se paga un precio: debido al sentido técnico que estas palabras han adquirido se podría pensar que con ellas se mienta un tipo único de relación, la relación entre nombre y objeto. Pero hoy sabemos que Frege extendió esta distinción también a los términos de conceptos[36]. Éstos no refieren a objeto alguno, de modo que «referir» y «referencia» deben ser entendidos en su sentido más amplio que debe colegirse de los textos mismos de Frege.

---

36. Cf. Frege (1969) pp. 128-134, (pp. 79 y ss. de esta edición). *Vid.* al respecto la ilustrativa tabla que Frege añade a su carta a Husserl del 24/05/1891. Cf. Frege (1976) p. 96. Esta edición p. 244.

Pero vamos a la distinción misma que brota de la necesidad de destacar la radical diversidad que hay entre el modo como algo es presentado en el lenguaje (sentido) y aquello que es presentado (referencia)[37]. En el caso de los nombres propios (en el sentido de Frege) estamos perfectamente habituados a contar con la distinción. En efecto, no solemos confundir el título «Ministro de Asuntos Exteriores» con la persona que en un momento dado es designada mediante este título. Ahora bien, si la distinción entre sentido y referencia no fuese válida no podríamos explicar los juicios no triviales de identidad, pues en ellos afirmamos que dos expresiones diferentes no constituyen sino dos modos diversos de presentar el mismo objeto. Al decir «el Ministro de Asuntos Exteriores es el presidente del Banco N. N.» sostenemos que dos expresiones con distinto sentido tienen la misma referencia, designan o refieren a la misma persona. Si por el contrario negamos la oración del ejemplo, no estamos negando un sentido o algo análogo, sino que estamos afirmando que la referencia de ambas expresiones no es la misma: al sentido de cada una de ellas corresponde una referencia diversa.

La distinción entre sentido y referencia no es difícil de admitir en el caso de los nombres; pero el asunto es más complejo al aplicarla a las oraciones asertivas, es decir, al tratarlas como nombres, que es justamente lo que hace Frege. Para esto, él nos pide la aceptación de algunas tesis bastantes insólitas. En efecto, lo que cabría esperar es que el sentido de una oración sea lo expresado por ella y su referencia algo así como «el estado de las cosas», «el

37. Frege defiende en múltiples ocasiones la distinción contra quienes la consideran innecesaria (*v. gr.* Russell). Un buen resumen de los argumentos de Frege se puede ver en su carta (nunca enviada) a Jourdain, de enero de 1914. Cf. Frege (1976) pp. 127 y ss. Esta edición pp. 272 y ss.

correlato objetivo en las cosas», «el hecho». La posición de Frege es diferente. Al sentido de una oración asertiva lo llama «pensamiento» (*Gedanke*) y para averiguar qué es propiamente lo referido por él propone apoyarse en un principio de sustitución: al reemplazar en una oración una palabra por otra que tenga la misma referencia, pero no el mismo sentido, la referencia de la oración no debe verse afectada. Lo que permanece invariable será la referencia[38]. El resultado es sorprendente: la referencia de una oración asertiva es su valor de verdad (*Wahrheitswert*), es decir, el hecho de que sea verdadera o falsa. Frege afirma, en forma consecuente, que lo verdadero y lo falso son objetos. Además todas las oraciones verdaderas tienen la misma referencia y también, por su parte, todas las falsas, pues sólo hay dos objetos de este tipo.

El sentido de estas tesis y su validez son aún hoy objeto de discusión. Sus frutos más importantes dentro del pensamiento de Frege aparecen, a nuestro juicio, en sus *Investigaciones lógicas*. Estas forman el tercer grupo de textos aquí compilados.

c) Investigaciones lógicas: Estas investigaciones consisten en una serie de tres textos escritos hacia el final de la vida de Frege: «El pensamiento» (1918-1919a), «La negación» (1918-1919b) y «Pensamientos compuestos» (1923)[39]. Según una indicación contenida en el encabezamiento de «Pensamientos compuestos», las tres investigaciones lógicas deben ser consideradas como partes de un todo. En ellas Frege se proponía desarrollar lo que hoy llamaríamos una «lógica filosófica» y entre sus papeles póstumos se han conservado

---

38. Cf. Frege (1892c) p. 32 (pp. 53-54 de esta edición).

39. Frege dejó inconclusa una cuarta parte de estas investigaciones llamada *Generalidad Lógica* (*Logische Allgemeinheit*). Cf. Frege (1969) pp. 278-281.

diversos esbozos que muestran que Frege había trabajado en varias oportunidades en este proyecto[40].

A diferencia de los textos comprendidos en el primer grupo arriba mencionado, Frege no refiere aquí a la conceptografía ni intenta una defensa de ese antiguo proyecto (sumado al hecho de que aquí no utiliza siquiera los símbolos de la misma). Además, aunque la primera de estas investigaciones, *sc.* «El pensamiento», incluye una polémica antipsicologista (como ya fue indicado más arriba), su intensidad y los argumentos que en este texto se utilizan son completamente diferentes.

(i) El primer artículo de la serie, «El pensamiento», nos ofrece una escueta pero valiosa teoría de la verdad, pues una de las convicciones más sólidas de Frege era que toda investigación lógica tiene que comenzar por allí. La verdad, empero, no se puede definir. Afirmar, en efecto, que la verdad es adecuación o correspondencia (o cualquier otra cosa expresada en una fórmula de esta índole) lleva a callejones sin salida; en el fondo equivale a querer determinar aisladamente el significado de una palabra. Lo conducente es preguntar por el uso que hacemos del adjetivo «verdadero». Esta interrogante nos lleva a su vez al problema de determinar exactamente qué es lo que puede ser verdadero o falso. Esto, lo susceptible de ser verdadero o falso, no es primariamente ni una cosa ni una representación subjetiva, ni una oración, sino el sentido de una oración asertiva, un pensamiento[41]. Y aquí se mantiene plenamente vigente la distinción entre sentido y referencia: la verdad es referida por el sentido, pero ella no puede ser parte de él. Al afirmar «es verdad que esa golondrina vuela»no incorporamos nada nuevo al sentido de la aserción «esa golondrina vuela».

---

40. Cf. *v. gr.* Frege (1969) pp. 137-163.

41. Frege considera así mismo que las oraciones interrogativas del tipo «¿Es Madrid la capital de España?», también poseen un sentido. Cf. Frege (1918-1919a). Esta edición p. 158.

Estas parcas afirmaciones traen consigo una vasta gama de consecuencias. Por una parte conducen a Frege a una ontología platonizante, pues aparte de las representaciones subjetivas y de las cosas espacio-temporales se ve obligado a admitir un tercer dominio de entidades, el dominio de los pensamientos. La diferencia con Platón radica en que él piensa esas entidades (las Ideas o Formas Platónicas) como correlatos de términos lingüísticos aislados (por ejemplo «lo bueno», «lo bello», «el círculo», etc.), mientras que Frege las concibe como las interconexiones que expresamos mediante oraciones asertivas (por ejemplo el teorema de Pitágoras). Otra línea de consecuencias importantes es que esta teoría nos permite ver con claridad el tipo de comportamiento que de hecho tenemos frente a la verdad. La verdad no puede ser ni captada, ni entendida, ni interpretada, ni traducida, ni explicada, etc. Todo esto lo hacemos con el sentido. La verdad simplemente la aceptamos (afirmando un pensamiento) o la rechazamos (afirmando la negación de ese pensamiento), pues constituye una dimensión diferente.

(ii) Como se puede ver a partir de esto último, Frege sostiene una peculiar teoría de la negación, a favor de la cual argumenta en la segunda de las investigaciones lógicas. Según esta teoría, la negación no es, tal como lo había considerado la tradición, un acto opuesto al acto de la afirmación. Lo anterior muchas veces llevó incluso a la idea de que la negación poseía un valor cognitivo menor que la afirmación. Frege considera absurda esta posición, por varias razones. Una de ellas reposa en una verdad elemental de la lógica, *sc.* la igualdad de la afirmación con la doble negación (*duplex negatio affirmat*). Si tomamos una proposición elemental como:

«Baruch Spinoza fue asesinado».

Y la negamos, obtendremos:

«No es el caso que Baruch Spinoza fue asesinado».

Pero la negación de la negación de la oración posee un valor de verdad equivalente a la afirmación de la misma:

> «No es verdad que no es el caso que Baruch Spinoza fue asesinado».

La negación no sería, entonces, como una espada que posee el poder de cortar los pensamientos y luego volverlos a unir. Frege sostiene que la negación de una oración es ella misma un pensamiento e interpreta lógicamente la negación como una expresión «no saturada», como una función.

(iii) En la tercera investigación lógica, Frege aborda las restantes funciones que su lógica considera (todo esto, como ya se ha dicho, sin hacer uso de su compleja notación). Se explica aquí nuevamente la doctrina fregeana de la conjunción, la disyunción y el condicional. Frege toma aquí como punto de partida la negación y la conjunción, obteniendo elegantemente las otras funciones a partir de las recién mencionadas.

ALFONSO GÓMEZ-LOBO
LUIS PLACENCIA
Washington DC / Leipzig
diciembre de 2009.

La primera edición de este libro fue posible gracias a una beca de la Fundación Alexander von Humboldt y a un permiso sabático de la Universidad Católica de Valparaíso, que me permitieron consagrar un año al estudio de Frege en la Universidad de Heidelberg. Al Prof. E. Tugendhat (Heidelberg) agradezco su continuo apoyo durante ese período. Por su estímulo en la ingrata tarea de traducir debo agradecer también al Prof. R. Torretti. La revista *Diálogos* (Universidad de Puerto Rico) me ha autorizado para reimprimir aquí mi versión de «Sobre sentido y denotación», publicada por vez primera en su N° 22. Para la nueva versión del estudio preliminar he podido contar con nueva información y valiosas sugerencias aportadas por L. Placencia.

Agradezco sinceramente a Ruth Espinosa y Luis Placencia su generosa dedicación a una tarea que han sabido realizar con admirable minuciosidad y buen sentido.

ALFONSO GÓMEZ-LOBO
Washington DC, diciembre 2009.

Sobre el cuidado de la presente edición

Este libro fue publicado por vez primera en 1972 por Ediciones Universitarias de Valparaíso bajo el título de G. Frege, *Lógica y Semántica.* En ese momento, Gottlob Frege era una figura prácticamente desconocida en nuestro medio y el propósito de la publicación fue contribuir a la introducción de su pensamiento en Hispanoamérica. En esta segunda edición se conserva el carácter introductorio, pero se toma en cuenta el conocimiento que tiene el lector latinoamericano actual de la obra y de la relevancia de G. Frege. Por eso se ha ampliado el conjunto de textos entregados (agregándose esta vez «Sobre la justificación científica de una conceptografía», traducido por Alfonso Gómez-Lobo, junto con la «Reseña a E. Husserl, *Filosofía de la aritmética I*» y «¿Qué es una función?», en traducción de Luis Placencia). Se ha modificado también la versión de algunos términos importantes, pues entretanto se ha llegado a convenciones universalmente aceptadas para la traducción de ciertas expresiones. Así, por ejemplo, si en la primera edición la expresión *Bedeutung*, siguiendo a Russell, era traducida por «denotación», ahora aparece como «referencia». El aparato de notas también ha sido levemente ampliado, manteniéndose sin embargo el carácter introductorio de la edición de 1972. En este sentido la innovación más relevante es la «traducción» de las fórmulas de Frege, de la compleja y poco usada notación que creó él mismo, a una versión relativamente estándar de la notación de Russell-Peano. Se ha agregado además un apéndice con traducciones de una parte de la correspondencia de Frege (cuatro cartas entre Russell y Frege, traducidas por Ruth Espinosa, y tres cartas de Frege a Husserl, más otras dos entre Jourdain y Frege, traducidas por Luis Placencia). Por último, la selección bibliográfica ha sido también actualizada.

La procedencia de cada una de las notas, se traten estas de autoría de Frege, de Gómez-Lobo o de los editores añ cuidado de este libro, está aclarada siempre entre corchetes al final del texto correspondiente. Los agregados, tanto del traductor como de los editores, se introducen entre corchetes, junto con las iniciales del responsable de los mismos.

Quisiéramos agradecer a quienes han hecho posible que realizáramos esta tarea. Werner Wolff nos ha prestado valiosísima colaboración en la comprensión de ciertas ideas de Frege al igual que en el manejo de algunos aspectos técnicos, tales como el uso de la notación fregeana. Paloma Baño y Emilio Vicuña han leído una versión previa de este texto y nos han sugerido importantes modificaciones. Sin duda haber contado con las agudas y meticulosas observaciones de ambos nos ha permitido mejorar el resultado final de nuestro trabajo. Por cierto, nuestra mayor gratitud es para con Alfonso Gómez-Lobo, quien nos confió la delicada tarea de editar, ampliar y anotar su traducción. Él revisó también rigurosamente los textos traducidos especialmente para esta edición, previniéndonos de cometer más de un error.

Ruth Espinosa
Luis Placencia

PS: La primera versión de este texto quedó terminada en 2010. Una serie de razones impidieron que pudiera publicarse antes. En el *ínterim*, el 31 de diciembre de 2011, Alfonso Gómez-Lobo murió sin poder ver publicada esta segunda edición, a la que dedicó parte de sus últimos esfuerzos intelectuales. Esperamos que esta publicación, que él quiso ver en vida, sirva en parte para honrar su memoria, que es la de un maestro que todavía es para muchos un ejemplo intelectual y humano.

La bibliografía y en general el texto han quedado tal como Alfonso lo revisó y aprobó en 2010. Agradecemos a Ediciones Colihue y en especial Emiliano De Bin por la paciencia que han tenido ante nuestras demoras, así como por valiosas sugerencias a lo largo de este trabajo. Junto con ello agradecemos también a Javier Fuentes, quien nos ha prestado valiosa ayuda en la corrección de pruebas.

Ruth Espinosa
Luis Placencia
Santiago de Chile, febrero de 2017.

Cronología

1848	Friedrich Ludwig Gottlob Frege nace el 8 de noviembre en el puerto hanséatico de Wismar (Mecklenburg-Vorpommern, Reino de Prusia). Sus padres fueron Alexander Frege (rector de un colegio privado de mujeres) y Auguste (Bialloblotzky) Frege, profesora de dicha escuela y luego rectora de la misma.
1864	Frege ingresa al *Gymnasium* de Wismar.
1866	Muerte del padre de Frege.
1869	Estudios de matemática, química, física y filosofía en la Universidad de Jena hasta 1871.
1870	Estalla la Guerra Franco-Prusiana. Prusia recibe el apoyo del resto de los estados alemanes.
1871-1873	Estudios de matemática, física, filosofía y religión en la Universidad de Göttingen. Fin de la Guerra Franco-Prusiana luego de la aplastante derrota de Francia. El 18 de enero 1873 se inicia el Imperio Alemán.
1873	Frege obtiene el doctorado en matemática en Göttingen, con la tesis *Sobre una representación geométrica de las figuras imaginarias en el plano.*
1874	Habilitación en matemáticas en Jena, con la tesis *Métodos de cálculo fundados en una ampliación del concepto de magnitud.*
1878	Muere la madre de Frege.
1879	Publicación de la *Conceptografía*. Frege es nombrado profesor extraordinario en la Universidad de Jena, aunque el libro no tiene gran acogida.
1884	Publicación de *Los fundamentos de la aritmética.*

1887 Matrimonio con Margarete Lieseberg.

1889 Peano publica sus *Principios de aritmética expuestos con un nuevo método.*

1892 Publica «Sobre concepto y objeto» y «Sobre sentido y referencia».

1893 Publicación del primer volumen de las *Leyes fundamentales de la aritmética.* El libro es criticado en diversas recensiones. Una de ellas, escrita por Peano, lleva a Frege a tomar contacto con el célebre matemático italiano, y luego a entrar también en contacto, por medio de Peano, con B. Russell.

1894 Frege publica una recensión crítica de la obra de Husserl *Filosofía de la aritmética.* Husserl posteriormente abandona las posiciones psicologistas sostenidas en su libro, muy probablemente bajo el influjo de Frege.

1896 Frege es nombrado profesor ordinario honorario en la Universidad de Jena.

1902 Russell le escribe a Frege haciéndole notar la contradicción que implica el V axioma de las *Leyes fundamentales de la aritmética.*

1903 Frege publica, de manera autofinanciada, el segundo volumen de las *Leyes fundamentales de la aritmética.* Incluye un apéndice en el que informa de las objeciones de Russell e intenta responder a ellas.

1904 Muere la esposa de Frege. Frege queda solo con su hijo adoptivo, Alfred, a quien le dejará en herencia sus escritos. Se inicia el período tal vez más amargo de la vida de Frege. Cae probablemente en depresión, y desarrolla ideas políticas cada vez más vinculadas a la extrema derecha, manifestando una particular aversión por el sistema democrático, la socialdemocracia y el judaísmo.

1910 Carnap frecuenta los cursos de Frege.

1911 Wittgenstein visita a Frege, quien le recomienda seguir estudios con B. Russell.

1914 Estalla la Primera Guerra Mundial tras el asesinato en Serbia del archiduque Francisco Fernando de Austria, heredero del trono de Austria-Hungría.

1918 Frege se retira de la Universidad y se muda a Bad Kleinen, donde residirá hasta su muerte. Se publica «El pensamiento». Fin de la Primera Guerra Mundial. Guillermo IV abdica y llega a su fin del Imperio Alemán.

1919 Se publica «La negación».

1923 Se publica «Pensamientos compuestos».

1925 Gottlob Frege muere el 26 de julio, a los setenta y siete años.

1935 Alfred Frege entrega el *Nachlaß* (obra póstuma) de su padre a H. Scholz, profesor de la Universidad de Münster, quien planeaba una edición de las obras de Frege. Scholz hace copias de los textos más relevantes.

1943 La obra póstuma de Frege es guardada en la biblioteca de la Universidad de Münster.

1944 El 15 de junio muere Alfred Frege en territorio francés durante la Segunda Guerra Mundial.

1945 El 25 de marzo es destruida la obra póstuma de Frege a causa de un bombardeo aliado, preservándose sólo las copias hechas por Scholz.

Bibliografía

A) Publicaciones de Frege

Frege, G., (1873). *Über eine geometrische Darstellung der imaginären Gebilde in der Ebene.* Jena.

—(1874a). *Rechungsmethoden, die sich auf eine Erweiterung des Grössenbergriffes gründen.* Jena.

—(1874b). «Reseña de H. Seeger, Die Elemente der Arithmetik, für den Schulunterricht bearbeitet». Schwerin I. M., 1874. *Jenaer Literaturzeitung*, 1: 722.

—(1877a). «Reseña de A. v. Galle-E. Winer, Die analytische Geometrie des Punktes und der Geraden und ihre Anwendung auf Aufgaben». Darmstadt, 1877. *Jenaer Literaturzeitung*, 4: 133-134.

—(1877b). «Reseña de J. Thomae, Sammlung von Formeln, welche bei Anwendung der elliptischen und Rosenhain'schen Funkionen gebraucht werden». Halle, 1876. *Jenaer Literaturzeitung*, 4: 472.

—(1878). «Über eine Weise, die Gestalt eines Dreiecks als komplexe Größe aufzufassen». *Jenaische Zeitschrift für Naturwissenschaft*, 12: Supp.

— 1879a). «Anwendungen der Begriffsschrift». *Jenaische Zeitschrift für Naturwissenschaft*, 13: Supp. II: 29-33.

—(1879b). *Begriffsschrift, eine der arithmetischen nachgebildete Formelsprache des reinen Denkens.* Halle.

—(1880). «Reseña de Hoppe, Lehrbuch der analytischen Geometrie I». Leipzig, 1880. *Deutsche Literaturzeitung*, I: 210-211.

—(1882a). «Über den Briefwechsel Leibnizens und Huygens mit Papin». *Jenaische Zeitschrift für Naturwissenschaft*, 15, Supp.: 29-32.

—(1882b). «Über die wissenschaftliche Berechtigung einer Begriffsschrift». *Zeitschrift für Philosophie und philosophische Kritik*, 81: 48-56.

—(1883). «Über den Zweck der Begriffsschrift». *Jenaische Zeitschrift für Naturwissenschaft*, 16, Supp.: 1-10.

—(1884a). *Die Grundlagen der Arithmetik. Eine logisch-mathematische Untersuchung über den Begriff der Zahl.*, Breslau.

—(1884b). «Geometrie der Punktpaare in der Ebene». *Jenaische Zeitschrift für Naturwissenschaft*, 17, Supp.: 98-102.

—(1885a). «Reseña de H. Cohen, Das Prinzip der Infinitesimalmethode und seine Geschichte». Berlin (1883). *Zeitschrift für Philosophie und philosophische Kritik* 87, pp. 324-329.

— (1885b).«"Erwiderung" (auf Cantors Rezension der Grundlagen der Arithmetik)», *Deutsche Literaturzeitung*, 6/28, columna 1030.

—(1886). «Über formale Theorien der Arithmetik». *Jenaische Zeitschrift für Naturwissenschaft*, 19, Supp. II: 94-104.

—(1891a). *Funktion und Begriff.* Jena.

—(1891b). «Über das Trägheitsgesetz». *Zeitschrift für Philosophie und philosophische Kritik*, 98: 145-161.

—(1892a). «Reseña de G. de Cantor, Zur Lehre vom Transfiniten». Halle, 1890. *Zeitschrift für Philosophie und philosophische Kritik*, 100: 269-272.

—(1892b). «Über Begriff und Gegenstand». *Vierteljahrsschrift für wissenschaftliche Philosophie*, 16: 192-205.

—(1892c). «Über Sinn und Bedeutung». *Zeitschrift für Philosophie und philosophische Kritik*, 100: 25-50.

—(1893). *Grundgesetze der Arithmetik.* Jena.

—(1894). «Reseña de E. Husserl, Philosophie der Arithmetik, I». Leipzig, 1891. *Zeitschrift für Philosophie und philosophische Kritik*, 103: 313-332.

—(1895a). «Kritische Beleuchtung einiger Punkte in E. Schröders Vorlesungen über die Algebra der Logik». *Archiv für systematische Philosophie*, I: 433-456.

—(1895b). «Le nombre entire». *Revue de Métaphysique et de Morale*, 3: 73-78.

—(1896-1899). «Lettera del sig. G. Freges all'editore». *Revue de Matématiques*, 6: 53-59.

—(1897). «Über die Begriffsschrift des Herrn Peano und meine eigene». *Beriche über die Verhandlungen der königlich sächsischen Gesellschaft der Wissenschaften zu Leipzig, Mathematisch-physische Klasse*, 48: 361-378.

—(1899). *Über die Zahlen des Herrn H. Schubert.*, Jena.

—(1903a). *Grundgesetze der Arithmetik*, Jena.

—(1903b). «Über die Grundlagen der Geometrie, I-II». *Jahresberiche der Deutschen Mathematiker-Vereinigung*, 12: 319-324; 368-375.

—(1904). «Was ist eine Funktion?» *Festschrift Ludwig Boltzmann gewidmet zum sechzigsten Geburtstage, 20. Februar 1904.* S. Mayer (ed.), Leipzig, pp. 656-666.

—(1906a). «Antwort auf die Ferienplauderei des Herrn Thomae». *Jahresberiche der Deutschen Mathematiker-Vereinigung*, 15: 586-590.

—(1906b). «Über die Grundlagen der Geometrie, I-II-III». *Jahresberichte der Deutschen Mathematiker-Vereinigung*, 15: 293-309; 377-403; 423-430.

—(1908). «Die Unmöglichkeit der Thomaeschen formalen Arithmetik aufs neue nachgewiesen». *Jahresberichte der Deutschen Mathematiker-Vereinigung*, 17: 52-55.

—(1912). Notas sobre Philip E. B. Jourdain, «The development of the theories of mathematical logic and the principles of mathematics». *The Quarterly Journal of Pure and Applied Mathematics*, 43: 237-269.

—(1918-1919a). «Der Gedanke. Eine logische Untersuchung». *Beiträge zur Philosophie des deutschen Idealismus*, I: 58-77.

—(1918-1919b). «Die Verneinung. Eine logische Untersuchung». *Beiträge zur Philosophie des deutschen Idealismus*, I: 143-157.

—(1923). «Logische Untersuchungen. Ditte Teil: Gedankengefüge». *Beiträge zur Philosophie des deutschen Idealismus*, 3: 36-51.

—(1978). «Über eine Weise, die Gestalt eines Dreiecks als komplexe Größe aufzufassen». *Jenaische Zeitschrift für Naturwissenschaft*, 12, Supp. xviii.

Dado que las publicaciones originales de Frege son hoy muy difícilmente accesibles, su estudio depende de las siguientes reimpresiones y recopilaciones que, en conjunto, contienen todo lo publicado por Frege.

Frege, G., (1961). *Grundlagen der Arithmetik*, Darmstadt-Hildesheim.

(Reproducción fotomecánica de Frege (1884a).)

—(1962a). *Funktion, Begriff, Bedeutung*, Patzig, G., Ed. Göttingen; Vandenhoeck & Ruprecht = Patzig (1962).

—(1962b). *Grundgesetze der Arithmetik, I-II.* Darmstadt-Hildesheim.

(Reproducción fotomecánica de Frege (1893) y (1903a).)

—(1964). *Begriffsschrift.* Angelelli, I. ed., Darmstadt-Hildesheim.

(Contiene: Frege (1879b), (1879a), (1882a), (1882b), (1883), junto con notas de E. Husserl y de H. Scholz).

—(1967). *Kleine Schriften.* Angelelli, I. ed., Wissenschaftliche Buchsellschaft, Darmstadt-Hildesheim.

(Incluye: (1873), (1874a, b), (1877a, b), (1878), (1880), (1884b),

(1885a, b), (1886), (1891a, b), (1892a, b, c), (1894), (1895a, b), (1896-1899), (1897), (1899), (1903b), (1904), (1906a, b), (1908), (1912), (1918-1919a) (1918-1919b), (1923). Cuatro cartas de Frege, una bibliografía de las obras publicadas en vida, nota de H. Scholz a Frege (1893) y notas marginales de Husserl a Frege (1891a)).

—(2002). *Funktion, Begriff, Bedeutung*, Textor, M., Ed. Göttingen: Vandenhoeck & Ruprecht = Textor (2002).

Las siguientes antologías son útiles para el estudio de las ideas fundamentales de Frege sobre la lógica y semántica.

Patzig, G., Ed. (1962). *Funktion, Begriff, Bedeutung*, Göttingen; Vandenhoeck & Ruprecht.

(Incluye: (1882b), (1891a), (1892b, c), (1904), una bibliografía de las obras de Frege y una bibliografía de las obras sobre Frege hasta 1962).

—(1966). *Logische Untersuchungen*, Göttingen: Vandenhoeck & Ruprecht. (⁵2003).

(Incluye: (1918-1919a) (1918-1919b), (1923), (1895a), (1899), un anexo a la bibliografía de las obras de Frege, un anexo a la bibliografía de las obras sobre Frege entre 1879 y 1962, y una bibliografía de lo publicado sobre Frege entre 1962 y 1966.)

Textor, M., Ed. (2002). *Funktion, Begriff, Bedeutung*, Göttingen: Vandenhoeck & Ruprecht.

B) Inéditos de Frege

Frege, G., (1940). «Unbekannte Briefe Freges über die Grundlagen der Geometrie und Antwort Hilberts an Frege», *Sitzungsberichte der Heidelberger Akademie der Wissenschaften*, mathematisch-naturwissenschaftliche Klasse.

(Aus dem Nachlass von Heinrich Liebmann Hrsg. von Max Seck. Esta carta está incluida en Angelelli, (1967).)

—(1940) Steck, M., Ed. «Ein unbekannter Brief von Gottlob Frege über Hilberts erste Vorlesung über die Grundlagen der Geometrie», *Sitzungsberichte der Heidelberger Akademie der Wissenschaften*, mathematisch-naturwissenschaftliche Klasse.

(Aus dem Nachlass von Heinrich Liebmann Hrsg. und mit Anmerkungen versehen von Max Steck. Reimpresión en Angelelli, (1967).)

—(1969). *Nachgelassene Schriften*, Hermes, H., Kambartel, F., Kaulbach, Hrsg., Hamburg: Felix Meiner Verlag.

—(1976). *Wissenschaftlicher Briefwechsel*, Gabriel, G., Hermes, H., Kambartel, H., Thiel, CH., Veraart, A., Hrsg. Hamburg: Felix Meiner Verlag.

—(1971). *Schriften zur Logik und Sprachphilosophie*. G. Gabriel, Hrsg., Hamburg: Felix Meiner Verlag.

(Edición con notas de los más importantes trabajos aparecidos en «Nachgelassene Schriften» Gabriel *et al.* (1969), además de la lista de las obras de Frege, incluye una exhaustiva recopilación bibliogafica de todo lo publicado sobre Frege entre 1879 y 1971).

Frege, G., *et al.*(1980). *Gottlob Freges Briefwechsel mit D. Hilbert, E. Husserl, B. Russell, sowie ausgewählte Einzelbriefe Freges*. Gabriel, G., Kambartel, F., Thiel, Ch. Eds. Hamburg: Feliz Meiner.

Gabriel, G. & Kienzler, W. (1994). «Gottlob Freges politisches Tagebuch. Mit Einleitung und Kommentar herausgegeben». *Deutsche Zeitschrift für Philosophie*, 42: 1057-1098.

C) Traducciones

(La totalidad de la producción de Frege es accesible en la lengua inglesa. Me limito a señalar aquí lo más importante. En Gabriel *et al.* (1969) hay referencias exhaustivas sobre traducciones.)

Frege, G., (1950). *The foundations of arithmetic. A logico-mathematical enquiry into the concept of number.* Trad. Austin J. L., Oxford: Basil Blackwell.

(Texto alemán y versión inglesa de Frege (1884a); en la reimpresión de 1960 solo hay texto inglés.)

—(1952). *Translations from the philosophical writings of Gottlob Frege.* By P. Geach and M. Black, Oxford: Basil Blackwell.

(Un libro que ha jugado un importante papel en la recepción de Frege en el mundo anglosajón; incluye Frege (1879b) (selección); (1891a), (1892b), (1892c), (1894), (selección); (1895a), (1904), (1918-1919a), (1893), y (1903a) (selección).)

—(1961). Crítica de Frege a una demostración de Leibniz y definición del concepto de número con medios-lógicos-puros, *Sapientia*, 16: 140-144.

(Versión de partes de Frege (1884a).)

—(1964). *The basic laws of arithmetic: exposition of the system.* By M. Furth, Los Angeles and Berkeley: University of California Press.

(Traducción de partes de Frege (1893) y (1903a).)

—(1965). *Logica e aritmetica.* Ed. Mangione, C. Trad. Geymonat, L., e Mangione, C., Torino: Paolo Boringhieri.

—(1967). «Begriffsschrift, a formula language, modeled upon the of arithmetic, for pure though». *From Frege to Gödel: a source book in mathematical logic, 1879-1931.* J. Van Heijenoort, ed., Cambridge- Massachusetts: Harvard Univ. Press.

(Traducción con notas de Frege (1879b). En las pp. 124-125 y 126-128 de este libro aparece una versión al inglés de la carta de Russell que comunicaba la paradoja y de la respuesta de Frege.)

—(1969). *Les fondements de l'arithmétique: recherche logico-mathématique sur le concept de nombre,* Trad. et introd. Imbert, C., Paris: Ed. du Seuil.

(Traducción de Frege (1884a).)

—(1971). *Écris logiques et philosophiques.* Trad. et introd. Imbert, C., Paris: Ed. Du Seuil.

(Traducción de Frege, (1882b), (1883), (1891a), (1892b, c), (1894), (1904), (1918-1919a), (1918-1919b), (1923).)

—(1971). *Estudios sobre semántica.* Introd. Mosterín, J., trad. Moulines, U., Barcelona: Ariel.

(Traducción de Frege (1891a), (1892c), un trabajo de Gabriel *et al.* (1969), Frege (1892b), prólogo e introducción de Frege (1893), (1904).)

—(1974). *Escritos lógico-semánticos.* Trad. Luis C., y Pereda C., Madrid: Tecnos.

—(1980). *Philosophical and mathematical correspondence*, trad. and ed. Gabriel, G., *et al. Oxford: Blackwell.*

—(1998) *Ensayos de semántica y filosofía de la Lógica*, ed. trad., introd. y notas L. M. Valdés Villanueva. Madrid: Tecnos.

D) Libros sobre Frege

Angelelli, I., (1967). *Studies on Gottlob Frege and traditional philosophy*, Dordrecht, Holland: D. Reidel Publishing Company.

Beaney, M., (1996). *Frege: making sense*, London: Gerald Duckworth & Company.

Bell, D. (1979). *Frege's theory of judgement.* Oxford. Oxford University Press.

Birjukov, B. V., (1964). *Two Soviet Studies on Frege.* Trad. and ed. Angelelli, I. Dordrecht, Holland: D. Reidel Publishing Company.

Carl, W., (1994). *Frege's theory of sense and reference: its origins and scope*, Cambridge: Cambridge University Press.

Curry, G., (1982). *Frege, an introduction to his philosophy*, Sussex: The Harvester Press Limited.

Demoupolos, W., Ed. (1997). *Frege's Philosophy of Mathematics*, Cambridge -Massachusetts: Harvard University Press.

Dummett, M., (1973). *Frege: philosophy of language*, London: Gerald Duckworth. (Segunda edición 1993, Harvard University Press.)

—(1981). *The interpretation of Frege's philosophy*, Cambridge: Harvard University Press.

—(1991). *Frege: philosophy of mathematics*, Cambridge and Massachusetts: Harvard University Press.

—(1991). *Frege and other philosophers*, Oxford: Oxford University Press.

Evans, G.,(1982), *The Varieties of Reference*, Oxford: Clarendon Press.

Falkenberg, G., (1998) *Sinn, Bedeutung, Intensionalität: der Fregesche Weg*, Tübingen: Mohr Siebeck.

Grossmann, R., (1969). *Reflections on Frege's philosophy*, Evanston: Northwestern University Press.

Haaparanta, L. & Hintikka,J., Eds. (1986). *Frege Synthesized*, Dordrecht, Holland: D. Reidel Publishing Company.

Hale, B., & Wright, C., eds. (2001). *The reason's proper study: essays towards a neo-Fregean philosophy of mathematics*, Oxford-New York: Oxford University Press.

Kenny, A., (1995). *Frege, an introduction to the founder of modern analytic philosophy*. London: Penguin Books.

Künne, W. (2010). *Die philosophische Logik Gottlob Freges. Ein Kommentar*, Frankfurt am Mein: Vittorio Klostermann.

Kreiser, L. (2001). *Gottlob Frege. Leben-Werk-Zeit.* Hamburg: Felix Meiner.

Leemeier, U., (1997). *Gottlob Frege: Kontext-Prinzip und Ontologie*, Freiburg: Karl Alber.

von Kutschera, F., (1989) *Gottlob Frege. Eine Einführung in Sein Werk*, Berlin und New York: Walter de Gruyter.

Largeault, J., (1970). *Logique et philosophie chez Frege*, Paris-Louvain: Nauwelaerts.

Mendelsohn, R. L., (2005). *The Philosophy of Gottlob Frege*, Cambridge-New York: Cambridge Univ. Press.

Mohanty, J. N. (1982): *Husserl and Frege*, Bloomington: Indiana University Press.

Pedeferri, A., ed. (2005). *Frege e il neologicismo*, Milano: Franco Angeli.

Reck, E. H., (2002). *From Frege to Wittgenstein: perspectives on early analytic philosophy*. Oxford-New York: Oxford University Press.

Ricketts, T., ed. (2011). *The Cambridge companion to Frege*, Cambridge: Cambridge University Press.

Schirn, M., ed. (1976), *Studien zur Frege*, Stuttgart: Frommann-Holzboog.

Schrin, M., ed. (1996). *Frege: Importance and Legacy*, Berlin: Walter de Gruyter.

Sluga, H. D., (1980). *Gottlob Frege*, London, Boston and Henby: Routledge Kegan & Paul.

Stepanians, M., (2001). *Gottlob Frege, zur Einführung*, Hamburg: Junius Verlag.

Stuhlmann-Laeisz, R. (1995). *Gottlob Freges Logische Untersuchungen*, Darmstadt: Wissenschaftliche Buchgesselschaft.

Thiel, C., (1965). *Sinn und Bedeutung in der Logik Gottlob Freges*, Meisenheim am Glan: Anton Hain.

Walker, J. D., (1965). *A study of Frege*, New York: Cornell University Press.

Weiner, J., (1999). *Frege*, Oxford: Oxford University Press.

—(2004). *Frege Explained, from arithmetic to analytic philosophy*. Illinois: Open Court Publishing.

Wright, C., (1983). *Frege's conception of numbers as objects*, Aberdeen: Aberdeen University Press.

E) Artículos sobre Frege y compilaciones de artículos

Aimonetto, I., (1969). «Il concetto di numero naturale in Frege, Dedekind, Peano», *Filosofia*, 20: 579-606.

Angelelli, I., (1967). «On identity and interchangeability in Leibniz and Frege», *Notre Dame Journal of Formal Logic*, Vol. 8, No. 1-2: 94-100.

Beaney, M. ed., (1997). *The Frege Reader*, Oxford: Blackwell Publishers.

Beard, R., (1966). «On the Church-Frege analysis of belief sentences». *Logique at analyse*, 9: 252-262.

Berka, K. & Kreiser, L., (1968). «Eine grundsätzliche Erweiterung der Semantik G. Freges». *Deutsche Zeitschrift für Philosophie*, Vol. 16, No.10: 1228-1239.

Boolos, G. (1986-1987): «Saving Frege from contradiction». *Proceedings of the aristotelian society*, 87: 137-151

Church, A., (1951). «The need for abstract entities in semantic analysis». *Proceedings of the American Academy of Arts and Sciences*: 100-112.

Dummett, M.,(1965). «Gottlob Frege». *The encyclopedia of philosophy*, P. Edwards, ed. New York: Macmillan Co.: 225-237.

—(1958). «Truth». *Proceedings of the Aristotelian Society*. 59: 141-162. (Reimpresión en G. Pitcher ed. (1964) *Truth*, New Jersey: Englewood Cliffs: 93-111).

—(1975). «Frege». *Teorema*, 5: 149-88. Reprinted in English as «Frege's distiction between sense and reference», Dummet, M. (1978). *Truth and Other Enigmas*, London: Harvard University Press.

Egidi, R., (1962a). «La consistenza filosofica della logica di Frege». *Giornale critico della filosofia italiana*, 41: 194-208.

—(1962b). «Matematica, logica e filosofia nell'opera di Gottlob Frege, I. L'ideografia e i quattro scritti sull'ideografia». *Physis*, 4: 5-32.

—(1963). «Matematica, logica e filosofia nell'opera di Gottlob Frege, II. La revisione della filosofia kantiana dell'aritmetica». *Physis*, 5: 129-144.

Gabriel, G. & Kienzler, W. (1994): «Gottlob Freges politisches Tagebuch». *Deutsche Zeitschrift für Philosophie*, 42: 1057-1066.

Geach, P.T., (1959). «Russell on meaning and denoting». *Analysis*, Vol. 19, No. 3: 69-72.

Heijenoort, J., (1967). «Logic as calculus and logic as language». *Synthese*, Vol. 17, No. 1: 324-330.

Imbert, C., (1969). «L'heritage Fregeen du Tractatus». *Revue Internationale de Philosophie*, 88-89: 205-222.

Klemke, E.D., (1968). *Essays on Frege.* Urbana, Chicago and London: University of Illinois Press.

Kutschera, F., (1966). «Freges Begründung der Analysis». *Archive für Mathematische Logik und Grundlagenforschung*, Vol. 9, No. 3: 102-111.

Levison, A. B., (1961). «Frege on Proof». *Philosophy and Phenomenological Research*, Vol. 22, No.1: 40-49.

Magione, C., (1961). «Attualità dell' opera di Gottlob frege alla luce di recenti studi di logica matematica». *Atti del Convegno Nazionale di Logica.* Torino: 167-176.

Martin, R. M., (1963). «On the Frege-Church Theory of Meaning». *Philosophy and Phenomenological Research*, Vol. 23, No. 4: 605-609.

Meckler, L., (1953). «Can Sinn be a Combination of Properties?», *Mind*, Vol. 62, No. 246: 248-252.

Myhill, J., (1952). «Two Ways of Ontology in Modern Logic». *The Review of Metaphysics*, Vol. 5, No.4: 639-655.

Nidditch, P. H., (1963). «Peano and the Recognition of Frege». *Mind*, Vol. 72: 103-110.

Parsons, C., (1965). «Frege's theory of number». En M. Black, ed., *Philosophy in America.* London: 180-203.

Quine, W. V., (1951). «Semantics and Abstract Objects». *Proceedings of the American Academy of Arts and Sciences*, Vol. 80, No. 1: 90-96.

Resnik, M. D., (1965). «Frege's Theory of Incomplete Entities». *Philosophy of Science*, Vol. 32, No. 3/4: 329-341.

— (1967). «The context principle in Frege's philosophy». *Philosophy and Phenomenological Research*, Vol. 27, No. 3: 356-365.

Rivetti Barbo, F., (1965). «Sense, Denotation, and the Context of Sentences». *Contributions to Logic and Methodology in Honor of J. M. Bochénski*. Amsterdam: 208-242.

Schorr, K. E., (1967). «Der Begriff bei Frege und Kant». *Kant-Studien*, 58: 227-246.

Sellars, W., (1964). «The Paradox of Analysis: A Neo-Fregean Approach». *Analysis*, Vol. 24, Supp. 2: 84-98.

Sobocinski, (1949): «L'analyse de l'antinomie russelliene par L. Lesniewski». *Methodos* 1: 94-107.

Sternfeld, R., (1955). «A restriction in Frege's use of the term "true"». *Philosophical Studies*, Vol. 6, No.4: 58-64.

Tugendhat, E., (1970). «The meaning of "Bedeutung" in Frege». *Analysis*, Vol. 30, No. 6: 177-189.

Vuillemin, J., (1966). «L'elimination des definitions par abstraction chez Frege». *Revue Philosophique de la France et de l'Étranger*, Vol. 156: 19-40.

Vuillemin, J., (1964). «Sur le jugement de recognition chez Frege». *Archiv für Geschichte der Philosophie*, Vol. 46: 310-325.

F) Obras con referencias importantes a Frege

Anscombe, G. E. M.,(1959). *An introduction to Wittgenstein's Tractatus*, London: Hutchinson University Library.

Anscombe, G. E. & Geach, P. T., (1961). *Three Philosophers: Aristotle, Aquinas, Frege*, Oxford: Blackwell.

Carnap, R., (1947). *Meaning and Necessity*, Chicago: University of Chicago.

Church, A., (1944). *Introduction to mathematical logic*, Princeton: Princeton University Press.

Dummett, M. (1994). *The origins of analytical philosophy*. Cambridge-Massachusetts. Harvard University Press.

Jørgensen, J., (1931). *A treatise of formal logic: its evolution and main branches with its relations to mathematics and philosophy (3 volumes)*, London: Humphrey Milford, Oxford University Press.

Kneale, W. & Kneale, M., (1962). *The Development of Logic*, Oxford: Oxford, Clarendon Press.

Nidditch, P.H., (1962). *The development of mathematical logic*, G. B. Kleene, ed., London: Routledge & Kegan Paul.

Passmore, J. A., (1966). *A hundred years of philosophy*, London: Duckworth.

Patzig, G., (1970). *Sprache und Logik*, Göttingen: Vandenhoeck & Ruprecht.

Russell, B., (1903). *The principles of mathematics*, London: Cambridge University press.

Scholz, H. *et al.* (1961). *Mathesis universalis: Abhandlungen zur Philosophie als strenger Wissenschaft*, Basel-Stuttgart: Schwabe.

G) Otros autores

Carnap, R. (1963): «Intelectual autobiography». En P. Schilpp, ed., *The philosophy of Rudolph Carnap*, La Salle: Open Court.

Heidegger, M. (1912), «Neue Forschung über Logik». En *Gesamtausgabe*, Band I., Hrsg. F. W. von Hermann, Vittorio Klostermann, Frankfurt am Main, 1978.

Husserl, E. (1891a), *Philosophie der Arithmetik. Psychologische und Logische Untersuchungen*, Husserliana 12, Lothar Eley, ed., The Hague, Netherlands: Martinus Nijhoff, 1970.

—(1981b) «Rezension von Schröder, Ernst, *Vorlesungen über die Algebra der Logik. (Exakte Logik).* I Band». Leipzig, B. G. Teubner. 1890. En *Göttingische gelehrte Anzeigen.* Göttingen. (1891): 243-78.

—(1891c) «Der Folgerungscalcul und die Inhaltslogik». En *Vierteljahrschrift für wissenschafliche Philosophie,* Leipzig, 15 (1891): 168-89.

Leibniz, G. W. (1875-1880): *Die philosophische Schriften.* Hrsg. von C. I. Gerhardt, G. Olms, Hildesheim, 1965.

—(1889): *Die Leibniz-Handschriften der Königlichen öffentlichen Bibliothek zu Hannover.* Hannover.

—(1923): *Leibniz sämtliche Schriften und Briefen.* Darmstadt-Leipzig-Berlin. 1923 y ss.

Mill, J. (1869): *Analysis of the phenomena of human mind.* London: Longmans, Green and co.

—(1886): *A system of logic.* London: Longmans, Green and co.

Escritos lógico-filosóficos

SOBRE LA JUSTIFICACIÓN CIENTÍFICA DE UNA CONCEPTOGRAFÍA[1]

(*ÜBER DIE WISSENSCHAFTLICHE BERECHTIGUNG EINER BEGRIFFSSCHRIFT*)

EN las partes más abstractas de la ciencia, siempre se 48
vuelve a sentir de nuevo la falta de un medio para
evitar malentendidos por parte de otros y para evitar también errores en el pensar propio. Ambos <riesgos> tienen como causa la imperfección del lenguaje, pues para pensar necesitamos signos sensibles. Nuestra atención está por naturaleza dirigida hacia fuera. Las impresiones sensoriales, por su vivacidad, superan a tal punto a las imágenes de la memoria que inicialmente determinan casi exclusivamente el curso de nuestras representaciones, como les ocurre a los animales. Y de esta dependencia jamás podríamos escapar si el mundo exterior no dependiese hasta cierto punto de nosotros. Por cierto que, en su mayoría, los animales, por
su capacidad para moverse, pueden influir sobre sus im- 49
presiones sensoriales: pueden evitar algunas y perseguir otras. Y no sólo eso: pueden efectuar cambios en las cosas. Esta misma capacidad la posee el ser humano en un grado muy superior. Sin embargo, tampoco por ello el curso de

---

1. La primera edición de «Sobre la justificación científica de una conceptografía» fue publicada en la *Zeitschrift für Philosophie und philosophische Kritik*. NF 81, 1882 pp. 48-56. [Nota de Alfonso Gómez-Lobo en adelante A. G-L.].

nuestras representaciones alcanzaría aún la plena libertad: sin el gran descubrimiento de los signos que nos hacen presente lo que está ausente, lo que no vemos, lo que tal vez ni siquiera es sensible, quedaría limitado a lo que nuestras manos pueden plasmar o nuestra voz entonar. No niego que incluso sin signos la percepción de una cosa pueda reunir en su entorno un grupo de imágenes de la memoria, pero no podemos seguirles la pista: una nueva percepción hace que esas imágenes se hundan en la noche oscura y que surjan otras. Cuando, en cambio, generamos el signo de una representación de la cual nos acordamos mediante una percepción, creamos con ello un nuevo punto fijo en torno al cual se reúnen las representaciones. De ellas escogemos a su vez una para generar su signo. De este modo penetramos paso a paso en el mundo interior de nuestras representaciones y nos movemos libremente dentro de él en cuanto utilizamos lo sensible mismo para librarnos de su coacción. Los signos tienen para el pensar la misma importancia (*Bedeutung*) que tiene para la navegación el descubrimiento del uso del viento para navegar contra él. ¡Que nadie, por ende, desprecie los símbolos! Mucho depende de su adecuada elección. Su valor tampoco disminuye por el hecho de que luego de una larga práctica no necesitemos presentar realmente el signo o no necesitemos hablar en voz alta para pensar, pues, a pesar de eso, pensamos con palabras, y si no lo hacemos con palabras lo hacemos entonces con signos matemáticos o de otra índole.

Sin signos difícilmente nos elevaríamos al pensar conceptual. En efecto, al asignarle el mismo signo a cosas distintas aunque parecidas, ya no designamos en realidad la cosa singular sino lo que esas cosas tienen en común, a
50 saber, el concepto. Y obtenemos ese concepto designándolo, pues dado que en sí mismo es imperceptible (*unanschaulich*) requiere de un representante perceptible para poder apare-

cérsenos. De este modo lo sensible nos abre el mundo de lo no sensible.

Con esto no se agotan los méritos de los signos, pero puede bastar por ahora para demostrar que son indispensables. El lenguaje, empero, se muestra defectuoso cuando se trata de proteger al pensamiento de los errores. No satisface por cierto la primera exigencia que uno debe hacerle en este sentido, vale decir, que sea unívoco. Los más peligrosos son los casos en que los significados (*Bedeutungen*) de una palabra son solo un poco distintos, los casos en que hay oscilaciones leves, pero no del todo indiferentes. De entre los muchos ejemplos de esto, se podría mencionar aquí un fenómeno que ocurre con frecuencia: la misma palabra sirve para designar un concepto y un objeto singular que cae bajo aquel. No se marca en absoluto una distinción entre el concepto y el objeto singular. «El caballo» puede simbolizar un ser singular, pero puede simbolizar también la especie, como por ejemplo en la oración «El caballo es un animal herbívoro.» Caballo[2], por último, puede significar un concepto, como en la oración: «Este es un caballo». El lenguaje no está gobernado por leyes lógicas de modo que el ajustarse a la gramática garantice de suyo la rectitud formal del proceso de pensamiento (*Gedankenbewegung*). Las formas en que se expresan las inferencias son tan variadas, tan laxas y maleables, que fácilmente se pueden introducir subrepticiamente algunas suposiciones que luego pasan desapercibidas al enumerar las condiciones necesarias para la validez de la conclusión. De este modo la conclusión adquiere una mayor universalidad que la que en justicia le corresponde. Incluso un autor tan concienzudo y riguroso como Euclides hace

---

2. Frege parece no distinguir todavía rigurosamente entre uso y mención de un término. En este claro caso de mención omite las comillas, algo que no haría unos años después. [A. G-L.].

muchas veces un uso tácito de supuestos que no explicita ni entre sus axiomas ni entre las premisas del teorema por demostrar. Así, por ejemplo, en la prueba de la proposición 19 del Libro I de los *Elementos* (en todo triángulo el lado más largo se opone al ángulo mayor), utiliza en forma tácita las siguientes afirmaciones:

1. Si un segmento no es más largo que otro, entonces es
51 igual o más corto que aquel.
2. Si un ángulo es igual a otro, entonces no es mayor que aquel.
3. Si un ángulo es menor que otro, entonces no es mayor que aquel.

El lector, empero, toma conciencia de la omisión de estas afirmaciones sólo si pone especial atención, pues su carácter primitivo las hace aparecer tan cercanas a las leyes mismas del pensar que se las usa como esas mismas leyes[3]. En el lenguaje, justamente, no se da un grupo rigurosamente delimitado de formas de inferencia, por lo que resulta imposible distinguir entre un avance sin vacíos en la forma lingüística y la omisión de pasos intermedios. Se puede incluso afirmar que dicho avance casi no se da, ya que, al implicar una in-

---

3. La prueba de Euclides es la siguiente (Cf. *Elementos* I, 19): Sea ABC un triángulo que tiene el ángulo ABC más grande que BCA. El lado AC será entonces más largo que AB. De lo contrario, AC es igual o menor que AB. Pero AC no es igual a AB, porque de serlo el ángulo ABC tendría que ser igual a BCA (ya que por la proposición 5 del libro I los ángulos basales de un isósceles son iguales). Pero ABC no es más grande que BCA. Luego AB no es igual a AC. Pero AC tampoco es menor que BC, porque de ser así el ángulo ABC tendría que ser menor que ACB (pues según la proposición 18 del libro I en todo triángulo el ángulo mayor es el opuesto al lado mayor). Pero no lo es. Luego AC es mayor que AB. Entonces en todo triángulo el lado más largo se opone al ángulo mayor, que es lo que se quería demostrar. [Nota de Ruth Espinosa y Luis Placencia en adelante R. E. y L. P.].

soportable prolijidad, iría en contra de nuestro sentido del lenguaje. El lenguaje casi siempre se limita sólo a sugerir las relaciones lógicas, abandonándolas a nuestras conjeturas, pues en rigor no las expresa.

La palabra escrita tiene frente a la palabra hablada solo la ventaja de su perduración. <Si ha sido puesto por escrito> se puede examinar muchas veces un tren de pensamientos sin temor de que este cambie y así se puede poner a prueba más exhaustivamente su precisión. Para ello, las reglas de la lógica son aplicadas como una pauta externa puesto que dentro de la naturaleza del lenguaje escrito no hay una garantía suficiente. Pero incluso así, ciertos errores evaden fácilmente la mirada del que conduce la prueba, especialmente aquellos que surgen de las tenues diferencias entre los significados (*Bedeutungen*) de una palabra. El que, a pesar de ello, tanto en la vida cotidiana como en la ciencia nos podamos orientar tolerablemente bien, se lo debemos a las múltiples maneras de comprobación (*Nachprüfung*) de que casi siempre disponemos. La experiencia y la intuición espacial (*räumliche Anschauung*) nos protegen de muchos errores. Las reglas lógicas, en cambio, proveen poca protección, como lo muestran los ejemplos tomados de aquellos ámbitos en que los medios de comprobación comienzan a fallar. Estas reglas tampoco han protegido del error a grandes filósofos, 52
así como tampoco han mantenido siempre libres de fallas a las matemáticas avanzadas, pues las reglas siempre permanecen externas a los contenidos.

Los defectos enfatizados se deben a una cierta blandura y variabilidad del lenguaje que, por otra parte, es una condición para que este pueda evolucionar y ser útil en muchas circunstancias. Bajo este aspecto, el lenguaje puede ser comparado con la mano, la cual a pesar de su capacidad para adaptarse a las más diversas tareas, resulta insuficiente. Nos fabricamos manos artificiales, instrumentos para fines específicos, que funcionan con un rigor del cual la mano no es capaz. ¿Y qué es lo que hace posible esa rigurosidad? Su rigidez, la invariabilidad de sus partes, cuya carencia hace de la mano algo tan versátil. Tampoco es suficiente el lenguaje verbal (*Wortsprache*). Necesitamos un sistema de signos del cual se excluya toda ambigüedad y de cuya rigurosa forma lógica el contenido no se pueda evadir.

Surge ahora la pregunta de si los signos audibles o los visibles merecen tener prioridad. Aquellos tienen inicialmente la ventaja de que para producirlos uno tiene mayor independencia de las circunstancias externas. Además, se puede enfatizar en especial el cercano parentesco de los sonidos con los procesos internos. Incluso la forma de manifestarse es para ambos la sucesión temporal; ambos son igualmente efímeros. En particular, los sonidos poseen una relación más íntima con la vida emocional (*Gemütsleben*) que las formas y los colores; y la voz humana, con su infinita flexibilidad, puede hacerle justicia a las más delicadas combinaciones y variaciones de los sentimientos. Pero, por muy valiosos que sean también estos rasgos para otros fines, carecen de importancia (*Bedeutung*) para el rigor de las deducciones. Esta estrecha adaptabilidad de los símbolos auditivos a los condicionamientos físicos y psíquicos de la razón (*Vernunft*) tiene tal vez precisamente la desventaja de mantenerla más dependiente de esos condicionamientos.

Muy distinta es la naturaleza de lo visible, en especial de las formas. En general están nítidamente delimitadas
53 y claramente distinguidas. Esta delimitación del signo escrito lleva a delimitar también lo designado en forma más nítida. Y, justamente, esta influencia sobre nuestras representaciones es necesariamente deseable para el rigor de las deducciones. Este se puede alcanzar solo si el signo significa (*bedeuten*) la cosa directamente. Otra ventaja de lo escrito es su mayor duración e inmutabilidad. También en

esto es semejante al concepto y es como este debe ser, aunque por cierto es tanto más disimilar al flujo ininterrumpido de nuestros reales procesos de pensamientos. La escritura ofrece la posibilidad de mantener presentes a las vez muchas cosas, y si bien podemos visualizar en cada instante sólo una pequeña porción de ellas, conservamos también una impresión general de lo restante, de modo que cuando lo necesitamos está de inmediato a nuestra disposición. Las relaciones espaciales de los signos escritos sobre la superficie bidimensional pueden ser empleadas para expresar relaciones internas de modos mucho más variados que el mero sucederse o precederse en el tiempo simplemente unidimensional. Esto facilita el descubrimiento de aquello a lo cual queremos dirigir nuestra atención. De hecho, la simple ordenación secuencial no corresponde en absoluto a la multiplicidad de relaciones lógicas mediante las cuales los pensamientos están conectados entre sí.

Por lo tanto, son justamente las propiedades por las cuales la escritura más se distancia del curso de nuestras representaciones las más apropiadas para suplir ciertas deficiencias de nuestra constitución. Cuando no se trata de exponer el pensamiento natural tal como se ha configurado en su interacción con el lenguaje verbal (*Wortsprache*), sino que el asunto es suplementar la unilateralidad que resulta de su estrecha conexión con el sentido auditivo, entonces se debe por ello preferir la escritura a la expresión oral. Una escritura de esta índole debe ser completamente distinta de los lenguajes verbales (*Wortsprachen*) a fin de utilizar los rasgos peculiares de los signos visibles. Que estas ventajas no juegan casi ningún papel en el lenguaje escrito no merece
siquiera mencionarse. La posición relativa de las palabras 54
sobre la superficie en que se escribe depende en gran parte del largo de las líneas y carece por lo tanto de importancia (*bedeutungslos*). Hay sin embargo otras clases de escritura que

utilizan mejor esas ventajas. El lenguaje formal de la aritmética es una escritura conceptual (*Begriffsschrift*), puesto que, sin la mediación del sonido, expresa el contenido (*die Sache*) en forma directa. Como tal, alcanza la concisión que permite acomodar en una línea el contenido de un juicio simple. Tales contenidos –en este caso, ecuaciones o desigualdades– en cuanto se siguen uno del otro, son escritos uno bajo el otro. Si de dos se sigue un tercero, se separa el tercero de los otros dos mediante una línea horizontal que puede ser traducida mediante «por lo tanto». De este modo, la bidimensionalidad de la superficie en que se escribe es puesta al servicio de la perspicuidad. La inferencia es en este caso muy uniforme y radica casi siempre en que realizando las mismas transformaciones con los mismos números se llega a los mismos resultados. Este no es, por cierto, el único modo de inferencia en la aritmética, pero si el avance lógico procede de otra manera, casi siempre habrá que expresarlo con palabras. Esto se debe a que el lenguaje formal de la aritmética carece de expresiones para las conexiones lógicas y por eso no merece ser llamado una conceptografía en sentido pleno. Lo contrario ocurre justamente con el modo de designar las relaciones lógicas que procede de Leibniz[4] y que recientemente ha sido renovado por Boole, R. Grassmann, St. Jevons, E. Schröder y otros. Tenemos allí las formas lógicas, aunque no del todo completas; pero falta el contenido. Todo intento

4. *Non inelegans specimen demonstrandi in abstractis.* Erdm. p. 94. [Nota de Frege]. *Ejemplo no poco elegante del demostrar en abstracto*, de 1687. El texto de Leibniz citado aquí por Frege en la antigua y hoy poco usada edición de Erdmann (Erdm), puede ser encontrado en las dos ediciones más empleadas en la actualidad, a saber la de Leibniz (1875-1880) pp. 228 y ss. y Leibniz (1923) vol. VI: 4, pp. 845-855. Gerhardt hace notar en su edición (Leibniz [1875-1880]) que el título que inicialmente puso Leibniz a esta obra se encuentra tachado en el manuscrito original. [R. E. y L. P.].

por poner en lugar de las simples letras expresiones de los contenidos, por ejemplo, ecuaciones analíticas mostraría, por la falta de perspicuidad, por la torpeza, incluso por la ambigüedad de las fórmulas resultantes, lo poco apropiado que es este modo de designar <las relaciones lógicas> para 55
la construcción de una auténtica conceptografía. De esta yo exigiría lo siguiente: para las relaciones lógicas debe poseer expresiones simples que, limitadas en número a las necesarias, sean confiables y fáciles de dominar. Estas formas deben ser aptas para combinarse muy íntimamente con un contenido. Al hacerlo se debe apuntar a una concisión que permita explotar bien la bidimensionalidad de la superficie en que se escribe en pro de la perspicuidad de la exposición. Los signos para significar el contenido (*von inhaltlicher Bedeutung*) son menos esenciales. Una vez que se posean las formas universales se los puede crear fácilmente cuando se los necesite. Si no se puede o no parece necesario dividir un concepto en sus partes constitutivas últimas, uno puede conformarse con signos provisorios.

Es fácil preocuparse innecesariamente por la factibilidad de la tarea. Se dice que es imposible hacer avanzar la ciencia mediante una conceptografía pues la invención de esta supone que la ciencia ya está completa. Exactamente la misma dificultad aparente surge con respecto al lenguaje. Este habría hecho posible el desarrollo de la razón, pero ¿cómo pudo el ser humano crear el lenguaje sin la razón? Para la investigación de las leyes de la naturaleza sirven los instrumentos físicos y éstos sólo pueden ser fabricados por una técnica avanzada que a su vez se basa en el conocimiento de las leyes naturales. El círculo se resuelve en todos los casos de la misma manera. Un progreso en la física tiene como consecuencia un progreso en la técnica y esta permite construir nuevos instrumentos mediante los cuales nuevamente avanza la física. La aplicación a nuestro caso resulta obvia.

Ahora bien, he intentado[5] completar el lenguaje formal de la matemática mediante símbolos para las relaciones lógicas de modo que de allí surja una conceptografía para el dominio de la matemática tal como he mostrado que es
56 deseable. La aplicación de mis signos a otros dominios no queda por ello excluida. Las relaciones lógicas reaparecen en todas partes y los signos para los contenidos específicos pueden ser escogidos de modo que se acomoden dentro del marco de la conceptografía. Puede que esto ocurra o no ocurra, pero en todo caso una presentación visual de las formas del pensar tiene una importancia (*Bedeutung*) que se extiende más allá de la matemática. ¡Ojalá que también los filósofos le presten alguna atención a este asunto!

5. *Begriffsschrift, eine der arithmetischen nachgebildete Formelsprache des reinen Denkens.* Halle, 1879 [Frege (1879b)]. [Nota de Frege].

PRÓLOGO DE FREGE A «FUNCIÓN Y CONCEPTO»[6]

(*Freges Vorwort zu Funktion und Begriff*)

PUBLICO aquí por separado esta conferencia con la esperanza de que ella encuentre algunos lectores que no la habrían conocido si hubiese permanecido entre las comunicaciones de la Sociedad de Medicina y Ciencias Naturales de Jena. Tengo la intención de exponer dentro de poco, tal como lo he indicado ya anteriormente, cómo expreso las definiciones fundamentales de la aritmética en mi *Conceptografía* y cómo a partir de ahí hago demostraciones utilizando solamente mis signos. Para ese fin es importante para mí poder remitirme a esta conferencia, a fin de no tener que verme en la necesidad de introducir ahí explicaciones que quizá no les agradarán a muchos por no considerarlas directamente vinculadas con el tema, pero que otros podrían echar de menos. Mi conferencia se dirige no sólo a los matemáticos, como es connatural al lugar en que fue dada. Busqué servirme de un modo de expresión comprensible universalmente, en cuanto lo permitían el tiempo y el objeto de la conferencia. Es de esperar que de este modo se despierte entonces un interés por el asunto en círculos más amplios, particularmente también entre los lógicos.

---

6. Traducción de L. P.

FUNCIÓN Y CONCEPTO

(*Funktion und Begriff*)[7]

Hace ya bastante tiempo[8] tuve el honor de dar ante esta sociedad[9] dos conferencias[10] sobre el sistema de símbolos que he llamado conceptografía (*Begriffsschrift*). Hoy quiero iluminar el asunto desde otro ángulo, completar algunos puntos y comunicar nuevas concepciones cuya necesidad se me ha impuesto posteriormente. No se trata de exponer aquí la totalidad de mi conceptografía, sino de elucidar algunas ideas fundamentales. 1

7. La primera edición de «Función y concepto» fue publicada en Jena en 1891 en forma de folleto de 31 páginas. El texto corresponde a una conferencia ofrecida por Frege en la Sociedad de Medicina y Ciencias Naturales de Jena, en la sesión del 09/01/1891. [A. G-L.]. En relación a las posteriores ediciones del texto cabe tener en consideración que en la reedición de 2008 de la clásica edición de Patzig *Funktion, Begriff, Bedeutung*, originalmente editada en 1962 (ver bibliografía) así como en la edición de Textor de 2002 basada en la de Patzig, se encuentran algunas variaciones en algunas de las fórmulas ilustradas en *Funktion und Begriff*, tanto respecto del original de Frege, como de la primer edición de Patzig y de la edición de Angellelli de 1967. Así, el lector notará que en la página 10 del original se lee en Patzig (2008) y en Textor (2002) «x^5 - $4x$» en lugar del «x^2 - $4x$» del texto original de Frege (1891), de Angelelli (1967) y de la primera edición de Patzig (1962). Lo mismo ocurre en la página 26 donde se lee en la nueva edición de Patzig «$\vdash\!\overset{\mathfrak{a}}{\smile}\!\top\ \mathfrak{a}^2 < 0$» en lugar de «$\vdash\!\overset{\mathfrak{a}}{\smile}\!\top\ \mathfrak{a} < 0$»

Mi punto de partida es lo que en matemáticas se llama una función. Esta palabra no tuvo desde el comienzo un significado tan amplio como el que adquirió después. Haremos bien en comenzar nuestro estudio con el uso primitivo para luego fijar la atención sobre las extensiones posteriores. Por el momento hablaré únicamente de funciones de un solo argumento. Una expresión científica aparece por vez primera con un significado bien marcado cuando se requiere de ella para expresar
2 una legalidad. Esto sucedió en el caso de la función cuando se descubrió el análisis superior. Allí se trataba por primera vez de establecer leyes válidas para las funciones en general. Hay que retroceder por lo tanto a los tiempos del descubrimiento del análisis superior para saber qué se entendía originalmente en matemáticas bajo la palabra «función». Al hacer esta pregunta se obtiene probablemente esta respuesta: «por una función de

---

y más abajo donde se lee «$\top\!\!-\!\overset{\mathfrak{a}}{\smile}\!-\!\!\top\ \mathfrak{a}^3 - 3\mathfrak{a} + 2\mathfrak{a} = 0$» en lugar de «$\top\!\!-\!\overset{\mathfrak{a}}{\smile}\!-\!\!\top\ \mathfrak{a}^3 - 3\mathfrak{a}^2 + 2\mathfrak{a} = 0$». En estos casos no hay aclaraciones editoriales que expliquen los cambios, de modo que podría tratarse de errores de imprenta. Algo levemente diferente ocurre en el caso de la fórmula «$(a + b) \cdot c = a \cdot c + b \cdot c$» en la página 30, donde Patzig aparentemente corrige un error del original, conservado en la edición de Angelelli. En efecto, en el texto original se encuentra la formula «$(a + b) \cdot c = a \cdot b + b \cdot c$» (cf. p. 43 de esta edición). Dado que no hay aclaraciones editoriales para los cambios mencionados, en esta edición se conservan las fórmulas tal como aparecen en las ediciones originales, salvo en el caso de la página 30 donde conservamos la enmienda de Patzig por tratarse de un error evidente en la fórmula. [R. E. y L. P.].

8. El 10/01/1879 y 27/01/1882. [A. G-L.].

9. La ya mencionada Sociedad de Medicina y Ciencias Naturales de Jena. [A. G-L.].

10. Se trata de «Aplicaciones de la Conceptografía» (*Anwendungen der Begriffsschrift*) y «Acerca del propósito de la Conceptografía» (*Über den Zweck der Begriffsschrift*), publicados en 1879 y 1883 respectivamente. Cf. Frege (1879a) y (1883). [A. G-L.].

x se entiende una expresión matemática que contiene a x, una fórmula que incluye la letra x». Según esta expresión

$$2 \cdot x^3 + x$$

sería una función de x,

$$2 \cdot 2^3 + 2$$

sería una función de 2. Esta respuesta no puede satisfacer porque en ella no se distingue entre forma (*Form*) y contenido (*Inhalt*), entre signo (*Zeichen*) y designado (*Bezeichnetes*), un error que encontramos hoy a menudo en escritos matemáticos, incluso de autores famosos. Con anterioridad[11] he señalado las deficiencias de las teorías formales más en boga de la aritmética. Se habla allí de signos que no tienen contenido ni deberían tenerlo, pero luego se les atribuye propiedades que sólo pueden convenir razonablemente a un contenido del signo. Lo mismo ocurre en este caso: una mera expresión, la forma de un contenido no puede ser la esencia de la cosa; 3
sólo puede serlo el contenido mismo. ¿Cuál es entonces el contenido, la referencia de «$2 \cdot 2^3 + 2$»? La misma que la de «18» o de «$3 \cdot 6$». En la ecuación $2 \cdot 2^3 + 2 = 18$ se expresa que la referencia de la conexión de signos que está a la derecha es la misma que la referencia de la que está a la izquierda. Debo oponerme aquí a la opinión de que por ejemplo $2 + 5$ y $3 + 4$ son iguales, pero no lo mismo. Lo que subyace a esta opinión es nuevamente la confusión entre forma y contenido, entre signo y designado. Esto equivale a querer ver en la violeta olorosa algo distinto de la *viola odorata* porque los nombres no suenan igual. La diversidad en la designación no basta

---

11. Los Fundamentos de la aritmética (Die Grundlagen der Arithmetik) Breslau. 1884 §92 y ss. y las *Actas de las sesiones de la Sociedad de Medicina y Ciencias Naturales de Jena* 17/07/1885. [Nota de Frege]. El segundo texto corresponde a «Sobre las teorías formales de la aritmética» (*Über formale Theorien der Arithmetik*), cf. Frege (1885a). [R. E. y L. P.].

por sí sola para fundamentar una diversidad en lo designado. En el caso señalado la cosa es menos evidente sólo porque la referencia del signo numérico 7 no es algo perceptible por los sentidos. La tendencia, muy difundida en el presente, a no reconocer como objeto nada que no pueda ser percibido por los sentidos, induce a considerar los signos numéricos como números, tal como si fueran los auténticos objetos de
4 estudio[12]; en este caso 7 y 2 + 5 serían ciertamente diferentes. Pero una concepción de esta especie es insostenible pues no se puede hablar de ningún tipo de propiedades aritméticas de los números sin recurrir a la referencia de los signos numéricos. La propiedad del número 1, por ejemplo, de ser él mismo el resultado de su multiplicación por sí mismo, sería pura fantasía. Ninguna investigación microscópica o química, por exhaustiva que sea, podría descubrir jamás esta propiedad en la inocente figura que llamamos el signo numérico uno. Se trata tal vez de una definición, pero ninguna definición es a tal punto creadora que esté en condiciones de atribuirle a una cosa propiedades que esta no posee, salvo la de expresar y designar, para lo cual la definición es instaurada como signo [13]. Las figuras que llamamos signos numéricos tienen en cambio propiedades físicas y químicas que dependen del instrumento empleado para escribirlas. Es posible imaginarse que algún día se introduzcan signos numéricos completamente nuevos, tal como los caracteres árabes desplazaron a los romanos. Nadie supondrá seriamente que por ese hecho obtendremos números completamente nuevos, objetos

---

12. Cf. los artículos «Zählen und Messen erkenntnistheoretisch betrachtet» de H. V. Helmholtz y «Über den Zahlbegriff» de Leopold Kronecker en *Philosophische Aufsätze*. Eduard Zeller zu seinem fünfzigjähringen Doktorjubiläum gewidmet, Leipzig, 1887. [Nota de Frege].

13. Lo que se hace al definir es asociar un sentido o una referencia con un signo. Donde faltan completamente sentido y referencia no se puede hablar, en rigor, ni de signo ni de definición. [Nota de Frege].

completamente nuevos para la aritmética, con propiedades no investigadas hasta ahora. En consecuencia, si hay que distinguir entre los signos numéricos y aquello a lo que se refieren, habrá que reconocerle la misma referencia a las 5
expresiones «2», «1 + 1», «3 - 1», «6 : 3», pues no se alcanza a ver en qué consistiría su diferencia. Se dirá tal vez: 1 + 1 es una suma, pero 6 : 3 es un cociente. ¿Qué es, empero, 6 : 3? El número que multiplicado por 3 da 6. Decimos «*el* número», no «un número». Mediante el artículo definido se indica que sólo hay un número. Ahora bien,

$$(1 + 1) + (1 + 1) + (1 + 1) = 6,$$

en consecuencia (1 + 1) es justamente el número que fue designado como (6 : 3). Las diversas expresiones corresponden a distintas concepciones y aspectos, pero siempre a la misma cosa. De lo contrario, la ecuación $x^2 = 4$ contendría no sólo las dos raíces 2 y -2, sino también (1 + 1) y otras incontables que serían diversas entre sí aunque en cierto modo semejantes. Al admitir sólo dos raíces reales, se está rechazando la opinión de que el signo de igualdad no se refiere a (*bedeuten*) una coincidencia total sino sólo a una concordancia parcial. Si nos atenemos a esto vemos que las expresiones

$$«2 \cdot 1^3 + 1»$$
$$«2 \cdot 2^3 + 2»$$
$$«2 \cdot 4^3 + 4»$$

se refieren a números, a saber 3, 18, 132. Ahora bien, si la función fuese en realidad solo la referencia de una expresión de cálculo sería entonces precisamente un número y con ello no habríamos ganado nada nuevo para la aritmética. 6
Es cierto que al usar la palabra «función» se suele pensar en expresiones en las que un número va indicado indefinidamente mediante la letra *x*, como por ejemplo:

$$«2 \cdot x^3 + x»$$

pero esto no cambia nada, pues esta expresión indica entonces un número, solo que indefinidamente. Que yo escriba el número o que escriba «*x*», no introduce ninguna diferencia esencial.

Sin embargo, es justamente la notación con la «*x*» que indica indefinidamente un número, la que nos conduce a la concepción correcta. Llamamos *x* al argumento de la función y en

$$«2 \cdot 1^3 + 1»$$
$$«2 \cdot 4^3 + 4»$$
$$«2 \cdot 5^3 + 5»$$

reconocemos la misma función, solo que con distintos argumentos, a saber 1, 4 y 5. Esto nos permite ver que la esencia misma de la función radica en lo que es común a dichas expresiones; es decir en lo que hay en

$$«2 \cdot x^3 + x»$$

además de la «x». Esto lo podríamos escribir también de la siguiente manera

$$«2 \cdot (\ )^3 + (\ )».$$

Lo que interesa es mostrar que el argumento no pertenece a la función, sino que forma junto con la función un todo completo, pues la función por sí sola debe ser llamada incompleta, necesitada de complementación (*ergänzungsbedürftig*) o no saturada (*ungesättigt*). Y en esto se diferencian radicalmente
7 las funciones y los números. Este rasgo esencial de la función explica porqué reconocemos en «$2 \cdot 1^3 + 1$» y en «$2 \cdot 2^3 + 2$» la misma función, pese a que estas expresiones se refieren a números diferentes; mientras que en «$2 \cdot 1^3 + 1$» y en «4 - 1», a pesar del mismo valor numérico, no encontramos la misma función. Ahora vemos también por qué uno cae fácilmente en la tentación de ver justamente en la forma de la expresión lo esencial de la función. En la expresión reconocemos la fun-

ción por el hecho de pensarla descompuesta y la posibilidad de descomponerla de ese modo es sugerida por su estructura.

Las dos partes en que se descompone la expresión de cálculo, el signo del argumento y la expresión de la función, son heterogéneas puesto que el argumento es un número, un todo completo en sí mismo, mientras que la función no lo es. Esto se puede comparar con la división de una línea en un punto. Uno se inclina a considerar el punto divisorio como parte de ambos segmentos, pero si queremos hacer una división perfecta, es decir, una división tal que nada sea contado dos veces y que nada quede afuera, podremos considerar al punto divisorio sólo como parte de uno de los segmentos. Este segmento queda entonces perfectamente completo en sí mismo y debe ser comparado con el argumento. Al otro segmento en cambio le falta algo. El punto divisorio, que se podría llamar su punto final, no le pertenece. Sólo al completarlo mediante este punto final u otro segmento con dos puntos finales se obtiene a partir de él algo completo.
Cuando digo, por ejemplo, «la función $2 \cdot x^3 + x$», no se debe 8
considerar a *x* como parte de la función. Esta letra sólo sirve para indicar el tipo de necesidad de complementación, pues permite reconocer los lugares donde debe introducirse el signo del argumento.

Al resultado de la complementación de la función mediante su argumento lo llamamos el valor de la función para este argumento. Por ejemplo, 3 es el valor de la función $2 \cdot x^2 + x$ para el argumento 1, pues $2 \cdot 1^2 + 1 = 3$.

Hay funciones, como por ejemplo, $2 + x - x$ o $2 + 0 \cdot x$, cuyo valor es siempre el mismo sea cual fuere su argumento; tenemos en efecto que $2 = 2 + x - x$ y $2 = 2 + 0 \cdot x$. Si consideramos el argumento como parte de la función pensaríamos que el número 2 es esta función. Pero esto es incorrecto. Pese a que, en este caso, el valor de la función es siempre 2, la función misma debe distinguirse de 2, pues la expresión de una función debe mostrar siempre uno o más lugares destinados a ser llenados por el signo del argumento.

El método de la geometría analítica nos ofrece un medio para representarnos visualmente los valores de una función para distintos argumentos. En efecto, al considerar el argumento como el valor numérico de una abscisa y el valor correspondiente de la función como el valor numérico de la ordenada de un punto, obtenemos un conjunto de puntos que en los casos usuales representan visualmente (*sich der Anschauung darstellen*) una curva. Cada punto de la curva corresponde a un argumento con el correspondiente valor de la función.

De este modo, por ejemplo:

9 $$y = x^2 - 4x$$

da una parábola. Aquí «*y*» indica el valor de la función y el valor numérico de la ordenada, tal como «*x*» indica el argumento y el valor numérico de la abscisa. Si comparamos con ella la función

$$x (x - 4)$$

descubrimos que en general tiene para el mismo argumento el mismo valor que aquella. Tenemos en general que

$$x^2 - 4x = x (x - 4),$$

sea cual fuere el número que se tome para *x*. Por eso, la curva que obtenemos de

$$y = x^2 - 4x$$

es la misma que resulta de

$$y = x (x - 4)$$

Esto lo formulo así: la función $x(x - 4)$ tiene el mismo curso de valor (*Wertverlauf*)[14] que la función $x^2 - 4x$.

Al escribir

$$x^2 - 4x = x(x - 4),$$

no equiparamos una función con la otra, sino solamente el valor de una función con el de la otra. Y si entendemos esta ecuación como válida para cualquier argumento que pueda introducirse en lugar de x, hemos expresado la gene-

14. Esta es tal vez la más oscura de las nociones básicas de Frege. Cf. la opinión de R. S. Wells y de Russell en Klemke (1968) pp. 13 y 427. Para traducirla he preferido la opción más literal dentro del contexto: *Wertverlauf* sería el curso (*Verlauf*) o la curva que describe el valor (*Wert*) de una función en el gráfico que representa su valor para distintos argumentos. En inglés se ha traducido «range of values» o simplemente por «range»; Carnap, sin embargo, propone «value distribution» (Carnap [1947] 118). [A. G-L.]. Una traducción similar a la aquí propuesta por A. G-L. en 1972 es empleada por Mangione (1965) en italiano, por C. Imbert en su traducción francesa, cf. Imbert (1971) p. 86, por Beaney (1996) p. 316 y (1997) p. 135 en inglés y por Luis & Pereda (1974) p. 16 en castellano. Como hace notar Beaney (1997) p. 135 n. 2 esta traducción (o su equivalente en inglés) se ha vuelto usual debido a su literalidad y simpleza, no obstante poseer la mínima desventaja de no hacer justicia al hecho de que Frege parece querer mentar aquí por medio del término *Wertverlauf* «un conjunto de pares de argumentos con valores, y no sólo el rango de valores de los mismos», cf. Beaney (1997) p. 135 n. 2. En castellano se emplea habitualmente «alcance» o «recorrido» (así por ejemplo, lo hacen C. U. Moulines y L. M. Valdés Villanueva, cf. Moulines [1972] p. 25 y Valdés Villanueva [1998] p. 60). No obstante, esta traducción posee el problema de que puede llamar a equívoco al lector, pues si bien es cierto que en ocasiones Frege parece referirse con la expresión *Wertverlauf* a lo que actualmente en terminología matemática se llama *recorrido* (o *contra-dominio*), no deja de ser verdad que en ocasiones lo mentado por Frege pareciera ser más bien el *dominio* de una función, *i.e.* la extensión de un concepto, y a veces algo que no es exactamente ni el dominio, ni el recorrido de la función. Esta última noción de *Wertverlauf* es la que permite la «paradoja de Russell» (cf. *infra* p. 256-258). [R. E. y L. P.].

ralización de una ecuación. En lugar de eso podemos decir también «el curso del valor de la función $x\,(x - 4)$ es igual al de la función $x^2 - 4x$» y aquí tenemos una ecuación entre cursos de valor. El hecho de que sea posible concebir la generalización de una ecuación entre valores de funciones como una ecuación <particular>, es decir como una ecuación entre cursos de valor, es, me parece, indemostrable y debe ser entendido como una ley básica de la lógica[15].[16]

---

15. En algunos giros de la terminología matemática usual, la palabra «función» corresponde de hecho a lo que he llamado aquí el curso de valor de una función. La función, empero, en el sentido usado aquí es, desde un punto de vista lógico, anterior. [Nota de Frege].

16. Esta ley lógica fundamental a la que refiere Frege, y que corresponde a la «ley fundamental» (axioma) V de *Las leyes fundamentales de la aritmética*, es la misma a la que Frege responsabilizará (cf. Frege (1967) p. 213, Frege (1903a) pp. 253 y ss. y Frege (1980) p. 61) de la contradicción que Russell le comunica en su carta del 16/06/1902 y que tendrá como consecuencia el abandono por parte de Frege del proyecto de *Las leyes fundamentales de la aritmética* (cf. INTRODUCCIÓN *supra* p. XIX). El axioma V de *Las leyes fundamentales* indica que los «cursos de valor» de las funciones F y G son idénticos, cuando F y G tienen para cada argumento el mismo valor. El axioma fregeano implica la tesis de que para cada función definible hay un «curso de valor». Ahora bien, Russell propone el siguiente contraejemplo: sea *w* el predicado (o como diría Frege, el concepto): «ser un predicado, el cual no puede ser predicado de sí mismo», es decir, la clase de las clases que no se tienen a sí mismas como extensión. ¿Se puede entonces predicar *w* de sí mismo? Cada respuesta lleva a una contradicción. Frege mismo, en su apéndice al segundo volumen de *Las leyes fundamentales* explica la paradoja así: «Nadie querrá aseverar de la clase de los hombres, que ella sea un hombre. Tenemos aquí una clase que no pertenece a sí misma. Digo que algo pertenece a una clase si cae bajo el concepto, cuya extensión es la clase. Tomemos ahora el concepto *clase que no pertenece a sí misma*. La extensión de este concepto, si es que se puede hablar de su extensión, es consecuentemente la clase de las clases que no pertenecen a sí mismas. La llamaremos abreviadamente la clase K. Preguntémonos ahora si la clase K pertenece a sí misma. Asumamos primero que sí. Si algo pertenece a una clase, entonces cae bajo el concepto, cuya extensión es la clase. Por lo tanto,

Ahora podemos introducir también una notación simbólica abreviada para el curso del valor de una función. Con este fin reemplazo el signo del argumento en la expresión de la función por una vocal griega, encierro el todo entre paréntesis y le antepongo la misma letra griega con espíritu suave. De acuerdo con esto, por ejemplo:

$$\acute{\varepsilon}\,(\varepsilon^2 - 4\varepsilon)$$

es el curso del valor de la función $x^2 - 4x$, y

$$\acute{\alpha}\,(\alpha \cdot [\alpha - 4])$$

es el curso del valor de la función $x\,(x - 4)$, de modo que en

$$«\acute{\varepsilon}\,(\varepsilon^2 - 4\varepsilon) = \acute{\alpha}\,(\alpha \cdot [\alpha - 4])»$$

tenemos la expresión de la identidad del primer curso de valor con el segundo. Elegí intencionalmente dos letras griegas diferentes para indicar que nada nos obliga a escoger la misma.

$$«x^2 - 4x = x\,(x - 4)»$$ 11

si nuestra clase pertenece a sí misma, entonces ella no es una clase que pertenezca a sí misma. Nuestra primera suposición trae consigo una contradicción. Asumamos entonces que nuestra clase no pertenece a sí misma, entonces ella cae bajo el concepto, cuya extensión es la clase. Entonces pertenece a sí misma. Nuevamente tenemos aquí una contradicción». Frege (1903a) pp. 253-254. Para la carta en que Russell plantea el problema a Frege, cf. Frege (1976) pp. 211-212 y Frege (1980) en esta edición pp. 256 y ss. La paradoja se puede expresar formalmente de la siguiente manera: $\forall x\,(x \in M \leftrightarrow x \notin x) \rightarrow (M \in M \leftrightarrow M \notin M)$. En los años 80 se hicieron interesantes intentos de rescatar la idea que inspiró a Frege ya en la publicación de la *Conceptografía* y a la cual se debe en parte la introducción del axioma V de *Las leyes fundamentales*, sc. la demostración rigurosa de los axiomas de Dedekind y Peano, todo esto sin caer en las contradicciones que Frege produjo por su axioma V. Para esto cf. Wright (1983) y Boolos (1986-1987). [R. E. y L. P.].

si entendemos esta ecuación como lo hicimos antes, expresa en realidad el mismo sentido, pero de otra manera. Aquella presenta el sentido como la generalización de una ecuación, mientras que la expresión recién introducida es simplemente una ecuación en la cual tanto el lado derecho como el lado izquierdo tienen un significado completo en sí mismo. En

$$«x^2 - 4x = x(x - 4)»$$

el lado izquierdo, considerado aisladamente, indica sólo indefinidamente un número. Otro tanto ocurre con el lado derecho. Si tuviésemos simplemente «$x^2 - 4x$», podríamos escribir en su lugar «$y^2 - 4y$» sin cambiar el sentido, pues «y» al igual que «x» indica sólo indefinidamente un número. Pero si unimos ambos lados para formar una ecuación, debemos emplear en ambos la misma letra, allí expresamos algo que no está contenido ni en el lado izquierdo, ni en el derecho, ni en el signo de igualdad, tomados aisladamente: lo expresado es justamente una generalización. Es cierto que se trata de la generalización de una ecuación, pero es ante todo una generalización.

Tal como indicamos indefinidamente un número mediante una letra para expresar generalización, necesitamos también indicar indefinidamente una función sirviéndonos de letras. Con este fin se usan generalmente las letras f y F, de modo que en «$f(x)$» y «$F(x)$» el argumento va representado por x. La necesidad de complementación de la función se
12 expresa aquí por el hecho de que la letra f o F lleva consigo un par de paréntesis cuyo espacio interior está destinado a recibir el signo del argumento. De acuerdo con esto,

$$«\acute{\varepsilon} f(\varepsilon)»$$

indica el curso de valor de una función que queda indeterminada.

Ahora bien, ¿cómo se ha ampliado el significado de la palabra función con el progreso de la ciencia? Podemos distinguir en esto dos direcciones.

En primer lugar, se ha ampliado el círculo de las operaciones de cálculo que contribuyen a formar una función. A la adición, multiplicación, elevación a potencia y sus contrarios se han agregado las diversas clases de paso al límite, pero sin que se tuviera siempre una clara conciencia de lo esencialmente nuevo que se estaba incorporando. Al seguir adelante se vio incluso la necesidad de buscar refugio en el lenguaje ordinario, pues el lenguaje simbólico del análisis fallaba, por ejemplo, cuando se trataba de hablar de una función cuyo valor para argumentos racionales es 1 y para irracionales 0.

En segundo lugar se ha ampliado el círculo de lo que puede aparecer como argumento y valor de una función al incorporar los números complejos. Junto con esto se tuvo que definir con mayor amplitud el sentido de las expresiones «suma», «producto», etc.

Sigo adelante en ambas direcciones. Primero agrego a los signos +, -, etc., que sirven para formar la expresión de una función, y signos como =, >, < de modo que puedo hablar, 13
por ejemplo, de la función $x^2 = 1$, donde x representa, como antes, al argumento. La primera pregunta que surge aquí es la pregunta por los valores de esta función para diversos argumentos. Si reemplazamos x sucesivamente por -1, 0, 1, 2, obtenemos

$$(-1)^2 = 1$$
$$0^2 = 1$$
$$1^2 = 1$$
$$2^2 = 1$$

De estas ecuaciones, la primera y la tercera son verdaderas, las restantes son falsas. Ahora digo: «el valor de nuestra función es un valor de verdad» (*Wahrheitswert*) y distingo el valor de verdad de lo verdadero y el de lo falso. Al primero lo llamo sin más lo verdadero, al segundo lo falso. De acuerdo con esto, por ejemplo, «$2^2 = 4$» refiere a lo verdadero tal como, por ejemplo, «2^2» se refiere a 4. Y «$2^2 = 1$» se refiere a lo falso. Según ello,

$$«2^2 = 4, 2 > 1, 2^4 = 4^2»$$

se refieren a lo mismo, a saber: lo verdadero, de modo que en

$$(2^2 = 4) = (2 > 1)$$

tenemos una ecuación correcta.

La objeción que se cierne aquí es que «$2^2 = 4$» y «$2 > 1$» quieren decir algo completamente diferente, que expresan pensamientos diferentes; pero también «$2^4 = 4^2$» y «$4 \cdot 4 = 4^2$» expresan distintos pensamientos y, sin embargo, se puede reemplazar «2^4» por «$4 \cdot 4$», porque ambos signos tienen la misma referencia. En consecuencia, también «$2^4 = 4^2$» y
14 «$4 \cdot 4 = 4^2$» tienen la misma referencia. Esto permite ver que de la igualdad de la referencia no se sigue la igualdad del pensamiento. Cuando decimos «el lucero de la tarde es un planeta con un período de revolución menor que el de la tierra», hemos expresado un pensamiento diferente al de la oración «el lucero de la mañana es un planeta con un período de revolución menor que el de la tierra». En efecto, quien no sabe que el lucero de la mañana es el lucero de la tarde podría estimar que uno es verdadero y el otro falso; y sin embargo la referencia de ambas oraciones tiene que ser la misma, pues solo se han intercambiado las expresiones «lucero de la tarde» y «lucero de la mañana» que tienen la misma referencia, es decir, son nombres propios del mismo cuerpo celeste. Hay que distinguir entre sentido y referencia. «2^4» y «$4 \cdot 4$» tienen en efecto la misma referencia; es decir, son nombres propios del mismo número, pero no tienen el mismo sentido. Por eso, «$2^4 = 4^2$» y «$4 \cdot 4 = 4^2$» tienen, efectivamente, la misma

referencia, pero no el mismo sentido; esto quiere decir, en este caso, que no contienen el mismo pensamiento[17].

Con el mismo derecho con que escribimos

$$«2^4 = 4 \cdot 4»$$

podemos escribir también

$$«(2^4 = 4^2) = (4 \cdot 4 = 4^2)»$$

y

$$«(2^2 = 4) = (2 > 1)»$$

Se podría preguntar ulteriormente con qué fin incorporar los signos $=$, $>$, $<$ al círculo de los signos que ayudan a formar la expresión de una función. Parece que en el presente gana cada vez más adeptos la opinión de que la aritmética es lógica más desarrollada, de que una fundamentación más rigurosa de las leyes de la aritmética conduce a leyes puramente lógicas y sólo a leyes de este tipo. Yo también comparto esta opinión y fundo sobre ella la exigencia de ampliar el lenguaje simbólico de la aritmética para formar un lenguaje simbólico lógico. Cómo se hace esto en nuestro caso, lo indicaré ahora.

Hemos visto que el valor de nuestra función $x^2 = 1$ es siempre uno de los valores de verdad. Si para un argumento determinado, por ejemplo -1, el valor de la función es lo verdadero, podemos expresarlo así: «el número -1 tiene la propiedad de que su cuadrado es 1»; o más brevemente: «-1 es una raíz cuadrada de 1». Si el valor de la función $x^2 = 1$ para un argumento, por ejemplo para 2, es lo falso, lo podemos

17. No niego que esta manera de presentar las cosas pueda parecer a primera vista arbitraria y artificiosa, y que se me podría exigir una fundamentación más exhaustiva. Cf. mi artículo sobre sentido y referencia que aparecerá dentro de poco en *Zeitschrift für Philosophie und philosophische Kritik*, [pp. 45-78 de esta edición]. [Nota de Frege].

expresar así: «2 no es una raíz cuadrada de 1»; o «2 no cae bajo el concepto raíz cuadrada de 1». Esto nos permite ver cuán íntimamente ligado está lo que en la lógica llamamos concepto con lo que llamamos función. Efectivamente, se puede afirmar de inmediato que un concepto es una función cuyo valor es siempre un valor de verdad. También el valor de la función

$$(x + 1)^2 = 2\,(x + 1)$$

16 es siempre un valor de verdad. Obtenemos lo verdadero, por ejemplo, para el argumento -1 y esto lo podemos expresar así : -1 es un número que es menor en una unidad que un número cuyo cuadrado es igual a su doble. Con esto se ha expresado la caída del número -1 bajo un concepto. La función

$$x^2 = 1 \text{ y la función } (x + 1)^2 = 2\,(x + 1)$$

tiene para el mismo argumento siempre el mismo valor, a saber para -1 y 1 lo verdadero, para todos los demás argumentos lo falso. De acuerdo con lo constatado antes, diremos que estas funciones tienen el mismo curso de valor, y lo expresaremos en símbolos de la siguiente manera

$$\acute{\varepsilon}\,(\varepsilon^2 = 1) = \acute{\alpha}\,([\alpha + 1]^2 = 2\,[\alpha + 1])$$

En lógica se llama a esto igualdad de la extensión (*Umfang*) de los conceptos. Podemos entonces designar como extensión conceptual el curso del valor de una función cuyo valor para cualquier argumento es un valor de verdad.

No nos detendremos en las ecuaciones e inecuaciones. La forma lingüística de las ecuaciones es una oración asertiva. Una oración de esta especie contiene como sentido un pensamiento –o pretende al menos contenerlo– y este pensamiento es en general verdadero o falso; es decir, tiene en general un valor de verdad que debe ser concedido como la referencia de la oración, tal como el número 4 es la referencia de la expresión «2 + 2» o como Londres es la referencia de la expresión «la capital de Inglaterra».

En general, las oraciones asertivas, al igual que las ecua- 17
ciones o las expresiones del análisis, pueden ser pensadas como compuestas por dos partes, de las cuales una está completa en sí misma y la otra requiere de complementación, de saturación. De este modo, se puede descomponer, por ejemplo, la oración

«César conquistó las Galias»

en «César» y «conquistó las Galias». La segunda parte es <una expresión> no saturada, lleva consigo un lugar vacío y solo al llenar este lugar con un nombre propio o con una expresión que reemplace a un nombre propio aparecerá un sentido completo. También aquí llamo función a la referencia de esta parte no saturada. En este caso, el argumento es César.

Vemos que aquí se ha llevado a cabo al mismo tiempo una ampliación en la otra dirección, es decir, respecto de aquello que puede aparecer como argumento. No se admiten solo números sino, en general, objetos, entre los cuales me veo obligado a contar también a las personas. Como posibles valores de la función han sido introducidos ya antes los dos valores de verdad. Tenemos que seguir adelante y admitir como valores de función objetos sin restricción alguna. Para tener un ejemplo de esto, partamos de la expresión:

«la capital del imperio alemán» 18

Es obvio que representa un nombre propio y refiere a un objeto. Descompongámosla ahora en las partes

«la capital de»

e «imperio alemán». La forma de genitivo[18] se la asigno a la primera parte quedando esta no saturada, mientras que la otra está completa en sí misma. Conforme a lo visto antes, llamo a

«la capital de *x*»

expresión de una función. Si tomamos como su argumento el imperio alemán, obtenemos como valor de la función Berlín.

Habiendo admitido así objetos sin restricción alguna como argumentos y como valores de función, nos preguntamos ahora qué llamamos aquí objeto. Estimo que de esto es imposible dar una definición escolar, pues estamos ante algo que por su simplicidad no admite una división lógica. Solamente es posible señalar lo que se quiere decir. Aquí sólo se puede afirmar escuetamente: objeto es todo lo que no es función, todo aquello cuya expresión no lleva consigo un lugar vacío.

Una oración asertiva no incluye ningún lugar vacío y por eso su referencia debe ser concebida como un objeto. Pero esta referencia es un valor de verdad. En consecuencia ambos valores de verdad son objetos.

Hemos presentado antes ecuaciones entre cursos de valor, por ejemplo

$$«\grave{\varepsilon} (\varepsilon^2 - 4\varepsilon) = \grave{\alpha} (\alpha [\alpha - 4])»$$

Esto lo podemos descomponer en «$\grave{\varepsilon} (\varepsilon^2 - 4\varepsilon)$» y «$(\ ) = \grave{\alpha} (\alpha [\alpha - 4])$».

18. En alemán, la expresión «imperio alemán» dentro de la frase propuesta va en genitivo. Al descomponer la frase, esta expresión queda en nominativo y la «forma del genitivo» puede serle asignada a la primera parte. [A. G-L.].

Esta última parte requiere complementación pues ella 19
lleva consigo, a la izquierda del signo de igualdad, un lugar vacío. La primera parte «$\acute{\varepsilon}(\varepsilon^2 - 4\varepsilon)$» es perfectamente completa, refiere, en consecuencia, un objeto. Los cursos del valor de las funciones son objetos, mientras que las funciones mismas no lo son. Habíamos llamado a $\acute{\varepsilon}(\varepsilon^2 = 1)$ curso de valor, pero también lo pudimos designar como extensión del concepto raíz cuadrada de 1. Por lo tanto, las extensiones conceptuales son también objetos, aunque los conceptos mismos no lo sean.

Después de haber ampliado así el círculo de lo que se puede tomar como argumento, se hace necesario fijar convenciones más exactas para las referencias de los signos que se usan habitualmente. Mientras lo considerado como objeto en la aritmética sean solo los números enteros, las letras *a* y *b* en «$a + b$» indican solamente números enteros y el signo de adición solo requiere ser explicado en el contexto de los números enteros. Toda ampliación del ámbito de los objetos que son indicados por «*a*» y «*b*» obliga a dar una nueva explicación del signo de adición. Como un imperativo del rigor científico aparece la necesidad de tomar medidas para que una expresión jamás pueda carecer de referencia, para que nunca calculemos, sin darnos cuenta, con signos vacíos
creyendo tratar con objetos. En el pasado se han hecho malas 20
experiencias con series divergentes infinitas. Es necesario, por lo tanto, establecer convenciones de las que se siga, por ejemplo, a qué refiere

$$«\odot + 1»,$$

si «$\odot$» ha de referir al sol. Cómo se establezcan estas convenciones, es relativamente indiferente, lo importante es que las haya, que «$a + b$» tenga siempre una referencia, sean cuales fueren los signos de objetos determinados que puedan ocupar el lugar de «*a*» y «*b*». En el caso de los conceptos, esto implica la exigencia de que tengan como valor para todo argumento un valor de verdad; que respecto de cada objeto esté determinado si este cae bajo el concepto o no. En otras palabras: se exige de los conceptos que estén limitados de manera rigurosa. Sin la satisfacción de esta exigencia sería imposible establecer leyes lógicas relativas a ellos. Para todo argumento x para el cual «$x + 1$» no tuviese una referencia, tampoco la función $x + 1 = 10$ tendría un valor y tampoco, en consecuencia, un valor de verdad, de modo que el concepto,

lo que aumentado en 1 da 10

no tendría a su vez límites rigurosos. La exigencia de delimitar de manera rigurosa los conceptos exige también que las funciones en general tengan para todo argumento un valor.

Hasta ahora hemos considerado los valores de verdad solo como valores de función y no como argumentos. Según lo que acabamos de decir, una función debe tener también un valor cuando se toma como argumento un valor de verdad. Pero dada la existencia de los signos ya usuales, de lo que se trata casi siempre es de que haya una convención con este fin, sin que importe mucho qué se determine. Consideremos ahora algunas funciones que son importantes para nosotros precisamente cuando su argumento es un valor de verdad.

21 Introduzco como función de esta especie

— x[19],

y establezco que el valor de esta función ha de ser lo verdadero cuando se toma como argumento lo verdadero. En todos los demás casos, el valor de esta función es lo falso, es

19. Para el signo (la barra o trazo) que acompaña a la variable no hay equivalencia en lógica clásica. Pero designa lo mismo que la variable a secas: x. [R. E. y L. P.].

decir, tanto si el argumento es lo falso como si el argumento no es un valor de verdad. Según esto, por ejemplo:

$$— 1 + 3 = 4$$

es lo verdadero, mientras que tanto

$$— 1 + 3 = 5$$

como

$$— 4$$

es lo falso. Esta función tiene entonces, como valor, el argumento mismo, si este es un valor de verdad. A este trazo horizontal lo llamé antes trazo del contenido (*Inhaltsstrich*)[20], un nombre que ya no parece ser adecuado. Lo llamaré ahora, simplemente, el trazo horizontal (*Waagerechten*).

Al escribir una ecuación o una inecuación, por ejemplo $5 > 4$, se quiere habitualmente expresar a la vez un juicio; se quiere afirmar, en nuestro ejemplo, que 5 es mayor que 4. Según la concepción que he expuesto aquí, «$5 > 4$» o «$1 + 3 = 5$» son solo expresiones de valores de verdad, sin que con ello se quiera afirmar algo. Esta distinción entre la acción de juzgar y aquello sobre lo que se juzga parece ineludible, pues
de lo contrario no se podría expresar la mera suposición de 22
un caso sin juzgar a la vez si se da o no. Necesitamos, por lo tanto, un signo especial para poder afirmar algo. Con este fin me sirvo de un trazo vertical en el extremo izquierdo del horizontal, de modo que, por ejemplo, con

«$\vdash 2 + 3 = 5$[21]»

20. Frege (1879b) §2. [A. G-L.].

21. El trazo del juicio de Frege es inexpresable en lógica clásica. [R. E. y L. P.].

afirmamos: 2 + 3 es igual a 5. No estamos solo escribiendo un valor de verdad, como en

«2 + 3 = 5»,

sino que a la vez decimos que ese valor es lo verdadero[22].

La función más simple después de la anterior es, quizá, aquella cuyo valor es lo falso para los argumentos para los cuales el valor de — *x* es lo verdadero; y cuyo valor, a la inversa, es lo verdadero para los argumentos para los cuales el valor de — *x* es lo falso. La designo así

(—┬— *x*)[23]

y llamo al pequeño trazo vertical el trazo de la negación. Yo concibo esta función como una función con el argumento — *x*:

(—┬— *x*) = (—┬— [— *x*])

donde pienso que los dos trazos horizontales se han fundido en uno solo. Pero tenemos también

(— [—┬— *x*]) = (—┬— *x*)

23 pues el valor de —┬— *x* es siempre un valor de verdad. Concibo, por lo tanto, en «—┬— *x*» los dos fragmentos del trazo a la derecha y a la izquierda del trazo de la negación como horizontales en el sentido particular de esta palabra que fue explicado con anterioridad. De acuerdo con esto, por ejemplo:

«—┬— $2^2 = 5$»

22. El trazo del juicio [*i. e.* a la izquierda del horizontal A. G-L.] no puede ser usado para formar la expresión de una función porque no sirve, acompañado de otros signos, para designar un objeto. «⊢ 2 + 3 = 5» no designa nada, sino que afirma algo. [Nota de Frege].

23. $\neg x$. [R. E. y L. P.].

refiere a lo verdadero y podemos agregar el trazo del juicio:

$$\vdash\!\!\top\; 2^2 = 5;$$

y con esto afirmamos que $2^2 = 5$ no es lo verdadero o que 2^2 no es 5.

Pero

$$\top\; 2$$

es también lo verdadero, pues — 2 es lo falso:

$$\vdash\!\!\top\; 2;$$

es decir, 2 no es lo verdadero.

Se verá mejor en un ejemplo cómo represento la universalidad. Supongamos que hay que expresar que todo objeto es igual a sí mismo. En

$$x = x$$

tenemos una función cuyo argumento está indicado por «x». Ahora hay que decir que el valor de esta función es siempre lo verdadero, sea cual fuere el argumento que se tome. Por

«$-\overset{\mathfrak{a}}{\smile}-\, f(\mathfrak{a})$»[24]

entiendo lo verdadero, si la función $f(x)$ tiene siempre como valor lo verdadero, sea cual fuere el argumento; en todos los demás casos 24

«$-\overset{\mathfrak{a}}{\smile}-\, f(\mathfrak{a})$»

debe denotar lo falso. Para nuestra función $x = x$ tenemos el primer caso. En consecuencia,

$-\overset{\mathfrak{a}}{\smile}-\; \mathfrak{a} = \mathfrak{a}$[25]

---

24. $\forall a\, f(a)$. [R. E. y L. P.].
25. $\forall a\, (a = a)$. [R. E. y L. P.].

es lo verdadero y esto lo podemos escribir así:

$$\vdash\!\!\!-\!\!\overset{\mathfrak{a}}{\smile}\!\!-\!\!-\quad \mathfrak{a} = \mathfrak{a}$$

Los trazos horizontales a la derecha y a la izquierda de la concavidad deben ser entendidos como horizontales en nuestro sentido. En lugar de «$\mathfrak{a}$» se podría elegir cualquier otra letra gótica, excepto aquellas como $\mathfrak{f}$, $\mathfrak{F}$, que sirven para designar una función.

Esta simbología permite negar la universalidad, por ejemplo, en

$$-\!\!\top\!\!-\!\!\overset{\mathfrak{a}}{\smile}\!\!-\!\!-\quad \mathfrak{a}^2 = 1$$ [26]

En efecto $-\!\!-\!\!\overset{\mathfrak{a}}{\smile}\!\!-\!\!-\ \mathfrak{a}^2 = 1$ es lo falso, porque el valor de la función $x^2 = 1$ no es para cualquier argumento lo verdadero. Por ejemplo para el argumento 2 obtenemos $2^2 = 1$; esto es lo falso. Ahora bien, si $-\!\!-\!\!\overset{\mathfrak{a}}{\smile}\!\!-\!\!-\ \mathfrak{a}^2 = 1$ es lo falso, $-\!\!\top\!\!-\!\!\overset{\mathfrak{a}}{\smile}\!\!-\!\!-\ \mathfrak{a}^2 = 1$ es lo verdadero de acuerdo a lo que se estableció más arriba sobre el trazo de la negación. Tenemos por lo tanto

$$\vdash\!\!\top\!\!-\!\!\overset{\mathfrak{a}}{\smile}\!\!-\!\!-\quad \mathfrak{a}^2 = 1;$$

es decir, «no todo objeto es raíz cuadrada de 1», o bien, «hay objetos que no son raíz cuadrada de 1». ¿Se puede expresar
25 también que hay raíces cuadradas de 1? ¡Por cierto! Basta tomar, en lugar de la función $x^2 = 1$, la función

$$-\!\!\top\!\!-\ x^2 = 1$$

A partir de

$$«-\!\!-\!\!\overset{\mathfrak{a}}{\smile}\!\!-\!\!-\quad -\!\!\top\!\!-\ \mathfrak{a}^2 = 1»$$

por fusión de los trazos horizontales surge

$$«-\!\!-\!\!\overset{\mathfrak{a}}{\smile}\!\!-\!\!\top\!\!-\ \mathfrak{a}^2 = 1»$$

Esto denota lo falso, pues el valor de la función

---

26. $\neg\forall a\,(a^2 = 1)$ *i. e.*, $\exists a \neg\,(a^2 = 1)$. [R. E. y L. P.].

$$\text{—}\!\top\!\text{—}\ x^2 = 1$$

no es para todo argumento lo verdadero. Por ejemplo

$$\text{—}\!\top\!\text{—}\ 1^2 = 1$$

es lo falso, pues $1^2 = 1$ es lo verdadero. Dado entonces que

$$\text{——}\overset{\mathfrak{a}}{\smile}\text{—}\!\top\!\text{—}\ \mathfrak{a}^2 = 1$$ [27]

es lo falso, entonces

$$\text{—}\!\top\!\text{—}\overset{\mathfrak{a}}{\smile}\text{—}\!\top\!\text{—}\ \mathfrak{a}^2 = 1$$ [28]

es lo verdadero:

$$\vdash\!\top\!\text{—}\overset{\mathfrak{a}}{\smile}\text{—}\!\top\!\text{—}\ \mathfrak{a}^2 = 1;$$

es decir «no para todo argumento es el valor de la función

$$\text{—}\!\top\!\text{—}\ x^2 = 1$$

lo verdadero»; o bien «no para todo argumento el valor de la función $x^2 = 1$ es lo falso»; o bien «hay por lo menos una raíz cuadrada de 1».

Daré a continuación algunos ejemplos con símbolos y con palabras:

$$\text{—}\!\top\!\text{—}\overset{\mathfrak{a}}{\smile}\text{—}\!\top\!\text{—}\ \mathfrak{a} \geqq 0$$

Hay por lo menos un número positivo;

$$\vdash\!\top\!\text{—}\overset{\mathfrak{a}}{\smile}\text{—}\!\top\!\text{—}\ \mathfrak{a} < 0$$

Hay por lo menos un número negativo; 26

$$\vdash\!\top\!\text{—}\overset{\mathfrak{a}}{\smile}\text{—}\!\top\!\text{—}\ \mathfrak{a}^3 - 3\mathfrak{a}^2 + 2\mathfrak{a} = 0$$

Hay por lo menos una raíz de la ecuación

$$x^3 - 3x^2 + 2x = 0.$$

---

27. $\forall a \neg (a^2 = 1)$. [R. E. y L. P.].

28. $\neg\forall a \neg (a^2 = 1)$ *i. e.*, $\exists a\, (a^2 = 1)$. [R. E. y L. P.].

A partir de esto, se ve cómo hay que expresar las importantes oraciones existenciales. Si indicamos indefinidamente un concepto con la letra de función *f*, entonces tenemos en

$$-\!\!\top\!\!-\overset{\mathfrak{a}}{\smile}\!\!-\!\!\top\!\!-\, f(\mathfrak{a})$$

la fórmula en que están incluidos los últimos ejemplos, exceptuando los trazos del juicio. Las expresiones

$$«-\!\!\top\!\!-\overset{\mathfrak{a}}{\smile}\!\!-\!\!\top\!\!-\, \mathfrak{a}^2 = 1», \quad «-\!\!\top\!\!-\overset{\mathfrak{a}}{\smile}\!\!-\!\!\top\!\!-\, \mathfrak{a} \geqq 0», \quad «-\!\!\top\!\!-\overset{\mathfrak{a}}{\smile}\!\!-\!\!\top\!\!-\, \mathfrak{a} < 0»,$$

$$«-\!\!\top\!\!-\overset{\mathfrak{a}}{\smile}\!\!-\!\!\top\!\!-\, \mathfrak{a}^3 - 3\mathfrak{a}^2 + 2\mathfrak{a} = 0»$$

surgen de dicha fórmula de manera similar a como, por ejemplo, de x^2 surgen «1^2», «2^2», «3^2». Tal como en x^2 tenemos una función cuyo argumento está indicado por «*x*», así también entiendo

$$«-\!\!\top\!\!-\overset{\mathfrak{a}}{\smile}\!\!-\!\!\top\!\!-\, f(\mathfrak{a})»$$

como expresión de una función cuyo argumento está indicado por «*f*». Una función de esta especie es, por cierto, radicalmente diferente de las que hemos considerado hasta ahora, pues como argumento suyo solamente puede aparecer una función. Tal como las funciones son radicalmente diferentes de los objetos, así las funciones cuyos argumentos son y deben ser funciones son también radicalmente diferentes
27 de aquellas funciones cuyos argumentos son objetos y no pueden ser otra cosa. A estas las llamo funciones de primer grado, a aquellas de segundo grado. De manera similar, distingo entre conceptos de primer y de segundo grado[29]. En rigor, hace ya tiempo que se tiene en el análisis funciones de segundo grado, por ejemplo, las integrales definidas, en

29. Cf. mis *Fundamentos de la aritmética* §53 al final, donde en lugar de «segundo grado» usé el término «segundo orden». La prueba ontológica de la existencia de Dios padece el defecto de tratar la existencia como un concepto de primer orden. [Nota de Frege].

cuanto se considera la función a integrar como argumento.

Ahora conviene agregar algo sobre funciones con dos argumentos. Obtuvimos la expresión de una función al descomponer el signo compuesto de un objeto en una parte saturada y una parte no saturada. Descomponemos así, por ejemplo, el signo de lo verdadero

$$«3 > 2»$$

en «3» y «$x > 2$». La parte no saturada «$x > 2$» la podemos descomponer de la misma manera en «2» y

$$«x > y»,$$

donde «y» nos permite reconocer el lugar vacío que antes ocupaba «2». En

$$x > y$$

tenemos una función con dos argumentos, de los cuales uno es indicado por «x», el otro por «y» y en

$$3 > 2$$

tenemos el valor de esta función para los argumentos 3 y 2. 28
Tenemos aquí una función cuyo valor es siempre un valor de verdad. Las funciones de este tipo con un argumento las hemos llamado conceptos, aquellas con dos argumentos las llamamos relaciones. También tenemos relaciones, por ejemplo, en

$$x^2 + y^2 = 9$$

y en

$$x^2 + y^2 > 9,$$

mientras que la función

$$x^2 + y^2$$

tiene números como valores. En consecuencia no la llamaremos relación.

Ahora introduciré una función que no es propia de la aritmética. El valor de la función

[30]

es lo falso si se toma como argumento *y*, lo verdadero, y al mismo tiempo como argumento *x*, un objeto que no es lo verdadero[31]; en todos los demás casos, el valor de esta función es lo verdadero. El trazo horizontal inferior y las dos partes en que queda dividido el superior por el trazo vertical deben ser entendidos como horizontales. Según esto se puede considerar siempre a — *x* e — *y* como argumentos de nuestra función, es decir, como valores de verdad.

En las funciones con un argumento, distinguimos entre las de primer y las segundo grado. Aquí es posible una mayor variedad. Una función con dos argumentos puede
29 ser del mismo o de diferente grado en relación a ellos: hay funciones del mismo grado y de grado diferente. Las consideradas hasta ahora eran del mismo grado. Una función de diferente grado es, por ejemplo, el cociente diferencial cuando se toman como argumentos la función a diferenciar y el argumento para el cual se diferencia; o bien la integral definida, en cuanto se toman como argumentos la función por integrar y el límite superior. Las funciones del mismo grado pueden dividirse, a su vez, en funciones de primer y de segundo grado. Una de segundo grado sería, por ejemplo,

$$F(f[1]),$$

donde «*F*» y «*f*» indican los argumentos.

---

30. $y \rightarrow x$. [R. E. y L. P.].

31. Es decir, el valor de la función ($y \rightarrow x$) es lo falso si para «el argumento *y*» el valor es lo verdadero, y para «el argumento *x*» el valor es lo falso. [R. E. y L. P.].

Las funciones de segundo grado con un argumento deben distinguirse según pueda aparecer como argumento suyo una función con un argumento o una con dos, pues una función con un argumento es tan radicalmente diferente de una con dos argumentos que, justamente, donde una puede aparecer como argumento, la otra no puede, y viceversa. Algunas funciones de segundo grado con un argumento exigen como tal una función con un argumento, otras exigen una función con dos argumentos, y estas dos clases se distinguen en forma rigurosa.

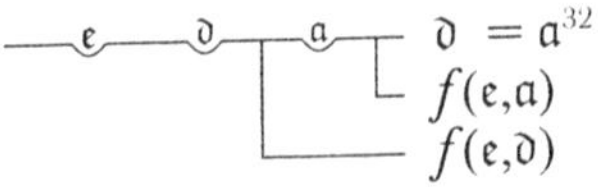

es un ejemplo de una función de segundo grado con un 30
argumento, la cual exige como argumento una función con dos argumentos. La letra *f* indica el argumento y los dos lugares separados por la coma entre los paréntesis que siguen a «*f*» hacen notar que *f* representa una función con dos argumentos.

En las funciones con dos argumentos la variedad es todavía mayor.

Si damos desde aquí una mirada retrospectiva al desarrollo de la aritmética, discernimos una ascensión gradual. En un comienzo, se calculaba con números individuales, con el 1, con el 3, etc.

$$2 + 3 = 5,\ 2 \cdot 3 = 6$$

son teoremas de este tipo. Luego se avanzó a leyes más universales, válidas para todos los números. En la simbología, esto corresponde a la adopción del cálculo mediante letras.

$$(a + b) \cdot c = a \cdot c + b \cdot c$$

32. $\forall e \forall d\,[f(e,d) \rightarrow (\forall a\, f(e,a) \rightarrow d = a)]$. [R. E. y L. P.].

es un teorema de este tipo. Con esto se había llegado ya a la consideración de funciones individuales, sin usar todavía esta palabra en sentido matemático y sin haber captado aún su significado (*Bedeutung*). El ascenso al nivel siguiente fue el reconocimiento de leyes universales de las funciones y con esto la acuñación del término técnico «función». En el plano de los símbolos, corresponde a ello la introducción de las letras *f*, *F* para indicar indefinidamente las funciones. En

$$\frac{d f(x)\cdot F(x)}{dx} = F(x)\cdot \frac{d f(x)}{dx} + f(x)\,\frac{d F(x)}{dx}$$

31 tenemos un teorema de este tipo. A esta altura se tenía ya funciones individuales de segundo grado, sin haber captado lo que nosotros llamamos función de segundo grado. Se podría pensar que esto proseguiría del mismo modo. Pero probablemente este último paso ya no es tan rico en consecuencias como los anteriores, pues en el avance sucesivo en lugar de funciones de segundo grado pueden ser consideradas funciones de primer grado, como se mostrará en otro lugar[33]. Pero con esto no se elimina la distinción entre funciones de primer y de segundo grado, pues no es una distinción arbitraria sino profundamente fundada en la naturaleza de las cosas.

También se puede considerar, en lugar de funciones de dos argumentos, funciones de un argumento único pero complejo; la distinción, empero, entre funciones de un argumento y de dos argumentos sigue en pie con todo su rigor.

---

33. Frege (1893) §§25, 34-37. [A. G-L.].

SOBRE SENTIDO Y REFERENCIA

(Über Sinn und Bedeutung)[34]

La igualdad (*Gleichheit*)[35] constituye un desafío para la 25
reflexión debido a ciertas preguntas derivadas de ella, que no son del todo fáciles de responder. ¿Es una relación (*Beziehung*)? ¿Una relación entre objetos (*Gegenstände*)? ¿O bien entre nombres o signos que sirven para designar objetos? Esto último es lo que había supuesto en mi *Conceptografía*[36]. Las razones que parecen apoyar esta concepción son las siguientes: $a = a$ y $a = b$ son manifiestamente oraciones de distinto valor cognoscitivo: $a = a$ vale *a priori* y según Kant debe ser llamada analítica, mientras que las oraciones del tipo $a = b$ aportan a menudo ampliaciones muy valiosas a nuestro conocimiento y no siempre pueden ser fundamentadas *a priori*. El descubrimiento de que cada mañana no sale un nuevo sol sino siempre el mismo, ha sido tal vez uno de los más fecundos en astronomía. Aún hoy, el reidentificar un pequeño planeta o un cometa no es siempre algo fácil.
Ahora bien, si queremos ver en la igualdad una relación entre 26
aquello a lo que los nombres «*a*» y «*b*» refieren, parece que

---

34. La primera edición de «Sobre sentido y referencia» fue publicada en el *Zeitschrift für Philosophie und philosophische Kritik* 100, 1892, pp. 25-50. [A. G-L.].

35. Empleo esta palabra en el sentido de identidad (*Identität*) y entiendo «$a = b$» en el sentido de «*a* es lo mismo que *b*» o «*a* y *b* coinciden». [Nota de Frege].

36. Cf. Frege (1879b). [A. G-L.].

$a = b$ no podría ser diferente de $a = a$, en caso de que $a = b$ sea verdadero. Con esto estaría expresada una relación de una cosa consigo misma, a saber, una relación en que está toda cosa consigo misma y ninguna cosa con otra. Lo que se quiere decir con $a = b$ es, aparentemente, que los signos o nombres «*a*» y «*b*» refieren a lo mismo y entonces se estaría hablando justamente de esos signos: se afirmaría una relación entre ellos. Pero esta relación existiría entre los nombres o signos solo en cuanto nombran o designan algo. Sería una relación mediatizada por la conexión de cada uno de esos signos con el mismo designado (*Bezeichnetes*). Esta conexión es, empero, arbitraria. A nadie se le puede prohibir adoptar como signo de algo a cualquier suceso u objeto que se pueda producir arbitrariamente. En consecuencia, una oración del tipo $a = b$ ya no se referiría a la cosa misma, sino solo a nuestra manera de designar; no expresaríamos allí un conocimiento propiamente tal. Pero eso es, justamente, lo que queremos en muchos casos. Si el signo «*a*» sólo se diferencia como objeto (aquí por su forma gráfica) del signo «*b*», y no como signo, es decir: no por el modo como designa algo, entonces el valor cognoscitivo de $a = a$ será esencialmente igual al de $a = b$, en caso de que $a = b$ sea verdadero. Solo puede producirse una distinción si la diferencia del signo corresponde a una diferencia en el modo de darse (*Art des Gegebenseins*) de lo designado. Sean *a*, *b*, *c*, las rectas que unen los vértices de un triángulo con los puntos medios de los lados opuestos. El punto de intersección de *a* y *b* es el mismo que el de intersección de *b* y *c*. Tenemos, en consecuencia, designaciones distintas para el mismo punto, pero estos nombres («punto de intersección de *a* y *b*», «punto de intersección de *b* y *c*») señalan, además, el modo de darse y por ende la oración contiene un conocimiento real.

Cabe entonces pensar que a un signo (es decir, a un nombre, una combinación de palabras, un signo escrito) va

ligado aquello que yo quisiera llamar el sentido del signo (*der Sinn des Zeichens*) y que contiene el modo de darse; y, además, va ligado lo designado, que puede llamarse la referencia del signo (*die Bedeutung des Zeichens*). En nuestro ejemplo, la referencia de las expresiones «el punto de intersección de *a* y *b*» y «el punto de intersección de *b* y *c*» sería la misma, 27
no así su sentido. La referencia de «lucero de la tarde» y de «lucero de la mañana» sería la misma, no así el sentido.

Del contexto se sigue que bajo «signo» y «nombre» he entendido aquí cualquier designación que reemplaza un nombre propio (*Eigenname*), cuya referencia es, en consecuencia, un objeto determinado (tomando esta palabra en su máxima amplitud) y no un concepto o una relación, sobre los que habrá que tratar con mayor detalle en otro trabajo[37]. La designación de un objeto singular puede consistir también en varias palabras u otros signos. Para mayor brevedad, se puede llamar nombre propio a cualquier designación de ese tipo[38].

---

37. El texto referido aquí es Frege (1892b), pp. 93-112 de esta edición. [A. G-L.]. Frege remite con esto a la distinción hecha en Frege (1891a) entre «función» (tipos de entidades a las cuales corresponden, por ejemplo, los conceptos) y «objeto» (noción bajo la cual Frege admite entidades tan diversas como los valores de verdad o los números, razón por la cual el término «objeto» ha de ser entendido aquí «en su máxima amplitud»). [R. E. y L. P.].

38. Para Frege son «nombres propios» no solo lo que él llamará «nombres propios en sentido estricto» («Aristóteles», «Berlín», cf. n.º 39 de Frege a este artículo), sino que también, entre otras expresiones, las hoy denominadas «descripciones definidas» («el discípulo de Platón», «la capital de Alemania»). La semántica de los «nombres propios» aquí expuesta por Frege implica –tal como ha sido tradicionalmente interpretada– asignarles la propiedad de poseer *sentido* (en el significado fregeano de este término) incluso a los «nombres propios en sentido estricto». Con esto, Frege se instala en una corriente opuesta a quienes, como John Stuart Mill, sostuvieron que los nombre propios no *connotaban*. Cf. Mill (1886) p. 20. Sobre los nombres propios en Frege, cfr. Textor (2002) pp. XVIII y ss. [R. E. y L. P.].

El sentido de un nombre propio lo capta cualquier persona que conozca suficientemente la lengua o el todo de designaciones al que pertenece[39]; pero esto ilumina solo unilateralmente la referencia, en caso de haberla. Propio de un conocimiento omnilateral de la referencia sería el que, frente a cualquier sentido dado, pudiéramos indicar de inmediato si pertenece o no a la referencia. A eso no llegamos nunca.

La conexión regular entre el signo, su sentido y su referencia es de tal índole que al signo le corresponde un determinado sentido y a este, a su vez, una determinada referencia, mientras que a una referencia (a un objeto) no le pertenece solo un signo[40]. El mismo sentido tiene diversas expresiones en diversas lenguas, incluso dentro de una misma lengua. Por cierto que hay excepciones a este comportamiento regular. Es evidente que, en un todo perfecto de signos, a cada expresión debería corresponderle un sentido determinado. Sin
28 embargo, los lenguajes naturales no cumplen con frecuencia esta exigencia y hay que contentarse con que, en el mismo contexto, la misma palabra tenga siempre el mismo sentido. Tal vez se pueda conceder que una expresión gramaticalmente correcta que reemplaza un nombre propio tenga siempre

39. En el caso de un nombre propio en sentido estricto, como «Aristóteles», puede haber, por cierto, diversidad de opiniones sobre el sentido. Se podría suponer, por ejemplo, que su sentido es: el discípulo de Platón y maestro de Alejandro Magno. Quien lo entienda así, unirá a la oración «Aristóteles era natural de Estagira» otro sentido que quien suponga que el sentido de este nombre es: el maestro de Alejandro Magno natural de Estagira. Solo mientras la referencia siga siendo la misma son tolerables estas vacilaciones de sentido, si bien habría que evitarlas en el edificio doctrinal de una ciencia apodíctica y no deberían aparecer en un lenguaje perfecto. [Nota de Frege].

40. Es decir, un objeto puede ser mentado por medio de diferentes sentidos, mas no puede ocurrir que un sentido miente más de una referencia. [R. E. y L. P.].

un sentido. Pero eso no implica que al sentido también le corresponda una referencia. Las palabras «el cuerpo celeste más distante de la tierra» tienen un sentido, pero es muy dudoso que tengan también una referencia. La expresión «la serie menos convergente» tiene un sentido, sin embargo es demostrable que carece de referencia, pues a toda serie convergente se le puede encontrar una menos convergente que aún sea convergente. Por el hecho de haber captado un sentido no se posee aún con seguridad una referencia.

Cuando se emplean palabras del modo usual, aquello de lo que se quiere hablar es su referencia. Puede también ocurrir que se quiera hablar de las palabras mismas o bien de su sentido. Esto ocurre, por ejemplo, cuando se citan las palabras de otra persona en discurso directo[41]. Entonces las palabras propias refieren en primera instancia a las palabras del otro y solo estas tienen la referencia usual. Tenemos entonces signos de signos. Al escribir, encerramos en este caso los caracteres de las palabras entre comillas. Por ende, una palabra que está entre comillas no debe ser tomada en su referencia usual.

Cuando se desea hablar del sentido de la expresión «*A*», se puede usar simplemente el giro «el sentido de la expresión "*A*"». En el caso del discurso indirecto se habla del sentido, por ejemplo, del discurso de otro. Es evidente que tampoco en este tipo de discurso las palabras tienen su referencia usual, sino que refieren a aquello que usualmente es su sentido. Para disponer de una expresión breve diremos: las palabras son usadas *indirectamente* en el discurso indirecto, o bien, tienen su referencia *indirecta*. Según esto, distinguimos la referencia *usual* de una palabra de su referencia *indirecta* y su sentido *usual* de su sentido *indirecto*. La referencia indirecta de una palabra es, entonces, su sentido usual. Hay

41. Ejemplo de discurso directo: Pedro dijo «me voy a casa»; de discurso indirecto: Pedro dijo que se iba a casa. [A. G-L.]

que tener siempre presentes estas excepciones si se quiere captar correctamente cómo se conectan al signo el sentido y la referencia en los casos particulares.

29 La referencia y el sentido de un signo deben distinguirse de la representación (*Vorstellung*) unida a dicho signo. Cuando la referencia de un signo es un objeto perceptible de modo sensible, la representación que me hago de él es una imagen interior[42] que surge de los recuerdos de impresiones sensibles que he tenido y de actividades, tanto internas como externas, que he realizado. Esta imagen está a menudo empapada de sentimientos; la claridad de cada una de sus partes es diversa y oscilante. No siempre, ni siquiera en una misma persona, la misma representación está ligada al mismo sentido. La representación es subjetiva: la representación que tiene un individuo no es la que tiene otro. El resultado es que hay una multiplicidad de diferencias en las representaciones conectadas con un mismo sentido. Un pintor, un equitador, un zoólogo probablemente, asociarán muy diversas representaciones con el nombre «Bucéfalo». Por eso la representación se diferencia esencialmente del sentido de un signo, el cual puede ser propiedad común de muchos y por lo tanto no es una parte o un modo del alma individual. Nadie podrá negar, en efecto, que la humanidad posee un tesoro común de pensamientos que traspasa de una generación a otra[43].

---

42. Junto con las representaciones podemos considerar las intuiciones (*Anschauungen*) en las que las impresiones de los sentidos y las actividades mismas ocupan el lugar de las huellas que hayan dejado en el alma. La diferencia es irrelevante para nuestros fines dado que junto a las sensaciones y actividades hay siempre recuerdos de ellas que ayudan a completar la imagen perceptual. Pero también se puede entender por percepción directa un objeto, en cuanto es espacial o perceptible por los sentidos. [Nota de Frege].

43. Por eso es inadecuado designar con la palabra «representación» algo tan radicalmente diverso. [Nota de Frege].

No hay inconveniente entonces, en hablar lisa y llanamente de *el*[44] sentido, mientras que en el caso de la representación hay que agregar, en rigor, a quién pertenece y en qué momento. Quizá se podrá objetar que, tal como con la misma palabra un individuo conecta una representación y otro otra, así también una persona puede unir a ella este sentido y otra aquel sentido. Sin embargo, en este caso la diferencia radica solo en el modo de conexión. Esto no impide que ambos 30
capten el mismo sentido, pero ambos no pueden poseer la misma representación. *Si duo idem faciunt, non est idem.* Si dos se representan lo mismo, cada uno de ellos tiene su propia representación. A veces es posible constatar diferencias en las representaciones, incluso en las sensaciones de distintos individuos, pero una comparación exacta es imposible, pues no podemos tener estas representaciones juntas en la misma conciencia.

La referencia de un nombre propio es el objeto mismo que designamos con él; la representación que tenemos en este caso es totalmente subjetiva; entre ambos está el sentido, que ya no es subjetivo como la representación, pero que tampoco es el objeto mismo. La siguiente comparación es tal vez apropiada para clarificar estas relaciones: alguien observa la luna a través de un telescopio. Comparo la luna misma con la referencia; ella es el objeto de la observación que es transmitido por la imagen real proyectada mediante el lente en el interior del telescopio y por la imagen en la retina del observador. Aquella la comparo con el sentido, esta con la representación o intuición. La imagen en el telescopio es, por cierto, unilateral, depende de la perspectiva de observación, sin embargo, es objetiva en cuanto puede servir a varios observadores. En todo caso, se podrían tomar

---

44. Las cursivas no provienen del original de Frege, sino que fueron agregadas por A. G-L. en la edición de 1972. [R. E. y L. P.].

medidas para que varios la utilicen simultáneamente. Cada uno poseerá, empero, su propia imagen en la retina. Una congruencia geométrica sería apenas alcanzable a causa de la diversa conformación de los ojos, mientras que una coincidencia real queda ciertamente excluida. Esta comparación podría, tal vez, ampliarse suponiendo que la imagen retinal de A podría hacerse visible para B o que incluso A mismo podría ver en un espejo su propia imagen retinal. Con esto se podría, quizá, mostrar que una representación puede ser tomada como objeto; sin embargo, en cuanto objeto no es para el observador lo mismo que es para el que tiene directamente la representación. Pero seguir por este camino nos apartaría demasiado de nuestro tema.

Podemos ahora distinguir tres niveles de diversidad entre palabras, expresiones y oraciones completas. La diferencia
31 puede referirse solo a las representaciones, o al sentido y no a la referencia o, por último, también a la referencia. Respecto al primer nivel, cabe anotar que, dado lo insegura que es la conexión de las representaciones con las palabras, puede darse para una persona una diferencia que otra no reconoce. La diferencia entre una traducción y el original no debería, en rigor, sobrepasar el primer nivel. Entre las diferencias que aquí todavía son posibles, hay que incluir el colorido y los matices que la poesía y la retórica intentan dar al sentido. Estos coloridos y estos matices no son objetivos, sino que deben ser añadidos por cada auditor y cada lector conforme a las indicaciones del poeta u orador. Sin una afinidad de la representación humana, ciertamente no sería posible el arte; en qué medida, empero, se responde a las intenciones del poeta, es algo que nunca se puede averiguar exactamente.

De las representaciones e intuiciones ya no se hablará más en lo sucesivo; fueron mencionadas aquí solo para que la representación que una palabra evoca en un auditor no sea confundida con su sentido o referencia.

Para poder expresarnos concisa y exactamente quiero fijar los siguientes giros:

Un nombre propio (palabra, signo, conjunto de signos, expresión) expresa su sentido y refiere o designa su referencia. Mediante un signo expresamos su sentido y designamos su referencia.

Desde los puntos de vista idealista y escéptico, quizá hace tiempo que se ha objetado lo siguiente: «Tú hablas aquí sin reparo de la luna como de un objeto, pero ¿cómo sabes que el nombre 'la luna' posee una referencia? ¿Cómo sabes que, en general, hay algo que posee referencia?» Respondo que nuestra intención no es hablar de nuestra representación de la luna y que tampoco nos contentamos con el sentido cuando decimos «la luna»; siempre suponemos una referencia. Sería precisamente errar respecto a su sentido pretender que en la oración «la luna es más pequeña que la tierra» se habla de una representación de la luna. Si el hablante quisiera referirse a esto último, emplearía el giro «mi representación de la luna». Ahora bien, por cierto que podemos equivocarnos al suponer una referencia y de hecho se ha dado este tipo de error.
La cuestión de si en esto nos equivocamos siempre, puede 32
quedar aquí sin respuesta; basta, en primera instancia, con indicar nuestra intención al hablar o pensar para justificar que hablemos de la referencia de un signo, si bien con una reserva: siempre que la haya.

Hasta este momento sólo se ha observado el sentido y la referencia de aquellas expresiones, palabras o signos que hemos llamado nombres propios. Ahora preguntamos por el sentido y la referencia de una oración asertiva completa. Una oración de este tipo contiene un pensamiento (*Gedanke*)[45]

45. Por pensamiento no entiendo la acción subjetiva de pensar, sino su contenido objetivo que es capaz de ser propiedad común de muchos individuos. [Nota de Frege]. Este concepto será tratado

¿Hay que entender este pensamiento como su sentido o como su referencia? Supongamos por un momento que la oración tiene una referencia. Si reemplazamos una palabra de la oración por otra que tenga la misma referencia pero distinto sentido, esto no podrá ejercer influencia alguna sobre la referencia de la oración. Vemos, sin embargo, que en tales casos el pensamiento cambia, pues el pensamiento de la oración «el lucero de la mañana es un cuerpo iluminado por el sol» es distinto del de la oración «el lucero de la tarde es un cuerpo iluminado por el sol». Alguien que no supiera que el lucero de la tarde es el lucero de la mañana, podría sostener que uno de los pensamientos es verdadero y que el otro es falso. El pensamiento, en consecuencia, no puede ser la referencia de la oración, más bien habrá que entenderlo como su sentido. ¿Qué ocurre entonces con la referencia? ¿Es lícito preguntarse por ella? ¿No tendrá una oración, como un todo, solamente sentido y no referencia? Se puede esperar, en todo caso, que haya oraciones de este tipo, tal como hay partes de oraciones que tienen sentido, pero que carecen de referencia. Las oraciones que contienen nombres propios sin referencia serán de esta especie. La oración «Odiseo fue desembarcado en Ítaca mientras dormía profundamente», tiene manifiestamente un sentido. Sin embargo, por ser dudoso que el nombre «Odiseo» que aparece en ella tenga una referencia, es dudoso también que la oración entera la tenga. Pero lo que sí está fuera de duda es que quien sostiene seriamente
33 que la oración es verdadera o falsa le atribuye también al nombre «Odiseo» una referencia y no solo un sentido; pues es a la referencia de este nombre a la que se le atribuye o se le niega un predicado. Quien no admite una referencia, no puede tampoco atribuirle o negarle un predicado. El avanzar

de manera más profunda en Frege (1918-1919a), pp. 151-185 de esta edición. [R. E. y L. P.].

hacia la referencia del nombre sería entonces superfluo; uno podría contentarse con el sentido si quisiera detenerse en el pensamiento. Si se tratara solo del sentido de la oración, es decir, del pensamiento, sería innecesario preocuparse por la referencia de una de las partes de la oración; respecto al sentido de la oración, solo interesa el sentido y no la referencia de dicha parte. El pensamiento permanece invariable, tenga o no una referencia el nombre «Odiseo». El hecho mismo de preocuparnos por la referencia de una parte de la oración es un signo de que, en general, reconocemos y exigimos que la oración misma tenga una referencia. El pensamiento pierde valor ante nuestros ojos apenas reconocemos que a una de sus partes le falta la referencia. Estamos, por lo tanto, justificados cuando no nos contentamos con el sentido de una oración, sino que preguntamos también por su referencia. Pero, ¿por qué queremos que todo nombre propio tenga no solo un sentido, sino también una referencia? ¿Por qué no nos basta con el pensamiento? Porque nos importa su valor de verdad (*Wahrheitswert*). No siempre ocurre esto. Al escuchar un poema épico, por ejemplo, nos cautiva solamente, aparte de la eufonía del lenguaje, el sentido de las oraciones junto con las representaciones y sentimientos que este evoca. Si preguntáramos por la verdad abandonaríamos el goce estético y nos entregaríamos a una observación científica. Por eso, mientras acogemos el poema como obra de arte, nos es indiferente que el nombre «Odiseo», por ejemplo, tenga o no una referencia[46]. Es, en consecuencia, el esfuerzo por alcanzar la verdad lo que siempre nos impulsa a avanzar del sentido a la referencia.

---

46. Sería deseable poseer una expresión especial para los signos que solo han de tener sentido. Si los llamáramos, por ejemplo, imágenes, las palabras del actor en escena serían imágenes, incluso el actor mismo sería una imagen. [Nota de Frege].

Hemos visto que a una oración hay que buscarle siempre una referencia si lo que interesa es la referencia de sus componentes y esto ocurre solo cuando preguntamos por su valor de verdad.

34 De este modo nos vemos constreñidos a admitir el valor de verdad de una oración como su referencia. Entendiendo por valor de verdad de una oración el hecho de que ella sea verdadera o sea falsa. No hay otros valores de verdad. Para mayor brevedad, llamo a uno de los valores lo verdadero y al otro lo falso. Toda oración asertiva en la que interesa la referencia de las palabras debe ser entonces concebida como un nombre propio y su referencia, si es que la tiene, será o lo verdadero o lo falso. Estos dos objetos (*Gegenstände*) son admitidos, aunque solo sea tácitamente, por cualquiera que emita un juicio, es decir, que sostenga que algo es verdadero, en consecuencia también por el escéptico[47]. Designar los valores de verdad como objetos puede parecer aquí una ocurrencia arbitraria y quizá un mero juego de palabras del que no es lícito sacar consecuencias muy penetrantes. Lo que yo llamo objeto solo puede ser precisado junto con concepto y relación. Esto quiero reservarlo para otro artículo[48]. Pero lo siguiente debería estar ya claro a estas alturas: que en todo juicio[49] –por trivial que sea– ya se ha dado el paso del nivel de los pensamientos al nivel de las referencias (de lo objetivo).

---

47. Como se ve, Frege llama objetos a lo verdadero y lo falso, y a las expresiones que están por ellos (las oraciones asertivas) «nombres propios». Todo esto es congruente con la idea de que un «nombre propio» es una expresión que «está por un objeto», siendo objeto todo lo que no es una función (por ejemplo, un valor de verdad). [R. E. y L. P.].

48. Frege se refiere nuevamente a su trabajo (1892b), cf. esta edición pp. 93-110. [A. G-L.].

49. Un juicio no es para mí la mera aprehensión de un pensamiento, sino el reconocimiento de su verdad. [Nota de Frege].

Existe la tentación de concebir la relación que tiene el pensamiento con lo verdadero no como la del sentido con la referencia, sino como la del sujeto con el predicado. Se puede decir, en efecto, «el pensamiento de que 5 es un número primo es verdadero». Pero al observar esto más detenidamente, se constata que no se ha dicho más, en rigor, que con la simple oración «5 es un número primo». La afirmación de la verdad radica en ambos casos en la forma de la oración asertiva, y en los casos en que esta no tiene su fuerza habitual, por ejemplo, en boca de un actor en escena, la oración «el pensamiento de que 5 es un número primo es verdadero» contiene solo un pensamiento, a saber, el mismo pensamiento que la afirmación simple «5 es un número primo». De esto hay que colegir que la relación que tiene el pensamiento con lo verdadero no debe ser comparada con
la de sujeto y predicado. Sujeto y predicado (entendidos en 35
sentido lógico) son partes de un pensamiento; para el conocimiento están en el mismo nivel. Mediante la conjunción de sujeto y predicado se llega solamente a un pensamiento, jamás se va de un sentido a su referencia, jamás se avanza de un pensamiento a su valor de verdad. Uno se mueve en el mismo nivel, sin avanzar de un nivel al siguiente. Un valor de verdad no puede ser parte de un pensamiento, como tampoco puede serlo, por ejemplo, el sol, pues el valor de verdad no es un sentido sino un objeto.

Si es correcta nuestra sospecha de que la referencia de una oración es su valor de verdad, este debe permanecer invariable cuando se reemplaza una parte de la oración por una expresión con la misma referencia, pero distinto sentido. Y esto es de hecho lo que ocurre. Leibniz explica justamente: *Eadem sunt, quae sibi mutuo substitui possunt, salva veritate*[50].

---

50. «Son idénticas aquellas cosas que pueden sustituirse mutuamente, preservándose la verdad». Esta formulación pareciera que

¿Qué otra cosa, aparte del valor de verdad, podría hallarse que pertenezca en general a toda oración en que la referencia de las partes es relevante y que permanezca invariable al hacer una sustitución como la indicada?

Ahora bien, si el valor de verdad de una oración es su referencia, se sigue que, por una parte, todas las oraciones verdaderas y, por otra, todas las falsas, tienen la misma referencia. Vemos entonces que en la referencia de la oración se ha borrado todo lo individual. Por eso nunca nos puede importar solo la referencia de una oración. Tampoco el mero pensamiento confiere conocimiento alguno, sino únicamente el pensamiento junto con su referencia, es decir, con su valor de verdad. El juzgar puede ser concebido como el avanzar de un pensamiento a su valor de verdad. Por cierto que esto no pretende ser una definición. El juzgar es en efecto algo muy peculiar e incomparable. También se podría decir que juzgar es distinguir partes dentro del valor de verdad. Esta distinción se realiza mediante el regreso al pensamiento. A cada sentido que pertenece a un valor de verdad le correspondería un modo propio de análisis. La palabra «parte» (*Teil*) la he usado aquí de un modo especial. He trasladado la relación entre el todo y la parte de la oración a su refe-
36 rencia, llamando a la referencia de una palabra parte de la referencia de la oración cuando la palabra misma es parte de esa oración. Esta manera de hablar es, por cierto, objetable,

no se encuentra en ningún texto de Leibniz. Una versión similar se puede hallar en Leibniz (1923) VI. 4 p. 171. En (1884a) p. 76, Frege cita otra formulación de este principio, que también ahí atribuye a Leibniz: *eadem sunt, quorum unum potest substitui alteri salva veritate* (son idénticas aquellas cosas en que una puede ser substituida por otra, preservándose la verdad). Esta última versión del principio de sustituibilidad se puede hallar en Leibniz (1923) vol. VI. 4, p. 845, al igual que en el ya referido pasaje de Leibniz (1923) VI. 4 p. 171. [R. E. y L. P.].

porque en el caso de la referencia el todo y una parte no determinan la otra parte y porque, en el caso de los cuerpos, la palabra parte se emplea en otro sentido. Habría que crear una expresión específica *ad hoc.*

La sospecha de que el valor de verdad de una oración es su referencia debe ser puesta a prueba una vez más. Hemos descubierto que el valor de verdad de una oración queda intacto si reemplazamos en ella una expresión por otra que refiera a lo mismo, pero no hemos considerado aún el caso de que la expresión por reemplazar sea ella misma una oración. Si nuestra opinión es correcta, el valor de verdad de una oración que contiene otra oración como parte debe permanecer inalterado cuando en el lugar de la oración que es una parte introducimos otra, cuyo valor de verdad sea el mismo. Cabe esperar excepciones cuando el todo o la oración que es una parte estén en discurso directo o indirecto, pues, como hemos visto, en esos casos la referencia de las palabras no es la usual. Una oración en discurso directo refiere nuevamente una oración y en discurso indirecto un pensamiento.

De esta manera nos vemos conducidos a la consideración de las oraciones subordinadas (*Nebensätze*). Estas aparecen como partes de una oración compuesta, la que, a su vez, aparece, desde el punto de vista lógico, también como oración, a saber, como la oración principal. Pero aquí nos enfrentamos a la pregunta de si acaso también es válido para las oraciones subordinadas el que su referencia sea un valor de verdad. Del discurso indirecto sabemos ya lo contrario. Los gramáticos ven en las oraciones subordinadas sustitutos de partes de la oración y las dividen, según esto, en oraciones sustantivas, adjetivas y adverbiales. Por eso se podría suponer que la referencia de una oración subordinada no es un valor de verdad, sino una referencia del mismo tipo que la de un sustantivo, un adjetivo o un adverbio, en una palabra, de una parte de la oración que como sentido no tiene un pensamiento, sino solo una parte de él. Solo una investigación más detallada puede proporcionar claridad al respecto. Al realizarla no nos ajustaremos rigurosamente al hilo conductor gramatical, sino que juntaremos lo que es, desde el punto de vista lógico, de la misma especie. Busquemos en primer término aquellos casos en que el sentido de la oración subordinada, como acabamos de suponer, no es un pensamiento independiente.

37 Al grupo de las oraciones sustantivas abstractas que comienzan con «que» pertenece también el discurso indirecto y hemos visto que en él las palabras tienen su referencia indirecta. Esta coincide con lo que habitualmente es su sentido. En este caso, la oración subordinada tiene como referencia un pensamiento y no un valor de verdad; como sentido no tiene un pensamiento, sino el sentido de las palabras «el pensamiento de que...» y este es solo parte del pensamiento de la oración compuesta completa. Esto ocurre después de «decir», «oír», «opinar», «estar convencido», «concluir» y otras palabras semejantes[51]. Diferente, y bastante complicada, es la situación que se produce después de palabras tales como «conocer» (*erkennen*) y «saber» (*wissen*), «imaginarse» (*wähnen*)[52]. Esto habrá que examinarlo más adelante.

Que en los casos mencionados la referencia de la oración subordinada de hecho es el pensamiento, se reconoce también al constatar que para la verdad del todo es indiferente que ese pensamiento sea verdadero o falso. Compárense, por ejemplo, las siguientes oraciones: «Copérnico creía que las

51. En la oración «A mintió <al decir> que él había visto a B» la oración subordinada significa un pensamiento del que se dice, en primer lugar, que A lo afirmó como verdadero y, en segundo lugar, que A estaba convencido de su falsedad. [Nota de Frege].

52. Para el sentido de este término alemán, cf. *infra* nota n.º 64. [R. E. y L. P.].

órbitas de los planetas eran circunferencias» y «Copérnico creía que el aparente movimiento solar era producido por el movimiento real de la Tierra». Sin perjuicio de la verdad se puede reemplazar aquí una oración subordinada por la otra. La oración principal junto con la subordinada tiene como sentido un solo pensamiento, y la verdad del todo no incluye ni la verdad ni la falsedad de la oración subordinada. En estos casos, no es lícito reemplazar en la oración subordinada una expresión por otra que tenga la misma referencia usual, sino únicamente por una que tenga la misma referencia indirecta, es decir, el mismo sentido usual. Si alguien quisiera concluir que la referencia de una oración no es su valor de verdad «porque entonces sería siempre lícito reemplazarla por otra con el mismo valor de verdad», demostraría demasiado, pero con igual derecho se podrá afirmar que la referencia de la expresión «lucero de la mañana» no es «Venus» pues no se puede decir siempre «Venus» en lugar de «lucero de la mañana». Legítimamente sólo se puede concluir que la referencia de la oración *no es siempre*
su valor de verdad y que «lucero de la mañana» no siempre 38
refiere al planeta Venus, a saber, cuando esta palabra tiene su referencia indirecta. Una excepción de este tipo aparece en las frases subordinadas que acabamos de observar, pues su referencia es un pensamiento.

Al decir «parece que...», lo que se quiere decir es «me parece que...» o bien «opino que...». Tenemos, en consecuencia, el mismo caso anterior. El asunto es semejante tratándose de expresiones tales como «alegrarse», «lamentar», «reprochar», «esperar», «temer». Si Wellington, hacia el final de la batalla de Belle-Alliance[53], se alegró de que los prusianos estuvieran

---

53. Waterloo. [A. G-L.]. Frege utiliza el nombre con el que el mariscal prusiano G. Blücher propuso designar la batalla. Con frecuencia se la designó así en Alemania hasta entrado en S. XX. [R. E. y L. P.].

por llegar, el fundamento de su alegría fue una convicción. Si hubiese estado equivocado, no habría dejado de alegrarse mientras persistiera en su ilusión, y antes de llegar a la convicción de que los prusianos estaban cerca no podría haberse alegrado, aunque estos de hecho ya se acercaran.

Tal como una convicción o una creencia (*Glaube*) es el fundamento de un sentimiento, puede serlo también de una convicción, por ejemplo, al sacar una conclusión. En la oración «Colón concluyó, a partir de la redondez de la Tierra, que viajando hacia el oeste podía llegar a la India» tenemos como significados de las partes dos pensamientos: que la Tierra es redonda y que Colón viajando hacia el oeste podía llegar a la India. Aquí nuevamente interesa solo el que Colón estuviera convencido de lo uno y de lo otro y el que una convicción fuera el fundamento de la otra. Que la Tierra sea realmente redonda y que Colón viajando hacia el oeste realmente hubiera podido llegar a la India tal como pensaba, es indiferente para la verdad de nuestra oración. Pero no es indiferente que reemplacemos «la Tierra» por «el planeta escoltado por una luna cuyo diámetro es mayor que la cuarta parte del suyo propio». Aquí también estamos ante la referencia indirecta de las palabras.

Las frases adverbiales que expresan finalidad y comienzan con «para que» también pertenecen a este grupo, pues, obviamente, el fin es un pensamiento; por eso: referencia indirecta de las palabras y modo subjuntivo.

La oración subordinada que comienza por «que» después de «ordenar», «suplicar», «prohibir», aparecería en discurso directo como un imperativo. Una oración en imperativo carece de referencia, tiene solamente sentido. Una orden, un ruego, no son en efecto pensamientos, pero están en el mismo nivel que estos. Por eso, en las oraciones subordinadas que dependen de «ordenar», «rogar», etc., las palabras
39 tienen referencia indirecta. La referencia de una oración

de este tipo no es, entonces, un valor de verdad, sino una orden, un ruego, etc.

Algo semejante ocurre con las preguntas que dependen de expresiones como «dudar que», «no saber que». Es fácil ver que también aquí hay que tomar las palabras en su referencia indirecta. Las oraciones interrogativas dependientes que comienzan con «quién», «qué», «dónde», «cuándo», «cómo», «por medio de qué», etc., a veces parecen aproximarse bastante a las oraciones adverbiales en las que las palabras tienen su referencia usual. Lingüísticamente, estos casos se distinguen por el modo del verbo. Con el subjuntivo[54] tenemos una pregunta dependiente y la referencia indirecta de las palabras, de modo que un nombre propio no puede ser reemplazado en general por otro nombre del mismo objeto.

En los casos considerados hasta ahora, las palabras tenían en la oración subordinada referencia indirecta, y este hecho permitía explicar por qué la referencia de la oración subordinada misma era indirecta; es decir, por qué su referencia no era un valor de verdad sino un pensamiento, una orden, un ruego, una pregunta. La oración subordinada podía ser entendida como un sustantivo; incluso se podría decir: como nombre propio de ese pensamiento, esa orden, etc., que ella representaba en el contexto de la estructura total de la oración.

Ahora llegamos a otras oraciones subordinadas en las que las palabras tienen su referencia usual sin que, empero, surja como sentido un pensamiento y como referencia un

---

54. En alemán. [A. G-L.]. Frege piensa aquí en la estructura de la gramática de la lengua alemana, en la que las preguntas indirectas se marcan por el uso de subjuntivo. Así, por ejemplo, la pregunta directa: *Kannst du kommen?* (¿Puedes venir?) se formula en alemán de modo indirecto con subjuntivo: *Er fragt mich, ob ich kommen könne* (Me pregunta si podía venir). [R. E. y L. P.].

valor de verdad. Cómo es posible esto, es algo que se aclara mejor con ejemplos.

«El que descubrió la forma elíptica de
las órbitas de los planetas murió en
la miseria».

Si, en este caso, la frase subordinada tuviese como sentido un pensamiento, debería ser posible también expresarlo en una oración principal. Pero esto no resulta, pues el sujeto gramatical «el que» no tiene un sentido independiente, sino que se limita a mediar la relación con la frase siguiente: «murió en la miseria». Por eso, el sentido de la frase subordinada tampoco es un pensamiento completo, ni su referencia un valor de verdad, sino Kepler. Se podría objetar que el sentido del todo contiene como parte un pensamiento, a saber, que hubo alguien que reconoció por vez primera la forma elíptica
40 de las órbitas de los planetas, pues quien estima verdadero el todo no puede negar esta parte. Lo último es indudable; pero solo porque, de lo contrario, la frase subordinada «el que descubrió la forma elíptica de las órbitas de los planetas» no tendría referencia. Cuando se afirma algo, es evidente que se supone que los nombres propios –simples o compuestos– que se emplean tienen una referencia. Cuando se afirma «Kepler murió en la miseria», se supone que el nombre «Kepler» designa algo; pero no por eso está incluido en el sentido de la oración «Kepler murió en la miseria» el pensamiento de que el nombre «Kepler» designa algo. Si fuese así, la negación no debería ser

«Kepler no murió en la miseria»

sino

«Kepler no murió en la miseria o
el nombre Kepler carece de referencia».

Que el nombre Kepler designa algo es más bien un supuesto tanto para la afirmación

«Kepler murió en la miseria»

como para la que se opone a ella[55]. Ahora bien, las lenguas tienen el defecto de posibilitar expresiones que según, su forma gramatical, parecen destinadas a designar un objeto y que, en ciertos casos particulares, no alcanzan a cumplir su misión porque eso depende de la verdad de una oración. De la verdad de la oración

«hubo alguien que descubrió la forma
elíptica de las órbitas de los planetas»

depende si la frase subordinada

«el que descubrió la forma elíptica
de las órbitas de los planetas»

designa realmente un objeto o solo parece hacerlo, careciendo de hecho de referencia. De ese modo, podría parecer que

---

55. Como se ve, Frege se manifiesta aquí en contra de la idea, que después defenderá Russell, de que la proposición «el que descubrió la forma elíptica de las órbitas de los planetas murió en la miseria», tiene el mismo sentido que la conjunción de: 1) Hubo alguien que descubrió la forma elíptica de la órbita de los planetas, 2) un individuo y sólo un individuo descubrió la forma elíptica de los planetas y 3) ese individuo murió en la miseria ($\exists x\ [D(x) \wedge \forall y\ (D(y) \rightarrow x = y)] \wedge M(x)$). El argumento de Frege reposa en la idea de que, según él, el pensamiento de que: «el que descubrió la forma elíptica de las órbitas de los planetas murió en la miseria» no incluye el pensamiento de que *hay* alguien que descubrió la forma elíptica de los planetas, así como el pensamiento de que «Escila tiene seis gargantas» no incluye en sí el pensamiento de que *hay* una entidad llamada Escila. Según Frege, expresiones como «Escila» o «el actual rey de Chile» son «nombres propios aparentes» (*Scheineigennamen*), es decir, son nombres propios que fallan y por tanto «no designan nada» (cf. Frege [1969] p. 141). [R. E. y L. P.].

nuestra frase subordinada contiene como parte de su sentido el pensamiento de que hubo alguien que descubrió la forma elíptica de las órbitas de los planetas. Si esto fuese correcto, la negación debería ser:

> «el que reconoció por vez primera la forma elíptica de las órbitas de los planetas no murió en la miseria o no hubo nadie que descubriera la forma elíptica de las órbitas de los planetas».

41 Esto radica por lo tanto en una imperfección del lenguaje de la cual, por lo demás, no se escapa tampoco el lenguaje formal del análisis; también allí pueden aparecer conexiones de signos que parecen referir a algo pero que hasta ahora carecen de referencia, por ejemplo, series divergentes infinitas. Se puede evitar esto, por ejemplo, conviniendo especialmente en que las series divergentes infinitas refieran al número 0. A un lenguaje lógicamente perfecto (conceptografía) hay que exigirle que cada expresión formada como nombre propio de un modo gramaticalmente correcto a partir de signos ya introducidos, designe también de hecho un objeto y que ningún signo sea introducido por vez primera como nombre propio sin que le esté asegurada una referencia. En los textos de lógica se suele advertir que la pluralidad de sentidos de las expresiones es una de las fuentes de errores lógicos. Estimo por lo menos igualmente oportuno el llamar la atención sobre aparentes nombres propios que carecen de referencia. La historia de la matemática está en condiciones de enumerar errores que han surgido de aquí. La carencia de referencia se presta tanto como la equivocidad de las palabras para un uso demagógico –o tal vez más. «La voluntad del pueblo» puede servir de ejemplo, pues será fácil comprobar que no hay una referencia universalmente aceptada de esta expresión. Por eso no es de ningún modo ocioso eliminar de

una vez por todas las fuentes de estos errores, al menos en la ciencia. Entonces, objeciones tales como la recién discutida se tornarán imposibles, puesto que no dependerá jamás de la verdad de un pensamiento el que un nombre propio tenga o no una referencia.

Después de estas oraciones sustantivas, podemos considerar una especie de oración adjetiva y adverbial que, desde el punto de vista lógico, es pariente cercana de aquellas.

También las oraciones adjetivas sirven para formar nombres propios compuestos, aun cuando, a diferencia de las frases sustantivas, no lo logran solas. Estas frases adjetivas deben ser consideradas iguales a los adjetivos. En lugar de «la raíz cuadrada de 4 que es menor que 0», se puede decir también «la raíz cuadrada negativa de 4». Tenemos aquí el caso en que, a partir de una expresión de concepto[56], se ha formado un nombre propio compuesto con ayuda del artículo definido singular, lo que, en todo caso, está permitido sola-
mente cuando un objeto, y sólo uno, cae bajo el concepto[57]. 42
Las expresiones de conceptos pueden construirse entonces indicando notas (*Merkmale*) por medio de frases adjetivas, por ejemplo, en nuestro caso mediante la oración «que es menor que 0»[58]. Es evidente que una frase adjetiva de esta

---

56. Para Frege, concepto es lo designado por un predicado gramatical. [A. G-L.].

57. De acuerdo con lo anotado más arriba, debería en rigor asegurársele siempre a una expresión de este tipo una referencia mediante una convención especial, por ejemplo, estableciendo que como referencia suya valdrá el número 0, cuando ningún objeto o más de uno caiga bajo el concepto. [Nota de Frege].

58. En Frege (1884a) §53 p. 64 se realiza una importante distinción entre «propiedad» (*Eigenschaft*) y «nota» (*Merkmal*) de un concepto. Ahí indica Frege: «Por "propiedades" (*Eigenschaften*) que se predican de un concepto no entiendo, por cierto, las notas (*Merkmale*) que componen tal concepto. Estas últimas son propiedades de las cosas que caen bajo el concepto, mas no propiedades del concepto. Así especie, al igual que la frase nominal examinada más arriba, no puede tener como sentido un pensamiento ni como referencia un valor de verdad, sino que tiene como sentido solo una parte de un pensamiento que, en algunos casos, puede ser también expresada por un solo adjetivo. También aquí, al igual que en las frases nominales mencionadas, falta el sujeto independiente y por eso también la posibilidad de reproducir el sentido de la frase subordinada en una oración principal independiente.

Los lugares, los instantes, los espacios de tiempo son, desde un punto de vista lógico, objetos; por ende, la designación lingüística de un determinado lugar, de un determinado instante o espacio de tiempo debe ser considerada como un nombre propio. Las frases adverbiales de lugar y de tiempo pueden ser empleadas para formar un nombre propio de esa especie, de manera similar a como hemos visto que ocurría con las frases nominales y adjetivas. También se pueden formar expresiones para los conceptos que abarcan bajo sí lugares, etc. Aquí hay que hacer notar que el sentido de estas frases subordinadas tampoco puede ser reproducido por una oración principal, pues falta un componente esencial, esto es, la determinación de espacio o de tiempo que solo está indicada por un pronombre relativo o una conjunción[59].

"rectángulo" no es una propiedad del concepto "triángulo rectángulo", pero la proposición de que no hay ningún triángulo rectángulo, rectilíneo, equilátero, enuncia una propiedad del concepto "triángulo rectángulo, rectilíneo, equilátero, al cual se le atribuye el número cero"». [R. E. y L. P.].

59. De estas oraciones es posible que haya concepciones ligeramente distintas. El sentido de la oración «después de que Schleswig-Holstein se hubo separado de Dinamarca, se enemistaron Prusia y Austria» lo podemos reproducir también en esta forma: «después de la separación de Schleswig-Holstein de Dinamarca se enemistaron Prusia y Austria». En esta versión queda suficientemente claro que no debe considerarse como parte de este sentido el pensamiento de que

También en las oraciones condicionales, tal como lo acabamos de ver en las frases sustantivas, adjetivas y adver- 43
biales, hay que admitir generalmente un componente que indica indefinidamente, al que corresponde un equivalente en la oración subordinada. Remitiendo estos componentes el uno al otro, unen ambas oraciones formando un todo que normalmente expresa un solo pensamiento. En la oración

«si un número es menor que 1 y mayor que 0,
también su cuadrado es menor que 1
y mayor que 0»

este componente es «un número» en el antecedente y «su» en el consecuente. Justamente debido a esta indeterminación, el sentido alcanza la universalidad que se espera de una ley. Y también esto mismo hace que el antecedente solo no tenga un pensamiento completo como sentido y que, junto con el consecuente, exprese un pensamiento, y solo uno, cuyas partes ya no son pensamientos. En general no es correcto decir que en el juicio hipotético se ponen en relación recí-

---

Schleswig-Holstein se separó alguna vez de Dinamarca, sino que esto último es el supuesto necesario para que la expresión «después de la separación de Schleswig-Holstein de Dinamarca» tenga una referencia. Nuestra oración, por cierto, puede ser concebida también de modo que con ella se pretenda decir que en algún momento Schleswig-Holstein se separó de Dinamarca. Entonces tenemos un caso que habrá que considerar más adelante. Para apreciar más claramente la diferencia traslademoslo a la mente de un chino que, debido a su escaso conocimiento de historia europea, estima que es falso que un algún momento Schleswig-Holstein se haya separado de Dinamarca. Él considerará que nuestra oración, entendida del primer modo, no es ni verdadera ni falsa y le negará toda referencia, porque la frase subordinada tampoco la tiene. Esta oración indicaría solo en apariencia una determinación temporal. Si, en cambio, él concibe nuestra oración del segundo modo, encontrará expresado en ella un pensamiento, que estimará falso, junto a una parte que para él carecerá de referencia. [Nota de Frege].

proca dos juicios. Si se afirma esto o algo semejante, se está empleando la palabra «juicio» en el mismo sentido que yo he asociado a la palabra «pensamiento», de tal modo que mi formulación sería: «En un pensamiento hipotético se ponen en relación recíproca dos pensamientos». Esto sólo puede ser verdadero cuando falta un indicador indefinido[60], pero entonces tampoco habrá universalidad.

Cuando un instante debe ser indicado indefinidamente tanto en el antecedente como en el consecuente, esto se hace, con frecuencia, simplemente mediante el tiempo presente del verbo que, en este caso, no connota el presente actual. Esta forma gramatical constituye entonces en la oración principal y en la subordinada el componente que indica in-
44 definidamente. «Cuando el sol se encuentra sobre el trópico de cáncer, tenemos en el hemisferio norte el día más largo», es un ejemplo de ello. Aquí también es imposible expresar el sentido de la subordinada en una oración principal, pues este sentido no es un pensamiento completo; en efecto si decimos «el sol se encuentra en el trópico de cáncer», lo estamos relacionando con nuestro presente y hemos cambiado, por lo tanto, el sentido. Tampoco es un pensamiento el sentido de la oración principal; solo el todo compuesto por la oración principal y la subordinada contiene un pensamiento. Por lo demás, varios constitutivos comunes pueden también estar indicados indefinidamente en el antecedente y en el consecuente.

Es manifiesto que las oraciones nominales con «quien», «que», y las adverbiales con «donde», «cuando», «dondequiera», «cuandoquiera», deben ser interpretadas muchas veces por su sentido como condicionales (*Bedingungssätze*), por ejemplo, «quien toca brea se ensucia».

---

60. A veces falta una indicación lingüística explícita y debe ser colegida de todo el contexto. [Nota de Frege].

También las oraciones adjetivas pueden reemplazar a las condicionales. Podemos expresar el sentido de la oración mencionada más arriba también en la siguiente forma: «el cuadrado de un número que es menor que uno y mayor que 0 es menor que 1 y mayor que 0».

La situación es completamente diferente cuando el componente común de la oración principal y de la subordinada es designado por un nombre propio. En la oración

> «Napoleón, quien reconoció el peligro para
> su flanco derecho, condujo personalmente
> su guardia contra la posición enemiga»

están expresados dos pensamientos:

1. Napoleón reconoció el peligro para su flanco derecho.
2. Napoleón condujo personalmente su guardia contra la posición enemiga.

Cuándo y dónde ocurrió esto se puede colegir sólo del contexto, pero debe considerarse como determinado por él. Si enunciamos la oración total como afirmación, afirmamos a la vez ambas oraciones que son partes. Si una de estas oraciones que son partes es falsa, el todo es falso. Aquí tenemos el caso en que la oración subordinada por sí sola tiene un pensamiento completo (si la completamos con indicaciones de tiempo y de lugar). La referencia de la oración subordinada es, por ello, un valor de verdad. Podemos, entonces, 45
esperar que se pueda reemplazar, sin afectar la verdad del todo, por otra oración que tenga el mismo valor de verdad. Y esto es efectivo; solo hay que tener en cuenta que su sujeto debe ser «Napoleón» por una razón puramente gramatical: pues solo así podrá adoptar la forma de una frase adjetiva que pertenezca a «Napoleón». Si se prescinde de la exigencia de expresarla en esta forma y se permite la conexión mediante «y», desaparece esta limitación.

También en las oraciones subordinadas que comienzan con «aunque» se expresan pensamientos completos. Esta conjunción carece, en rigor, de sentido y no cambia tampoco el sentido de la frase, sino que la ilumina de un modo peculiar[61]. Podríamos reemplazar la oración concesiva por otra que tuviera el mismo valor de verdad sin afectar la verdad del todo; pero la iluminación que recae sobre la frase podría parecer ligeramente inadecuada, como en el caso de querer cantar alegremente una canción de contenido triste.

En los últimos casos, la verdad del todo ha incluido la verdad de las oraciones que son partes. La situación es diferente si el antecedente expresa un pensamiento completo por el hecho de incluir, en lugar de un mero indicador indefinido, un nombre propio o algo que se deba considerar equivalente. En la oración

«si en este instante el sol ya ha salido,
el cielo está muy nublado»

el tiempo es el presente, es decir, está determinado. También el lugar hay que concebirlo como determinado. Aquí se puede decir que se ha establecido una relación entre los valores de verdad del antecedente y del consecuente, a saber, que no se da el caso de que el antecedente se refiera a lo verdadero y el consecuente lo falso. Según esto, nuestra oración es verdadera tanto si el sol aún no ha salido, esté o no muy nublado, como si el sol ya ha salido y el cielo está muy nublado. Puesto que aquí interesan solo los valores de verdad, cada una de las oraciones que son partes puede ser reemplazada por otra del mismo valor de verdad sin cambiar el valor de verdad del todo. Por cierto que también aquí la iluminación podría tornarse a menudo inadecuada:
46 el pensamiento nos parecerá ligeramente insulso, pero esto

61. Algo semejante ocurre con «pero», «sin embargo». [Nota de Frege].

nada tiene que ver con su valor de verdad. En estos casos, hay que tener en cuenta que siempre resuenan pensamientos secundarios que no han sido propiamente expresados y que, por eso, no deben ser incluidos en el sentido. No puede interesar, en consecuencia, su valor de verdad[62].

Terminamos así la discusión de los casos simples. Demos ahora una mirada retrospectiva a lo obtenido.

La oración subordinada no tiene, por lo general, un pensamiento como sentido, sino solo una parte de él, por lo tanto, tampoco posee como referencia un valor de verdad. La razón de esto es que o bien en la oración subordinada las palabras tienen una referencia indirecta, de tal modo que la referencia y no el sentido de la subordinada constituye un pensamiento, o bien la oración subordinada es incompleta a causa de un componente que indica indefinidamente, de modo que solo con la oración principal expresa un pensamiento. Sin embargo, también hay casos en que el sentido de la oración subordinada es un pensamiento completo y entonces puede ser reemplazada por otra con el mismo valor de verdad sin modificar la verdad del todo, siempre que no haya impedimentos gramaticales.

Si, después de esto, examinamos todas las oraciones subordinadas que nos salen al encuentro, pronto encontraremos algunas que no calzan bien en estos compartimentos. La razón, por lo que alcanzo a divisar, radica en que estas oraciones subordinadas no tienen un sentido tan simple. Casi siempre, al parecer, a un pensamiento principal expresado unimos pensamientos secundarios que el auditor conecta con nuestras palabras según ciertas leyes psicológicas, aun

---

62. El pensamiento de nuestra oración también podría expresarse así: «o bien en este momento el sol no ha salido aún o el cielo está muy nublado», lo que permite ver cómo hay que entender este tipo de conexión de oraciones. [Nota de Frege]. Es decir, $(p \rightarrow q) = (\neg p \vee q)$. [R. E. y L. P.].

cuando estos pensamientos no hayan sido expresados. Y dado que de suyo parecen tan ligados a nuestras palabras como el pensamiento principal, queremos entonces expresar también un pensamiento secundario de este tipo. Se enriquece así el sentido de la oración y puede ocurrir que tengamos más pensamientos simples que oraciones. En algunos casos
47 la oración debe ser entendida de este modo, en otros puede resultar dudoso si el pensamiento secundario pertenece a la oración o solo lo acompaña[63]. En la oración

«Napoleón, quien reconoció el peligro para
su flanco derecho, condujo personalmente
su guardia contra la posición enemiga»

se podría tal vez estimar que no solo están expresados los dos pensamientos indicados más arriba, sino también el pensamiento de que el reconocimiento del peligro fue la razón por la cual condujo su guardia contra la posición enemiga. De hecho, se puede poner en duda si este pensamiento solo está levemente sugerido o si ha sido realmente expresado. Preguntémonos si la oración sería falsa en caso de que Napoleón hubiera tomado la decisión antes de percibir el peligro. Si, pese a todo, nuestra oración pudiese ser verdadera, nuestro pensamiento secundario no debería ser concebido como parte del sentido de esta oración. Probablemente habrá que decidirse por esta solución. En caso contrario, la situación se complicaría bastante: tendríamos más pensamientos simples que oraciones. Si ahora reemplazamos la oración

«Napoleón reconoció el peligro
para su flanco derecho»

por otra del mismo valor de verdad, por ejemplo:

---

63. Esto puede llegar a ser importante para el problema de si una afirmación determinada es una mentira o un juramento, o un perjurio. [Nota de Frege].

«Napoleón tenía más de 45 años»,

se modificaría con esto no solo nuestro primer pensamiento, sino también el tercero, y con eso también su valor de verdad podría cambiar, por ejemplo, si su edad no hubiese sido la razón para tomar la decisión de conducir su guardia contra el enemigo. Aquí se ve por qué, en estos casos, no siempre pueden sustituirse mutuamente frases con el mismo valor de verdad. La oración expresa, entonces, en virtud de su unión con otra, algo más que por sí sola.

Observemos ahora casos en que esto ocurre regularmente. En la oración

«Bebel se imagina[64] (*wähnen*) que mediante la restitución de Alsacia y Lorena se pueden aplacar los deseos de venganza de Francia»

hay dos pensamientos expresados, que no corresponden el uno a la oración principal ni el otro a la secundaria:

1. Bebel cree (*glauben*) que mediante la restitución de Alsacia y Lorena se pueden aplacar los deseos de
venganza de Francia; 48
2. Mediante la restitución de Alsacia y Lorena no pueden ser aplacados los deseos de venganza de Francia.

En la expresión del primer pensamiento, las palabras de la oración subordinada tienen su referencia indirecta, mientras que las mismas palabras en la expresión del segundo pensamiento poseen su referencia usual. Esto muestra que, en nuestra oración compleja inicial, la oración subordinada debe ser tomada, en rigor, en dos sentidos diferentes, de los cuales uno es un pensamiento y el otro un valor de verdad.

---

64. La expresión Alemana «wähnen» implica la idea de imaginarse erróneamente. [A. G-L.].

Ahora bien, puesto que el valor de verdad no es la referencia total de la oración subordinada, no la podemos reemplazar simplemente por otra del mismo valor de verdad. Algo semejante tenemos en el caso de expresiones como «saber», «reconocer», «es sabido que».

Mediante una oración subordinada causal y su oración principal expresamos varios pensamientos que no corresponden, sin embargo, a cada una de las oraciones. En la oración[65]

«porque el hielo es específicamente más
liviano que el agua, flota en el agua»

tenemos

1. el hielo es específicamente más liviano que el agua;
2. si algo es específicamente más liviano que el agua, flota en el agua;
3. el hielo flota en el agua.

El tercer pensamiento quizá no necesitaba ser mencionado expresamente como contenido en los primeros. En cambio, ni el primero junto con el tercero, ni el segundo junto con el tercero podrían constituir el sentido de nuestra oración. Se ve entonces que en la oración subordinada

«porque el hielo es específicamente más
liviano que el agua»

está expresado tanto el primer pensamiento como una parte del segundo. Por eso no podemos reemplazar simplemente nuestra subordinada por otra del mismo valor de verdad; al hacerlo, cambiaríamos también el segundo pensamiento, y

---

65. El original contiene un error sintáctico de Frege que hace la frase intraducible (en vez de decir «en la oración», dice «la oración»). Este error es corregido aquí por algunos de los editores (*v. gr.* Patzig [1962] y Textor [2002]). [R. E. y L. P.].

esto podría afectar fácilmente su valor de verdad. La situación es semejante en la oración

> «si el hierro fuese específicamente más
> liviano que el agua, flotaría en el agua»

Tenemos aquí dos pensamientos: que el hierro no es específicamente más liviano que el agua y que, si algo es 49
específicamente más liviano que el agua, flota en ella. La subordinada expresa, nuevamente, un pensamiento y una parte del otro. Si en la oración considerada más arriba

> «después que Schleswig-Holstein se hubo
> separado de Dinamarca, se enemistaron
> Prusia y Austria»

entendemos que el pensamiento expresado es que en algún momento Schleswig-Holstein se separó de Dinamarca, tenemos, en primer lugar, este pensamiento, y en segundo lugar el pensamiento de que en algún momento, determinado más exactamente por la subordinada, Prusia y Austria se enemistaron. También aquí la oración subordinada expresa no solo un pensamiento, sino también una parte de otro. Por eso no es lícito en general reemplazarla por otra del mismo valor de verdad.

Es difícil agotar todas las posibilidades que se dan en el lenguaje. Espero, al menos, haber descubierto en lo esencial las razones de por qué no siempre una oración subordinada puede ser sustituida por otra del mismo valor de verdad sin tocar la verdad de la oración total. Estas razones son

1. que la oración subordinada no refiere a un valor de verdad cuando expresa solo una parte de un pensamiento;
2. que la oración subordinada refiere, en efecto, a un valor de verdad, pero no se limita a eso, porque su sentido, además de un pensamiento, incluye una parte de otro.

El primer caso se da

a) cuando las palabras tienen referencia indirecta,

b) cuando una parte de la oración indica solo indefinidamente, en lugar de ser un nombre propio.

En el segundo caso puede que haya que entender la oración subordinada de dos maneras: por una parte, en su referencia usual, y por otra en su referencia indirecta; o bien el sentido de una parte de la subordinada puede ser, a la vez, parte componente de otro pensamiento que, junto con el expresado inmediatamente por la subordinada, constituye el sentido de la oración principal más la subordinada.

De aquí se sigue, con bastante probabilidad, que los casos en que una oración subordinada no es reemplazable
50 por otra del mismo valor de verdad nada prueban contra nuestra posición: que el valor de verdad es la referencia de la oración cuyo sentido es un pensamiento.

Volvamos ahora a nuestro punto de partida.

Si, en general, estimamos que el valor cognoscitivo de «$a = a$» y de «$a = b$» es diferente, esto se explica porque, para determinar el valor cognoscitivo, interesa tanto el sentido de la oración, vale decir, el pensamiento expresado en ella, como su referencia, es decir, su valor de verdad. Entonces, si $a = b$, la referencia de «b» es la misma que la de «a» y también el valor de verdad de «$a = b$» es el mismo que el de «$a = a$». Sin embargo, el sentido de «b» puede ser distinto del sentido de «a» y, por consiguiente, el pensamiento expresado en «$a = b$» puede ser diverso del expresado en «$a = a$»; en este caso ambas oraciones no poseen el mismo valor cognoscitivo. Si por «juicio» entendemos –como lo hicimos más arriba– el avance del pensamiento a su valor de verdad, diremos también que los juicios son distintos.

ACLARACIONES SOBRE SENTIDO Y REFERENCIA

(*Ausführungen über Sinn und Bedeutung*)[66]

En un artículo mío («Sobre sentido y referencia»[67]) dis- 128
tinguí entre sentido y referencia, en principio, solo en el caso de los nombres propios (o, si se prefiere, nombres singulares). Esta misma distinción puede hacerse también en el caso de palabras de concepto[68]. Es fácil que surja cierta

---

66. La primera edición de este texto se halla en Frege (1969) pp. 128-136. El título no es de Frege, sino de los editores. [A. G-L.]. No se sabe con exactitud a qué fecha corresponde este texto, dado que se trata de un escrito póstumo no fechado. De todos modos, los editores y traductores de la obra de Frege han hecho notar habitualmente que el texto, con mucha probabilidad, no pudo ser escrito antes de 1892 (fecha de publicación de «Sobre sentido y referencia», ensayo que es citado al inicio de estas *Ausführungen*) ni (con toda seguridad) después de 1895 (fecha de publicación del artículo crítico que Frege escribiera sobre las ideas de Schröder, cf. Frege [1895a]). En efecto, el presente texto corresponde a la segunda parte de un conjunto de papeles que llevaban por título «Lógica de Schröder», correspondientes a un borrador de Frege (1895a) y que desaparecieron, junto con el resto de la obra póstuma del matemático y filósofo, en la Segunda Guerra Mundial. Según Beaney (1997) p. 172, es altamente probable que el texto haya sido escrito entre 1891 (año en que Frege habría escrito «Sobre sentido y referencia») y 1892, dado que habría en la nota 3 de Frege a este texto una referencia implícita a «Sobre concepto y objeto». [R. E. y L. P.].

67. Cf. Frege (1892c) pp. 45-78 de esta edición. [A. G-L.].

68. *Begriffswort*, «palabra que sirve para expresar un concepto». Con este término Frege designa las palabras que desempeñan la función oscuridad si se mezcla la división entre conceptos y objetos con la distinción entre sentido y referencia, de modo que, por una parte, confluyan sentido y concepto y, por otra, referencia, y objeto. A cada palabra de concepto y a cada nombre propio corresponde normalmente un sentido y una referencia, conforme al uso que hago de estas palabras[69]. Por supuesto que en la poesía las palabras tienen solo sentido, pero en la ciencia y donde quiera que nos preocupe la pregunta por la verdad no nos damos por satisfechos con el sentido, sino que asociamos una referencia a los nombres propios y a las palabras de concepto. Pero si por descuido no lo hacemos, cometeremos un error que fácilmente puede frustrar nuestra reflexión. La referencia de un nombre propio es el objeto que ese nombre designa o nombra. Una palabra de concepto refiere a un concepto cuando es usada conforme a la lógica. Para aclarar esto, recuerdo un hecho que parece apoyar a los lógicos de la extensión (*Umfang*) en contra de los del contenido (*Inhalt*): en cualquier oración, las palabras de concepto se pueden reemplazar entre sí, dejando a salvo la verdad, si les corresponde la misma extensión conceptual. En consecuencia, también respecto a las inferencias y a las leyes lógicas los conceptos se comportan en forma diversa solo si sus extensiones difieren. La relación lógica fundamental es la de la caída de un objeto bajo un concepto, a ella se pueden reducir todas las relaciones entre conceptos. Al caer un objeto bajo un concepto, cae bajo todos los con-

---

de un predicado gramatical. [A. G-L.]. Sobre el sentido en que Frege entiende la expresión «nombre propio», cf. *supra* p. 47. [R. E. y L. P.].

69. Como hace notar Beaney (1997), uno de los puntos interesantes del presente texto consiste justamente en el hecho de que permitió elucidar la posición de Frege respecto de la distinción entre «sentido» y «referencia» en las palabras de concepto. Este punto fue sumamente discutido por la *scholarship* fregeana antes de la publicación de estas *Ausführungen* en 1969. [R. E. y L. P.].

ceptos de la misma extensión. De aquí se sigue lo dicho más arriba. Así como los nombres propios del mismo objeto se pueden reemplazar mutuamente dejando a salvo la verdad, así también pueden hacerlo las palabras de concepto si su extensión conceptual es la misma. Ciertamente, cambiará 129
el pensamiento en estos reemplazos, pero este es el sentido de la oración, no su referencia[70]. Esta, vale decir, el valor de verdad, permanece sin alteración. Fácilmente se podría llegar a decir que la referencia de la palabra de concepto es la extensión conceptual, pero con esto pasaría inadvertido que las extensiones conceptuales son objetos y no conceptos (cf. mi conferencia «Función y concepto»[71]). Sin embargo, esto contiene un fondo de verdad. Para poder sacarlo a luz en toda su pureza, debo partir de lo que dije en mi escrito sobre función y concepto[72]. El concepto es una función de un argumento cuyo valor es siempre un valor de verdad[73]. La palabra «función» la tomo del análisis y la empleo en un sentido que, conservando lo esencial, tiene un significado algo más amplio. A esto induce la historia misma del análisis. El nombre de una función lleva siempre consigo lugares vacíos (por lo menos uno) para el argumento, que en el análisis, en general, es indicado por la letra «*x*» que llena esos vacíos. Pero el argumento no debe ser considerado como parte de la función y en consecuencia tampoco la letra «*x*» como parte del nombre de la función. Se puede seguir hablando, entonces, de lugares vacíos en el nombre, puesto que son llenados por algo que, en rigor, no pertenece a ese nombre. Conforme a esto, he llamado a la función misma, no saturada o necesitada de complementación, pues su nombre debe ser

---

70. Cf. mi artículo «Sobre sentido y referencia». [Nota de Frege].

71. Cf. Frege (1891a) pp. 13-44 de esta edición. [A. G-L.].

72. Cf. Frege (1891a). Esta edición pp. 13-44. [R. E. y L. P.].

73. Cf. Frege (1891a) p. 15. Esta edición p. 30. [R. E. y L. P.].

completado mediante el signo de un argumento para obtener una referencia completa. A esta última la llamo objeto y, en este caso, valor de la función para el argumento que realiza la complementación o saturación. En los casos que primero se presentan el argumento mismo es un objeto, y aquí nos limitaremos por lo pronto a ellos. Cuando se trata de un concepto, tenemos el caso especial de que el valor es siempre un valor de verdad. En efecto, si completamos un nombre de concepto mediante un nombre propio, obtenemos una oración cuyo sentido es un pensamiento y este posee como referencia un valor de verdad. Al reconocerlo como el valor de verdad de lo verdadero (como lo verdadero) juzgamos que el objeto tomado como argumento cae bajo el concepto. Lo que en el caso de la función hemos llamado no saturación, lo podemos llamar, en el caso del concepto, su naturaleza predicativa[74].
130 Esta se muestra también cuando hablamos de un concepto de sujeto[75], («Todos los triángulos equiláteros tienen ángulos

---

74. Las palabras «no saturado» y «predicativo» parecen convenir más al sentido que a la referencia, pero algo debe corresponderle en la referencia y no conozco mejores palabras. Véase la lógica de Wundt. [Nota de Frege]. No es claro exactamente a qué aspecto de la *Lógica* de Wundt quería apuntar Frege. Gabriel (1971) p. 175 cree que Frege podría haberse referido o 1) al carácter de «parte variable del pensamiento» que poseería el sujeto de una oración, o bien a 2) al uso de la palabra «predicativo» en Wundt. [R. E. y L. P.].

75. Subjektbegriff, «concepto que sirve para designar un objeto» al ocupar su signo el lugar del sujeto gramatical. En rigor, sigue siendo un concepto, es decir, lo que normalmente es designado por un predicado. [A. G-L.]. La naturaleza predicativa del concepto se observa en el hecho de que, aunque desde la perspectiva de la gramática la expresión «Todos los triángulos equiláteros» corresponde al sujeto, ella posee, en realidad, desde la perspectiva de la lógica, el carácter de un predicado. En efecto, la oración «Todos los triángulos equiláteros tienen ángulos iguales», debe ser traducida en el lenguaje de la lógica a la proposición «si *algo* es triángulo equilátero, entonces posee ángulos iguales», donde *algo* hace el papel en el lenguaje natural que cumple en la lógica la «*x*» que hace a su vez el papel del iguales», es decir «si algo es triángulo equilátero, entonces es triángulo con ángulos iguales»).

Esta esencia del concepto constituye un gran obstáculo para la expresión adecuada y para la comprensión. Cuando quiero hablar de un concepto, el lenguaje me impone, con ineludible violencia, una expresión inadecuada que oscurece el pensamiento –casi podría decir que lo falsea. Cuando digo «el concepto *triángulo equilátero*», se debería suponer, por analogía lingüística, que con ello designo un concepto, tal como sin duda nombro un planeta cuando digo «el planeta Neptuno». Pero no es así, pues falta la naturaleza predicativa. Por eso la referencia de la expresión «el concepto *triángulo equilátero*» (en la medida en que la tenga) es un objeto. No podemos prescindir de palabras tales como «el concepto», sin embargo debemos recordar siempre que son impropias[76]. De lo dicho se sigue que objetos y conceptos son radicalmente diferentes y que no se pueden reemplazar mutuamente. Esto vale también para las correspondientes palabras o signos. Los nombres propios no pueden ser realmente (*wirklich*) usados como predicados. Cuando parece ser así, una observación más detenida se encarga de mostrarnos que, de acuerdo al sentido, solo son

---

argumento de una función $\Phi(\ )$. Así la expresión «Todos los triángulos equiláteros tienen ángulos iguales», se debe expresar como $\forall x\ [\mathrm{Te}(x) \rightarrow \mathrm{A}(x)]$ (donde $\mathrm{Te}(x)$ = ser triángulo equilátero y $\mathrm{A}(x)$ = tener ángulos iguales). A lo anterior subyace la idea ya expresada por Frege en sus primeros escritos (cf. *v. gr.* Frege [1879b] §3) de que no existe en su lógica una distinción entre sujeto y predicado en el sentido en que la hay en la gramática de los lenguajes naturales. Frege llega, incluso, a indicar que *si* se aceptan estos términos en el ámbito de la lógica, ellos deberían ser entendidos meramente en el sentido de «la relación de la caída de un objeto bajo un concepto». Cf. Frege (1969) p. 103. [R. E. y L. P.].

76. Trato esta dificultad. [Nota de Frege]. Beaney (1997) p. 174 ve aquí una referencia a Frege (1892b). [R. E. y L. P.].

una parte del predicado: los conceptos no pueden tener las mismas relaciones que los objetos. Pensar que las tienen no sería falso, sino imposible. De allí que las palabras «relación entre sujeto y predicado» designen dos relaciones completamente diversas según sea el sujeto un objeto o un concepto. Lo mejor sería desterrar completamente de la lógica las palabras «sujeto» y «predicado», puesto que siempre nos inducen a confundir las relaciones –radicalmente diversas– de la caída de un objeto bajo un concepto y de la subordinación de un concepto bajo un concepto. Las palabras «todos» y «algunos» que van junto al sujeto gramatical pertenecen, de acuerdo al sentido, al predicado gramatical, tal como se puede reconocer al pasar a la negación (no todos, *nonnulli*)[77]. Ya de esto se sigue que el predicado, en estos casos, es diferente de lo que predicamos
131 de un objeto. También la relación de la igualdad –por la cual entiendo coincidencia total, identidad– es concebible solo entre objetos y no entre conceptos. Si decimos «la referencia de la palabra de concepto "sección cónica" es la misma que la de la palabra de concepto "curva de segundo orden"» o «el concepto de *sección cónica* coincide con el concepto *curva de segundo orden*», las palabras «referencia de la palabra de concepto "*sección cónica*"» son el nombre de un objeto, no de un concepto, pues les falta la naturaleza predicativa, la no saturación, la posibilidad de usar el artículo indefinido. Lo mismo vale para las palabras «el concepto *sección cónica*». Pero si bien la relación de igualdad es concebible solamente

77. Se refiere aquí Frege a la negación del cuantificador universal. En efecto, la negación de la proposición «Todos los lectores de Aristóteles son anticuados» debe leerse como parte del «predicado», negando la subordinación de un concepto bajo otro concepto, así: «No es el caso que si alguien es lector de Aristóteles es anticuado», es decir: $\neg \forall x\, [L(x) \rightarrow A(x)]$. Esta misma idea se puede ver en Frege (1892b) p. 198. Cf. esta edición p. 102. [R. E. y L. P.].

entre objetos, se da, sin embargo, una relación semejante en el caso de los conceptos que, en cuanto relación entre conceptos, he llamado relación de segundo grado, mientras que a la primera la llamo relación de primer grado. Decimos que un objeto *a* es igual a un objeto *b* (en el sentido de la coincidencia total) si *a* cae bajo cada uno de los conceptos bajo los que *b* cae, y viceversa. Obtenemos algo equivalente para los conceptos si hacemos que concepto y objeto intercambien sus roles. Podríamos decir, entonces, que la relación pensada más arriba tiene lugar entre el concepto Φ y el concepto X, si cada objeto que cae bajo Φ cae también bajo X y viceversa. Por cierto que tampoco aquí se pueden evitar las expresiones «el concepto Φ», «el concepto X», lo que nuevamente oscurece el sentido auténtico. Por eso, para los lectores que no se atemorizan ante la conceptografía, añadiré lo siguiente: la no saturación del concepto (de primer grado) se representa en la conceptografía de modo que su designación contenga, por lo menos, un lugar vacío para recibir el nombre de un objeto de cuya caída bajo el concepto se trata. Este lugar o estos lugares siempre deben ser llenados de algún modo. Esto puede suceder tanto mediante un nombre como mediante un signo que solo alude a un objeto sin nombrarlo. A partir de esto, se ve que a un lado de un signo de igualdad o de un signo similar jamás puede ponerse la mera designación de un concepto, sino que, además del concepto, debe ser designado o aludido un objeto. Incluso cuando aludimos a ciertos conceptos esquemáticamente mediante la letra de la función, esto es lícito solo si la no saturación es puesta de manifiesto agregando un lugar vacío, como por ejemplo en Φ( ) y X( ). En otras palabras: podemos usar las letras (Φ, X) destinadas a aludir o designar conceptos solo como letras de funciones, es decir, solo si llevan consigo un lugar vacío para el argumento (el espacio interior del paréntesis que va a continuación).

No es lícito, entonces, escribir $\Phi = X$, pues en este caso las letras Φ y X no aparecen como letras de funciones. Pero tampoco es lícito escribir $\Phi(\ ) = X(\ )$, pues los lugares para
132 el argumento deben ser llenados. Pero al ser llenados no se equiparan solo las funciones (conceptos) entre sí, sino que a cada lado del signo de igualdad hay, además de la letra de la función, algo que no pertenece a la función.

No se puede reemplazar estas letras por letras que no son empleadas para representar funciones: debe haber siempre un lugar para el argumento, para recibir la «α». Se nos podría ocurrir escribir simplemente $\Phi = X$. Esto parece funcionar mientras los conceptos sean aludidos esquemáticamente, pero un tipo de designación realmente apto para la cosa debe adecuarse a todos los casos. Tomemos un ejemplo que ya utilicé en mi escrito sobre función y concepto[78].

La función $x^2 = 1$ tiene para cada argumento el mismo valor (de verdad) que la función $(x + 1)^2 = 2\,(x + 1)$; es decir, bajo el concepto de *raíz cuadrada de 1* cae cualquier objeto que cae bajo el concepto de *lo que es una unidad más pequeño que un número cuyo cuadrado es igual a su duplo y viceversa.* Este pensamiento, en la simbología explicada más arriba[79], lo expresaríamos así

$$(\alpha^2 = 1) \overset{\alpha}{\smile\!\!\frown} ([\alpha + 1]^2 = 2\,[\alpha + 1])$$

Aquí tenemos en realidad esa relación de segundo orden que corresponde a la igualdad (perfecta coincidencia) de objetos, pero que no debe ser confundida con ella. Si escribimos así: $\overset{\mathfrak{a}}{\smile}\!\!-\ (\mathfrak{a}^2 = 1) = ([\mathfrak{a} + 1]^2 = 2\,[\mathfrak{a} + 1])$,

---

78. Cf. Frege (1891a) esta edición p. 30. Es de notar que las notas de Scholz hacen presuponer que Frege habría tachado este párrafo del escrito. [R. E. y L. P.].

79. Según los editores de los *Nachgelassene Schriften*, es probable que Frege haya introducido la simbología utilizada aquí en la parte primera -hoy perdida- de su manuscrito. [A. G-L.].

hemos expresado en lo esencial el mismo pensamiento concebido como la universalidad de una ecuación entre valores de funciones. Tenemos aquí la misma relación de segundo grado; tenemos también el signo de igualdad, pero este solo no basta para designar esta relación, sino que lo logra únicamente con la designación de universalidad: tenemos, por sobre todo, una universalidad, no una ecuación. En $\acute{\varepsilon}\,(\varepsilon^2 = 1) = \acute{\alpha}\,([\alpha + 1]^2 = 2\,[\alpha + 1])$ tenemos en verdad una ecuación, pero no entre conceptos (lo que es imposible), sino entre objetos, a saber, entre extensiones de conceptos[80].

Hemos reconocido que se puede pensar la relación de igualdad entre objetos y no entre conceptos, pero entre estos se da una relación equivalente. La expresión «el mismo» que se emplea para designar esa relación entre objetos no puede, en consecuencia, ser usada también para designar esta segunda relación. Para designar esta última relación no nos resta sino decir «el concepto Φ es el mismo que el concepto
X» con lo cual nombramos, por cierto, una relación entre 133
objetos[81], queriendo mentar una relación entre conceptos. Tenemos el mismo caso al decir «la referencia de la palabra de concepto A es la misma que la de la palabra de concepto B». En rigor, habría que rechazar la expresión «la referencia de la palabra de concepto A», pues el artículo definido delante de «referencia» apunta a un objeto y niega la naturaleza predicativa del concepto. Mejor sería decir «aquello a lo que la palabra de concepto A se refiere», porque esto en todo

---

80. Frege utiliza la notación que usó en «Función y Concepto» (1891a) para expresar el «curso de valor» (*Wertverlauf*) de una función. En efecto, como se puede ver en ese texto, Frege considera a la extensión de los conceptos como el «curso de valor» de los mismos. Esta edición pp. 13-44 [R. E. y L. P.].

81. Estos objetos poseen los nombres «el concepto Φ» y «el concepto X». [Nota de Frege].

caso puede usarse predicativamente: «Jesús es a lo que la palabra de concepto "hombre" se refiere» en el sentido de «Jesús es un hombre».

Si tenemos todo esto presente, estamos en condiciones de afirmar que «aquello a lo que dos palabras de concepto se refieren es lo mismo, si y solo si las extensiones conceptuales correspondientes coinciden», sin dejarnos inducir a error por el uso impropio de la expresión «lo mismo». Y con esto se ha hecho, creo, una significativa concesión a los lógicos de la extensión. Tienen razón cuando debido a su preferencia por la extensión conceptual frente al contenido conceptual, dan a entender que ven lo esencial para la lógica en la referencia de las palabras y no en su sentido. Los lógicos del contenido se quedan de muy buen grado en el sentido, pues lo que denominan contenido, si no es incluso representación, es ciertamente sentido. No tienen presente que en la lógica no se trata de la mera derivación de pensamientos a partir de otros sin considerar su valor de verdad; que se debe dar el paso del pensamiento al valor de verdad, o más universalmente, del sentido a la referencia; que las leyes lógicas son en primera instancia leyes en el dominio de las referencias y que se relacionan solo indirectamente con el sentido. Si a uno le interesa la verdad –y a la verdad apunta la lógica– debe preguntar también por las referencias, debe rechazar nombres propios que no designen o nombren ningún objeto por más que tengan un sentido, debe rechazar palabras de concepto que carezcan de referencia. Tales son no solamente las que reúnen elementos contradictorios –pues un concepto puede ser vacío–, sino aquellas cuyas delimitaciones son confusas. Para cada objeto debe estar determinado si cae o no bajo el concepto; una palabra de concepto que no satisface estas exigencias con respecto a su referencia, carece de referencia. A este tipo de expresiones pertenece, por ejemplo, la palabra «μῶλυ» (Homero *Od.* X, 305), si bien se indican algunas de

sus características[82]. Pero no por eso ha de carecer de sentido ese pasaje, así como tampoco ocurrirá con otros en que aparece el nombre «Nausicaa»[83], que probablemente no refiere ni nombra cosa alguna. Pero hace como si nombrara a una muchacha y se asegura así un sentido. Y a la poesía le basta con el sentido, con el pensamiento, incluso sin referencia, 134
sin valor de verdad; pero no a la ciencia.

En mis *Fundamentos*[84] y en la conferencia sobre teorías formales de la aritmética[85] señalé que para ciertas demostraciones no es en absoluto indiferente que una conexión de signos, por ejemplo $\sqrt{-1}$, tenga o no una referencia[86]; por el contrario, con ello cae o se mantiene toda la fuerza de la prueba. Se muestra así que la referencia es siempre lo esencial para la ciencia. Si bien hay que conceder a los lógicos del contenido que el concepto mismo es lo originario frente a su extensión, no hay que entender al concepto, sin embargo, como el sentido de la palabra de concepto, sino como la referencia; los lógicos de la extensión se acercan más a la verdad, en cuanto en la extensión presentan una referencia como lo esencial, referencia que en realidad no es el concepto mismo, pero que está estrechamente ligado a él.

---

82. μῶλυ es el nombre de la planta que Hermes dio a Odiseo para protegerse de Circe. La planta es descrita en la *Odisea* (cf. *Odisea* X. 304-305) como de «sangre blanca y raíz negra». [R. E. y L. P.]. Frege quiere señalar que al indicar el texto homérico sólo unos pocos rasgos de la planta llamada μῶλυ, se hace imposible saber cuáles plantas concretas son μῶλυ y cuáles no lo son. [A. G-L.].

83. Nausicaa, hija de Alcino, rey de los feacios, es el personaje que en la *Odisea* (*Odisea* VI. 17 y ss.) encuentra al náufrago Odiseo en la playa. [R. E. y L. P.].

84. Cf. Frege (1884a) §§97-102. [A. G-L.].

85. Cf. Frege (1886) p. 100. [A. G-L.].

86. De todas maneras, no había fijado entonces el uso que he adoptado ahora de las palabras «sentido» y «referencia», de modo que a veces dije «sentido» donde hoy diría «referencia». [Nota de Frege].

Husserl censura la falta de claridad de Schröder[87] al discutir las palabras «sin sentido» (*unsinnig*), «de un sentido»(*einsinnig*) y «de varios sentidos»(*mehrsinnig*), «no significante» (*undeutig*), «monosignificante» (*eindeutig*) y «polisignificante» (*mehrdeutig*) (pp. 48 y ss., y 69) y de hecho hay allí falta de claridad; pero tampoco Husserl distingue suficientemente[88]. Como casi no podía dejar de esperarse, el uso que hace Schröder de los componentes «-sinnig» y «-deutig» de estas palabras es diferente del mío. Pero esto no tiene en sí nada de reprochable, especialmente si se considera que al aparecer su obra no había aún nada mío

---

87. Frege, según nota de los editores de los *Nachgelassene Schriften*, se refiere a la recensión de las *Vorlesungen über die Algebra der Logik* de E. Schröder que Husserl publicó en los *Göttingischen Gelehrten Anzeigen*, 1891, pp. 243-278. Frege mismo tomó posición en relación a Schröder en Frege (1895a). [A. G-L.].

88. Traducimos a continuación una nota de Gabriel (1971) p. 177 que aclara la posición de Schröder: «Schröder encasilla los adjetivos terminados en "deutig" que Frege cita aquí en datos cuantitativos de extensiones de conceptos. Schröder habla en general de nombres y llama a los nombres propios (*Eigennamen*) "monosignificantes" (*eindeutig*), a los nombres de especies (*Gattungsnamen*) del tipo de "mi mano" como "bisignificantes" (*zweideutig*) a los nombres de especie en general como "polisignificantes" o "multisiginificantes" (*mehrdeutig oder vieldeutig*) y a los nombres como "nada" o "cuadrado redondo" los llama "no significantes" (*undeutig*). Las configuraciones correspondientes con "-sinnig", sirven a Schröder para la diferenciación de términos con un uso lingüístico fijado de manera precisa, que llama "de un sentido" o "unívoco" (*einsinnig, univok*) de significado múltiple, que llama "de doble sentido", "de varios sentidos" o "equívocos" (*doppelsinnig, mehrsinnig, äquivok*) y de configuraciones lingüísticas carentes de sentido (*sinnlos*) que llama sin sentido (*unsinnig*). El ejemplo de estas últimas es en Schröder el "cuadrado redondo". Frege critica con Husserl primordialmente que un nombre como "cuadrado redondo", que es llamado por Schröder "no significante", es presupuesto para esta descripción ya como teniendo sentido y por lo tanto no es lícito que sea designado al mismo tiempo como sin sentido». [R. E. y L. P.].

publicado sobre el tema. En Schröder esta distinción está relacionada con aquella entre nombre común (*Gemeinname*) y nombre propio y la falta de claridad proviene de la defectuosa comprensión de la diferencia entre concepto y objeto. Los nombres comunes pueden ser, según él, polisignificantes, sin que esto implique un defecto, y lo son cuando 135
bajo el concepto correspondiente caen varios objetos[89]. De acuerdo con esto, un nombre común podría ser también no significante sin ser por eso defectuoso, como «cuadrado redondo». Schröder, empero, lo llama también sin sentido y se hace así infiel a su propia terminología, pues según ella «cuadrado redondo» debería ser llamado de un sentido y Husserl tiene razón al llamarlo nombre común unívoco, pues «unívoco» y «equívoco» corresponden a «de un sentido» y «de varios sentidos» en el uso de Schröder. Husserl dice (p. 250): «Aparentemente, mezcla aquí dos problemas muy diversos: 1) si acaso un nombre posee o no un significado [*Bedeutung*] (un "sentido" [*Sinn*]) y 2) si existe o no un objeto que corresponda a un nombre». Esta distinción es insuficiente. La expresión «nombre común» induce a suponer que el nombre común se refiere en lo esencial a objetos, al igual que el nombre propio, solo que este nombra un objeto único, mientras que aquel, en general, es aplicable a varios. Pero esto es falso y por eso prefiero hablar de «palabra de concepto» en lugar de «nombre común». El nombre propio debe tener, por lo menos, un sentido (tal como yo empleo la palabra), pues de lo contrario sería una sucesión de sonidos vacía, llamada nombre sin ningún derecho. Para el uso científico, empero, se le debe exigir que tenga también una

---

89. Si bien un nombre distributivo, como dice Husserl en la nota de la p. 252, es aquel «cuyo significado (*Bedeutung*) hace que se designe algún elemento de su multiplicidad», en todo caso una palabra de concepto (nombre común) no es un nombre distributivo. [Nota de Frege].

referencia; que designe o nombre un objeto. De este modo, el nombre propio se relaciona con el objeto por mediación del sentido, y solo por ella.

También la palabra de concepto debe tener un sentido y, para el uso científico, una referencia; pero esta no consiste ni en un objeto ni en varios, sino que es un concepto. Con respecto al concepto, se puede ciertamente preguntar a su vez si un objeto, varios o ninguno, caen bajo él. Pero esto concierne directamente solo al concepto. De este modo, una palabra de concepto puede ser, desde el punto de vista lógico, perfectamente inobjetable, sin que exista un objeto al cual se refiera a través de su sentido y de su referencia (el concepto mismo). Esta relación con un objeto es, como se observa, más bien mediatizada y no esencial, de modo que parece ser inadecuado dividir las palabras de concepto según caigan bajo el concepto correspondiente ninguno, uno o varios objetos. La lógica debe exigirle tanto a los nombres propios como a las palabras de concepto que el
136 paso de la palabra al sentido y del sentido a la referencia esté de tal modo determinado, que excluya toda duda. De lo contrario, no sería lícito hablar de una referencia. Esto vale, naturalmente, para todos los signos y conexiones de signos que tienen la misma función que los nombres propios o las palabras de concepto.

SOBRE CONCEPTO Y OBJETO

(*Über Begriff und Gegenstand*)[90]

En una serie de artículos sobre intuición y su elaboración 192
psíquica publicados en esta revista[91], Bruno Kerry se ha referido a mis *Fundamentos de la aritmética*[92] y a otros de mis escritos en parte aprobándolos y en parte impugnándolos. Esto no puede sino alegrarme y creo que la mejor manera de manifestarle mi reconocimiento es reabriendo la discusión de los puntos por él impugnados. Esto me parece tanto más necesario cuanto que su oposición descansa, por lo menos en parte, sobre una incomprensión de mis afirmaciones sobre el concepto, incomprensión que podría ser compartida por otros; y también porque el asunto mismo es importante y lo suficientemente difícil como para ser tratado, incluso prescindiendo de este particular motivo, más detenidamente de lo que me pareció conveniente en mis *Fundamentos.*

La palabra «concepto» es usada de diversas maneras; en parte en un sentido psicológico, en parte en un sentido lógico, en parte quizá mezclando confusamente ambos. Esta libertad inicial se ve naturalmente limitada por la exigencia de ceñirse al uso que en algún momento se ha adoptado. Yo he decidido ceñirme rigurosamente a un uso puramente

---

90. Este texto apareció por primera vez en la *Vierteljahrsschrift für wissenschaftliche Philosophie*, 16: 192-205. [A. G-L.].

91. *Vierteljahreszeitschrift für wissenschaftliche Philosophie.* [A. G-L.].

92. Cf. Frege (1884a) y (1961). [A. G-L.].

lógico. El problema de si ese o aquel uso es más apropiado quiero dejarlo de lado, pues es algo de menor importancia. Será fácil ponerse de acuerdo sobre el modo de expresión una vez que se haya reconocido que hay algo que merece recibir una denominación especial.

Me parece que el malentendido de Kerry se produce porque él mezcla involuntariamente su propio uso de la palabra «concepto» con el mío. De allí surgen fácilmente contradicciones que no son imputables a mi uso.

193 Kerry impugna lo que él llama mi definición de concepto. Quiero hacer notar, en primer lugar, que mi explicación no pretende ser una definición propiamente tal. No se puede pedir que se defina todo, tal como no se le puede pedir al químico que descomponga todas las sustancias. Lo que es simple no puede ser descompuesto y lo que es lógicamente simple no puede ser propiamente definido. Ahora bien, lo lógicamente simple, al igual que la mayor parte de los elementos químicos, no está dado de partida, sino que se lo debe obtener mediante el trabajo científico. Cuando se descubre algo que es simple o que al menos por el momento debe contar como simple, habrá que acuñar una denominación, puesto que el lenguaje no tendrá originalmente una expresión que corresponda exactamente a eso. Dar una definición para introducir el nombre de algo simple es imposible. No queda entonces otro recurso que el de conducir por señas al lector o auditor para que comprenda lo que se quiere decir con la palabra en cuestión.

Kerry no quisiera dar un valor absoluto a la distinción entre concepto y objeto. Dice: «En un pasaje previo hemos expresado la opinión de que la relación entre contenido conceptual y objeto conceptual, en cierto respecto, es única e irreductible; pero esto no implica en absoluto la opinión de que las propiedades: ser concepto y ser objeto, se excluyan mutuamente; esta última opinión no se sigue de la primera, así como tampoco del hecho de que la relación entre padre e hijo no pueda a su vez ser reducida, se sigue que alguien no pueda ser a la vez padre e hijo (aunque naturalmente no padre de aquel de quien es hijo)».

¡Partamos de este mismo símil! Si hubiere o hubiese habido seres que hubiesen sido padres, pero que no pudiesen haber sido hijos, entonces es evidente que tales seres habrían sido completamente distintos a todos los hombres que son hijos. Algo parecido ocurre aquí. El concepto –como yo entiendo esta palabra– es predicativo[93]. Un nombre de un objeto, un nombre propio (*Eigenname*) no puede ser usado de ningún modo como predicado gramatical. Esto requiere por cierto de una aclaración, de lo contrario puede parecer falso. ¿No se puede predicar de algo que es Alejandro Magno, o que es el número cuatro, o que es el planeta Venus de la misma manera como se puede predicar de algo que es verde o que es un mamífero? Si se piensa así, no se dis- 194
tingue entre las diversas maneras de usar la palabra «es». En los últimos dos ejemplos sirve de cópula, como mera palabra formal de la predicación (*Aussage*). En cuanto tal, puede ser reemplazada, a veces, por la mera desinencia personal. Compárese, por ejemplo, «esta hoja es verde» y «esta hoja verdea». Decimos, en este caso, que algo cae bajo un concepto o que el predicado gramatical se refiere aquí a este concepto. En los tres primeros ejemplos, en cambio, el «es» se usa tal como en la aritmética el signo de igualdad para enunciar una ecuación[94]. En la oración «el lucero de la

---

93. Es en efecto la referencia de un predicado gramatical. [Nota de Frege]. Cf. Frege (1892c) pp. 26 y 27, esta edición pp. 45-47. [A. G-L.].

94. Empleo la palabra «igual» y el signo «=» en el sentido de «lo mismo que», «no otro que», «idéntico a». Cf. las *Vorlesungen über die Algebra der Logik* de E. Schröder (Leipzig, 1890), vol. I, §1, donde, sin embargo, hay que reprocharle el que no distinga entre las relaciones radicalmente diferentes de la caída de un objeto bajo un concepto y mañana es Venus» tenemos dos nombres propios, «lucero de la mañana» y «Venus», para el mismo objeto. En la oración, «el lucero de la mañana es un planeta» tenemos un nombre propio: «el lucero de la mañana» y una palabra de concepto (*Begriffswort*): «un planeta». En el lenguaje sólo se ha reemplazado «Venus» por «un planeta», pero en la realidad la relación ha cambiado completamente. Una ecuación es reversible; la caída de un objeto bajo un concepto no es una relación reversible. El «es» en la oración «el lucero de la mañana es Venus» no es, obviamente, la mera cópula, sino que, por su contenido, constituye también una parte esencial del predicado, de modo que en la palabra «Venus» no está contenido todo el predicado[95]. En lugar de esa oración se podría decir: «la estrella de la mañana no es otra cosa que Venus», y aquí tenemos descompuesto en cinco palabras lo que antes estaba en el simple «es»; y en «no es otra cosa que», el «es» ya no es realmente sino la cópula. Lo que aquí se predica no es *Venus* sino *no otra cosa que Venus*. Estas palabras refieren a un concepto bajo el cual, por cierto, solo cae un único objeto. Sin embargo, se debe seguir distinguiendo entre un concepto de esta índole y un objeto[96]. Tenemos aquí

---

de la subordinación de un concepto bajo otro concepto. También sus notas sobre raíz completa (*Vollwürzel*) dan pie a reparos. El signo de Schröder no representa simplemente a la cópula. [Nota de Frege].

95. Cf. mis *Fundamentos* §66 nota. [Nota de Frege]. Frege pone ahí el siguiente ejemplo: «Si consideramos en la oración: "La dirección del eje del telescopio es la dirección del eje de la tierra" a "la dirección del eje del telescopio" como sujeto, entonces el predicado es "igual a la dirección del eje de la tierra". Esto es un concepto. Pero la dirección del eje de la tierra es solo una parte del predicado, ella es un objeto, puesto que ella también puede ser hecha sujeto». [R. E. y L. P.].

96. Cf. mis *Fundamentos* §51. [Nota de Frege]. Dice Frege en el pasaje citado: «En el caso de un concepto, siempre se pregunta si algo cae bajo él, y qué. En el caso de un nombre propio esas preguntas no tienen sentido. No hay que dejarse engañar por el hecho de que

una palabra: «Venus», que jamás puede ser propiamente un predicado, si bien puede formar parte de un predicado. La 195
referencia[97] de esta palabra no puede aparecer jamás como concepto, sino solo como objeto. Tampoco Kerry estará quizá dispuesto a negar que hay algo de esta especie. Pero con esto se habría admitido una distinción, que es muy importante reconocer, entre lo que solo puede aparecer como objeto y todo lo demás. Y esta distinción ni siquiera quedaría borrada si fuese verdad lo que piensa Kerry: que hay conceptos que también pueden ser objetos. Hay efectivamente casos que parecen apoyar esta opinión. Yo mismo he indicado (*Fundamentos* §53, al final) que un concepto puede caer bajo otro más alto, lo que no debe confundirse, empero, con la subordinación de un concepto bajo otro[98]. Kerry no apela

en el lenguaje se use un nombre propio como palabra de concepto, y viceversa, por ejemplo: Luna. La diferencia persiste. Tan pronto como una palabra se use con el artículo indefinido o en plural, es ella una palabra de concepto». [R. E. y L. P.].

97. Cf. mi artículo sobre sentido y referencia que aparecerá próximamente en *Zeitschrift für Philosophie und philosophische Kritik* [cf. esta edición pp. 45-78]. [Nota de Frege].

98. Se trata del siguiente pasaje, en que Frege distingue entre la subordinación de un concepto de primer orden bajo otro concepto de primer orden, y la caída de un concepto de primer orden bajo uno de segundo orden. Ahí señala Frege: «si, por ejemplo, se juntan bajo un concepto todos los conceptos bajo los cuales solo cae un objeto, entonces la unicidad (*Einzigkeit*) es una nota de aquel concepto. Bajo ese concepto caerían, por ejemplo, el concepto de "luna terrestre", pero no el de los así llamados cuerpos celestes. Así se puede dejar caer un concepto bajo uno más alto, por así decir, un concepto de segundo orden. Empero, esta relación (*Verhältnis*) no ha de confundirse con la de subordinación». Cf. Frege (1884a) §53, p. 65. Luego, la proposición «El concepto de "luna terrestre" es un concepto bajo el cual sólo cae un objeto» expresa la caída de un concepto de primer orden bajo uno de segundo orden, mientras que la proposición «Los satélites son cuerpos opacos» expresa la subordinación de un concepto de primer orden bajo otro de primer orden. [R. E. y L. P.].

a esto, sino que ofrece el siguiente ejemplo: «el concepto "caballo" es un concepto fácil de adquirir», y piensa que el concepto «caballo», es un objeto, a saber uno de los objetos que caen bajo el concepto «concepto fácil de adquirir». ¡Con toda razón! Las tres palabras «el concepto "caballo"» designan un objeto pero, justamente, por eso no designan un concepto, tal como yo empleo esta palabra. Esto coincide perfectamente con el criterio[99] que he dado: en singular, el artículo definido indica siempre un objeto, mientras que el indefinido acompaña a una palabra de concepto. Kerry piensa que no se pueden fundar reglas lógicas sobre distinciones lingüísticas; pero quienquiera que establezca reglas de esta especie no podrá evitar hacerlo como lo hago yo, pues no nos podemos entender sin el lenguaje y porque, en último término, tenemos que confiar en que el otro entiende las palabras, las formas de estas y la construcción de las oraciones, en lo esencial, tal como nosotros mismos. Como ya se dijo: no quise definir, sino solo dar pistas apelando a la intuición lingüística de quienes hablan alemán. Me viene como anillo al dedo el que la distinción lingüística concuerde tan bien con la distinción real. En el caso del artículo indefinido, parece no haber ninguna excepción a nuestra regla, salvo ciertas fórmulas arcaicas como «*ein edler Rat*»[100]. El asunto no es tan simple con el artículo definido, especialmente en
196 el plural; pero mi criterio no se refiere a este caso. Por lo que alcanzo a divisar, en el singular, sólo hay dudas cuando está en lugar del plural, por ejemplo, en las oraciones: «el turco sitió Viena», «el caballo es un animal cuadrúpedo». Lo peculiar de estos casos es tan fácil de reconocer que su ocurrencia no hace perder valor a nuestra regla. Es obvio que, en la primera oración, «el turco» es el nombre propio de un

---

99. *Fundamentos* §51, §66 nota, §68 nota, p. 80. [Nota de Frege].
100. Consejero. [A. G-L.].

pueblo. Lo más apropiado será, quizá, concebir la segunda oración como expresión de un juicio universal, por ejemplo: «todos los caballos son animales cuadrúpedos», o bien, «todos los caballos propiamente constituidos son animales cuadrúpedos». Esto se discutirá más adelante[101]. Cuando Kerry califica de inadecuado mi criterio y afirma que en la oración «el concepto del cual hablo en este momento es un concepto individual», el nombre compuesto por las ocho primeras palabras refiere sin duda a un concepto, no entiende la palabra «concepto» en el sentido en que la entiendo yo, y la contradicción no se debe a las convenciones propuestas por mí, pero nadie puede exigir que mis expresiones tengan que coincidir con las de Kerry.

No se puede, por cierto, desconocer que nos vemos confrontados con una inevitable aspereza lingüística cuando

---

101. En el presente hay, al parecer, una inclinación a exagerar el alcance de la afirmación de que expresiones lingüísticas diversas jamás son perfectamente equivalentes y que una palabra nunca puede ser traducida exactamente a otra lengua. Se podría, quizá, ir más lejos y decir que ni siquiera la misma palabra es captada exactamente en la misma forma por hombres que hablan una misma lengua. Cuánta verdad haya en estas afirmaciones, es algo que no quiero investigar. Deseo en cambio acentuar que, no obstante, en diversas expresiones hay no pocas veces algo común, algo que yo llamo el sentido y que en el caso particular de las oraciones denomino el pensamiento. En otras palabras: no se debe desconocer que el mismo sentido, el mismo pensamiento, puede ser expresado de diferentes maneras. La diferencia, por lo tanto, no radicará en el sentido, sino en la captación, la iluminación, la coloración del sentido. Esta diferencia es irrelevante para la lógica. Es posible que una oración no dé ni más ni menos información que otra; y a pesar de toda la multiplicidad de lenguas, la humanidad tiene un tesoro común de pensamientos. Si se prohibiese toda reformulación de la expresión alegando que con esta se cambia también el contenido, la lógica quedaría completamente paralizada, pues su tarea no puede cumplirse sin que uno se esfuerce por reconocer el pensamiento bajo sus múltiples ropajes. También toda definición debería ser rechazada como falsa. [Nota de Frege].

afirmamos: el concepto *caballo* no es un concepto[102], mien-
197 tras que, por ejemplo, la ciudad de Berlín es una ciudad y el volcán Vesubio es un volcán. El lenguaje se encuentra aquí en una situación forzada que justifica el apartarse de lo usual. Kerry mismo señala que nuestro caso es excepcional poniendo entre comillas la palabra «caballo», con el mismo fin yo empleo la escritura cursiva. No había ninguna razón para destacar de manera análoga las palabras «Berlín» y «Vesubio». Al realizar investigaciones lógicas, se experimenta a menudo la necesidad de predicar algo de un concepto y de darle a esto la forma usual de tales afirmaciones de modo que lo dicho del concepto pase a ser el contenido del predicado gramatical. De acuerdo con esto, uno esperaría encontrar al concepto como referencia del sujeto gramatical, pero el concepto, por su naturaleza predicativa, no puede aparecer sin más como referencia del sujeto, sino que debe transformarse antes en un objeto; o, dicho más exactamente, debe estar representado por un objeto[103] que designamos mediante la introducción de las palabras «el concepto», por ejemplo:

«el concepto *hombre* no es vacío».

Las tres primeras palabras deben ser concebidas aquí como un nombre propio[104] que, al igual que «Berlín» o «Vesubio», no puede ser usado predicativamente. Cuando

---

102. Algo semejante ocurre cuando en relación con la oración «esta rosa es roja» decimos que el predicado gramatical «es roja», pertenece al sujeto «esta rosa». Aquí las palabras «el predicado gramatical "es roja"» no son un predicado gramatical, sino un sujeto. Justamente por el hecho de llamarlo expresamente predicado, lo privamos de esta propiedad. [Nota de Frege].

103. Cf. mis *Fundamentos*, p. X. [Nota de Frege]. Se trata de la p. XXII de la reimpresión disponible en Frege (1961). [R. E. y L. P.].

104. Llamo nombre propio a todo signo que sirve para designar un objeto. [Nota de Frege].

decimos «Jesús cae bajo el concepto *hombre*», el predicado (prescindiendo de la cópula) es

«alguien que cae bajo el concepto *hombre*»

y esto significa lo mismo que

«un hombre».

Pero de este predicado la conexión de palabras

«el concepto *hombre*»

es solo una parte.

Contra la naturaleza predicativa del concepto, se podría hacer valer que, efectivamente, se habla de un concepto de sujeto. Pero también en tales casos, como por ejemplo, en la oración

«todos los mamíferos tienen sangre roja»,

no se puede desconocer la naturaleza predicativa[105] del concepto; pues en lugar de eso se puede decir

«lo que es mamífero tiene sangre roja» 198

o

«si algo es mamífero tiene sangre roja».

Cuando escribí mis *Fundamentos de la aritmética*, no había hecho todavía la distinción entre sentido y referencia[106] y

---

105. Lo que llamo aquí naturaleza predicativa del concepto es solo un caso especial de la necesidad de complementación o no saturación que señalé como esencial para la función en mi escrito «Función y concepto» (Jena 1891) [pp. 15-44 esta edición]. Allí no se pudo evitar el uso de la expresión «la función $f(x)$», aun cuando también surgió la dificultad de que la referencia de estas palabras no es una función. [Nota de Frege].

106. Cf. mi artículo «Sobre sentido y referencia» en *Zeitschrift für Philosophie und philosophische Kritik* [pp. 45-78 esta edición]. [Nota de Frege].

por esta razón junté bajo la expresión «contenido judicable» (*beurteilbarer Inhalt*) aquello que ahora distingo y designo con las palabras «pensamiento» y «valor de verdad»[107]. La explicación dada en *Fundamentos*, p. 77, no la apruebo hoy del todo en su formulación textual, aunque en lo esencial mantengo la misma posición. Entendiendo «predicado» y «sujeto» en sentido lingüístico podemos decir en forma sucinta: concepto es la referencia de un predicado; objeto es lo que jamás puede ser la referencia total de un predicado, pero sí la referencia de un sujeto. Hay que hacer notar aquí que las palabras «todos», «cada», «ningún», «algunos», van delante de las palabras de concepto. En las oraciones universales y particulares, afirmativas y negativas, enunciamos relaciones entre conceptos e indicamos mediante esas palabras lo especial de esta relación. Por lo tanto, en la lógica no se debe conectar muy estrechamente esas palabras con las palabras de concepto que siguen, sino que se las debe referir a la oración entera. Esto se ve fácilmente en el caso de la negación. Si en la oración

«todos los mamíferos son terrícolas»

la conexión de palabras «todos los mamíferos» expresara el sujeto lógico del predicado *son terrícolas*, habría que negar el predicado para negar el todo: «no son terrícolas». En lugar de esto hay que poner el «no» antes de «todos», de donde se sigue que «todos» en sentido lógico pertenece al predicado. En cambio, la oración «el concepto *mamífero* está subordinado al concepto *terrícola*» la negamos negando el predicado: «no está subordinada al concepto *terrícola*».

Si tenemos presente que, en mi terminología, las expresiones como «el concepto *F*» no designan conceptos sino

---

107. En rigor, la noción de «contenido judicable» había sido introducida ya en la *Conceptografía*. Cf. Frege (1879b) §2. [R. E. y L. P.].

objetos, caen en su mayor parte las objeciones de Kerry. Si 199
él piensa (p. 281) que he identificado concepto y extensión de concepto, se equivoca. Solo he enunciado mi opinión de que en la expresión «el número que conviene al concepto *F* es la extensión del concepto *equivalente numéricamente al concepto F*», se puede remplazar las palabras «extensión del concepto» por «concepto». Nótese bien que esta palabra va entonces conectada con el artículo definido. Por lo demás, esta fue una observación al pasar, sobre la cual no he fundado nada.

Kerry, por lo tanto, no logra llenar el abismo entre concepto y objeto. Alguien podría pretender aprovechar en este sentido mis propios enunciados. He sostenido[108] que la asignación de número implica una predicación que tiene como sujeto un concepto[109]; hablo de propiedades que son predicadas de un concepto y admito que un concepto cae

---

108. *Fundamentos* §46. [Nota de Frege]. Frege señala en este texto: «Si puedo decir con igual verdad, en la consideración del mismo fenómeno externo, "esto es un grupo de árboles" y "estos son cinco árboles" o "aquí hay cinco compañías" y "aquí hay 500 hombres", con esto no cambia ni lo individual, ni el todo, ni el agregado, sino que cambia la denominación (*Benennung*). Pero esto solo es el signo del reemplazo de un concepto por otro. Con esto se nos sugiere como la respuesta a la primera pregunta del parágrafo anterior el que la asignación de un número (*Zahlangabe*) contiene una predicación (*Aussage*) acerca de un concepto. Esto se ve de la manera más clara, quizá, en el caso del número (*Zahl*) 0. Cuando digo: "Venus tiene 0 lunas", entonces no hay ninguna luna o agregado de lunas del cual se pudiera predicar algo, pero, por ese medio, una propiedad se adjunta al concepto "luna de Venus", a saber, la de no contener nada bajo sí. Si digo "el carruaje del emperador es tirado por cuatro caballos", entonces adjunto el número 4 al concepto "caballo que tira el carro del emperador"». [R. E. y L. P.].

109. La tesis de Frege en el pasaje aludido es que cuando digo «las encinas que diviso en la llanura son cinco», el sujeto al cual conviene el número no es ni cada una de las encinas, ni el conjunto de ellas, sino el concepto «encina». [A. G-L.].

bajo otro más alto[110]. He llamado a la existencia propiedad de un concepto. Lo que quiero decir con esto se verá claramente mediante un ejemplo. En la oración «hay por lo menos una raíz cuadrada de 4» no se predica algo, por ejemplo, del número definido 2, ni de -2; sino que de un concepto, del concepto *raíz cuadrada de 4*, se predica que no es <un concepto> vacío. Pero si el mismo pensamiento lo expreso de la siguiente manera: «el concepto *raíz cuadrada de 4* es <un concepto> lleno», las primeras seis palabras forman el nombre propio de un objeto y de este objeto se predica algo. Obsérvese, empero, que esta no es la misma predicación que se hizo del concepto. Esto solo puede sorprender a quien desconoce que un pensamiento puede ser analizado de muchas maneras y que, por eso, ora esto, ora aquello aparece como sujeto o como predicado. El pensamiento mismo no basta para determinar qué deba concebirse como sujeto. Cuando se dice: «el sujeto de este juicio», se designa algo determinado solo si a la vez se indica un modo determinado de análisis. Por lo general, esto se hace en relación con determinadas palabras textuales. Pero no se debe olvidar nunca que diferentes oraciones pueden expresar el mismo pensamiento. Así se podría encontrar también en nuestro pensamiento una predicación que tiene al número 4 como sujeto:

«el número 4 tiene la propiedad de que
hay algo de lo cual él es el cuadrado».

---

110. En ese texto, Frege distingue rigurosamente entre las notas (*Merkmale*) y las propiedades (*Eigenschaften*) de un concepto. Las notas de un concepto son las propiedades de los objetos que caen bajo dicho concepto, pero no son propiedades del concepto mismo. «Rectángulo» es una nota del concepto «triángulo rectángulo» y una propiedad de los triángulos rectángulos. Ellos son rectángulos, el concepto no lo es. Propiedades de un concepto son, por ejemplo, el número y la existencia. [A. G-L.]. Cfr. *Fundamentos* §53. [R. E. y L. P.].

El lenguaje dispone de medios para hacer aparecer como
sujeto, ora esta, ora aquella parte del pensamiento. Uno de 200
los más conocidos es la diferencia entre las formas pasivas y activas. Por eso no es imposible que el mismo pensamiento aparezca en *un* tipo de análisis (*Zerlegung*) como singular, en otro como particular y en un tercero como universal. Según esto, no debe sorprendernos el que la misma oración pueda ser concebida como una predicación cuyo sujeto es un concepto o como una predicación cuyo sujeto es un objeto; solo debemos observar que estas predicaciones son diferentes. En la oración «hay por lo menos una raíz cuadrada de 4» es imposible reemplazar las palabras «una raíz cuadrada de 4» por «el concepto *raíz cuadrada de 4*»; es decir, la predicación que conviene al concepto, no conviene al objeto. Si bien nuestra oración no hace aparecer al concepto como sujeto, predica, empero, algo de él. Se puede concebir esto como expresión de la caída de un concepto bajo otro más alto[111]. Pero con esto no se borra de ningún modo la diferencia entre objeto y concepto. Ante todo, notamos que en la oración «hay por lo menos una raíz cuadrada de 4», el concepto no niega su naturaleza predicativa. Se podría decir «hay algo que tiene la propiedad de dar como resultado 4 al ser multiplicado por sí mismo». Por lo tanto, no se puede predicar jamás de un objeto lo que aquí se predica del concepto, pues un nombre propio no puede ser nunca expresión de un predicado, si bien es cierto que puede ser parte de un predicado. No pretendo decir que sea falso predicar de un objeto lo que aquí se predica de un concepto; quiero decir que es imposible, que no tiene sentido hacerlo. La oración «hay Julio César» no es ni verdadera ni falsa, sino carente de sentido, en cam-

111. En mis *Fundamentos* lo he llamado concepto de segundo orden y en mi escrito «Función y concepto», concepto de segundo grado. Seguiré usando aquí esta última denominación. [Nota de Frege]. Cf. Frege (1884a) §53 p. 65 y Frege (1891a) p. 27, en esta edición p. 40. [R. E. y L. P.].

bio la oración «hay un hombre que se llama Julio César» tiene sentido, pero aquí tenemos nuevamente un concepto, como lo indica el artículo indefinido. La misma situación la tenemos en la oración «solo hay una Viena». No hay que dejarse engañar por el hecho de que el lenguaje emplee ciertas palabras a veces como nombre propio y a veces como palabra de concepto. El numeral indica que estamos en el segundo caso. «Viena» es aquí una palabra de concepto al igual que, por ejemplo, «ciudad imperial». En este sentido, se puede decir «Trieste no es una Viena». Si, en cambio, en
201 la oración «el concepto *raíz cuadrada de 4* es <un concepto> lleno» reemplazamos el nombre que forman las primeras seis palabras por «Julio César», obtenemos una oración que tiene sentido, pero que es falsa. El ser <un concepto> lleno, tal como se entiende aquí esta expresión, en realidad solo puede ser predicado de objetos de un tipo muy especial: de aquellos que pueden ser designados por nombres propios que tienen la forma «el concepto *F*». Las palabras «el concepto *raíz cuadrada de 4*» se comportan, respecto a su reemplazabilidad, de manera esencialmente diferente que las palabras «una raíz cuadrada de 4» en nuestra oración original, es decir, las referencias de estas dos conexiones de palabras son esencialmente diferentes.

Lo que aquí se ha demostrado mediante un ejemplo tiene validez universal: el concepto se comporta, en esencia, predicativamente también allí donde se predica algo de él. Por lo tanto, allí solo puede ser reemplazado a su vez por un concepto, jamás por un objeto. La predicación cuyo sujeto es un concepto no es apropiada para un objeto. Los conceptos de segundo grado bajo los cuales caen conceptos son esencialmente diversos de los conceptos de primer grado bajo los cuales caen objetos. La relación de un objeto con un concepto de primer grado bajo el cual cae, es diferente de la relación –por cierto similar– de un concepto de primer grado con un concepto de segundo grado. Para hacer justicia a la vez a la diferencia y a la semejanza, se podría quizá decir que un objeto cae *bajo* un concepto de primer grado y que un concepto cae *dentro* de un concepto de segundo grado. La diferencia entre concepto y objeto queda así en pie con todo su rigor.

Esto está relacionado con lo que dije en el §53 de mis *Fundamentos* sobre mi manera de emplear las palabras «propiedad» y «nota». La exposición de Kerry me induce a volver nuevamente sobre esto. Esas palabras sirven para designar relaciones tales como «Φ es una propiedad de Γ» y «Φ es una nota de Ω». De acuerdo con mi terminología, algo puede ser a la vez propiedad y nota, pero no de lo mismo. Llamo a los conceptos bajo los cuales cae un objeto propiedades de este, de modo que

«ser Φ es una propiedad de Γ»

es solo otro giro para decir

«Γ cae bajo el concepto de Φ»

Si el objeto Γ tiene las propiedades Φ, X y Ψ, puedo reunirlas en Ω, de modo que es igual decir Γ tiene la propiedad Ω o decir, Γ tiene las propiedades Φ, X y Ψ. Llamo entonces 202
a Φ, X y Ψ notas del concepto Ω y a la vez propiedades de Γ. Es claro que la relación de Φ con Γ es completamente distinta de aquella con Ω, por eso se impone usar aquí diferentes denominaciones. Γ cae bajo el concepto Φ, pero Ω, que es también un concepto, no puede caer bajo el concepto de primer grado Φ, sino que podría estar en una relación similar únicamente con un concepto de segundo grado. Ω está por otra parte, subordinado a Φ.

Observemos un ejemplo. En lugar de decir

«2 es un número positivo» y
«2 es un número entero» y
«2 es menor que 10»

podemos decir

«2 es un número positivo entero
menor que 10».

Aquí aparecen

ser un número positivo
ser un número entero
ser menor que 10

como propiedades del objeto 2, pero a la vez como notas del concepto

número positivo entero menor que 10

Este concepto no es ni positivo, ni un número entero, ni menor que 10. Por cierto, está subordinado al concepto *número entero*, pero no cae bajo él.

Comparemos con esto lo que dice Kerry en su segundo artículo (p. 424)[112]: «Por el número 4 se entiende el resultado de la conexión aditiva de 3 y 1. El objeto conceptual del concepto señalado así es el individuo numérico 4, un número perfectamente definido dentro de la serie de números naturales. Este objeto lleva en sí, como es obvio, exactamente las notas nombradas en su concepto y ninguna otra –siempre que nos abstengamos, y debemos hacerlo, de considerar como *propria* las otras infinitas relaciones en que está con todos los demás individuos numéricos–: "el" número 4 es igualmente el resultado de la conexión aditiva de 3 y 1».

Se advierte de inmediato que la distinción que hago entre propiedad y nota está aquí completamente omitida. Kerry distingue entre el número 4 y «el» número 4. Debo confesar que no capto la distinción. El número 4 debería ser

---

112. Frege cita en el original erróneamente la p. 224, tal como hace notar Patzig (1962). [R. E. y L. P.].

un concepto; «el» número 4 debería ser un objeto conceptual y ninguna otra cosa salvo el individuo numérico 4. No se necesita probar que aquí no aparece mi distinción entre concepto y objeto. Parece casi como si Kerry divisara –muy 203
oscuramente– la distinción que hago entre el sentido y la referencia de las palabras «el número 4»[113]. Pero solo de la referencia se puede decir que es el resultado de la conexión aditiva de 3 y 1.

¿Cómo hay que entender el «es» en las oraciones «el número 4 es el resultado de la conexión aditiva de 3 y 1» y «"el" número 4 es el resultado de la conexión aditiva de 3 y 1»? ¿Es la mera cópula o ayuda a expresar una ecuación lógica? De ser lo primero, el «el» antes de «resultado» debería suprimirse y las oraciones rezarían entonces más o menos así:

«el número 4 es resultado de
la conexión aditiva de 3 y 1».

«"el" número 4 es resultado de
la conexión aditiva de 3 y 1»

Tendríamos, entonces, que los objetos designados por Kerry mediante

«el número 4» y «"el" número 4»

caen bajo el concepto

resultado de la conexión aditiva de 3 y 1.

El problema sería, entonces, en qué se diferencian estos objetos. Empleo aquí las palabras «objeto» y «concepto» del modo como acostumbro hacerlo. Lo que Kerry parece querer decir, lo expresaría yo de la siguiente manera:

---

113. Cf. mi artículo sobre sentido y referencia citado más arriba [pp. 45-78 de esta edición]. [Nota de Frege].

«el número 4 tiene como propiedad
aquello y solo aquello que el concepto
resultado de la conexión aditiva de 3 y 1
tiene como nota».

El sentido de la primera de nuestras dos oraciones yo lo expresaría así:

«ser un número 4 es lo mismo que ser
resultado de la conexión aditiva de 3 y 1»,

y entonces lo que tomé hace un momento como opinión de Kerry podría reproducirse también así

«el número 4 tiene como propiedad
aquello y sólo aquello que el concepto
número 4
tiene como nota».

No es necesario decidir aquí si esto es verdad o no. En
204 el caso de las palabras «"el" número 4» podríamos quitarle al artículo definido las comillas simples.

Pero en estos intentos de interpretación hemos dado por supuesto que los artículos definidos delante de «resultado» y de «número 4», por lo menos en una de las oraciones, fueron puestos por descuido. Si tomamos las palabras tal como están, entonces no podemos dejar de entender su sentido como una ecuación lógica, por ejemplo:

«el número 4 no es sino el resultado
de la conexión aditiva de 3 y 1».

El artículo definido antes de «resultado» solo se justifica aquí lógicamente, si se sabe: 1. que hay un resultado de esta especie, y 2. que no hay más que uno. En este caso, esta conexión de palabras designa un objeto y debe ser entendida como nombre propio. Si hubiera que entender nuestras dos oraciones como ecuaciones lógicas, se seguiría que, dada la concordancia de sus lados derechos, el número 4 es «el» número 4; o bien, si se prefiere, el número 4 no es sino «el» número 4, con lo cual se habría demostrado que la distinción hecha por Kerry es insostenible. Pero mi tarea no consiste aquí en señalar contradicciones en su exposición. Lo que él entiende por las palabras «objeto» y «concepto», en rigor no me concierne aquí; solo quiero aclarar más mi propio uso de estas palabras y mostrar que en todo caso difiere del suyo, sea este coherente o no.

No le niego en absoluto a Kerry el derecho de usar las palabras «objeto» y «concepto» a su manera, pero quiero invocar el mismo derecho y afirmar que con mi designación he captado una diferencia sumamente importante. Reconozco que hay un peculiar obstáculo para llegar a un entendimiento con el lector: con una cierta necesidad lingüística, mi expresión –tomada literalmente– a veces yerra el blanco y no da con mi pensamiento, pues nombra un objeto donde lo mentado es un concepto. Estoy plenamente consciente de que en tales casos dependo de la buena voluntad del lector, que no se andará con mezquindades.

Se podría, tal vez, pensar que esta es una dificultad creada artificialmente, que no es en absoluto necesario someter a consideración algo tan difícil de manejar como eso que llamo concepto. Con Kerry se podría considerar la caída de un objeto bajo un concepto como una relación en la cual lo que en *una* ocasión puede aparecer como objeto, en otra aparece como concepto. Las palabras «objeto» y «concepto» servirían 205
entonces solo para indicar la diferente posición dentro de la relación. Esto se puede hacer, pero quien cree que con eso ha superado la dificultad está muy equivocado. Solo la ha desplazado, pues no todas las partes de un pensamiento pueden ser completas. Por lo menos una debe ser de algún modo no saturada o predicativa, de lo contrario, las partes no se adherirían unas a otras. Por ejemplo, el sentido de la conexión de palabras «el número 2» no se adhiere al de la expresión «el

concepto *número primo*» sin un nexo. En la oración «el número 2 cae bajo el concepto *número primo*» aplicamos un nexo de esta especie. El vínculo está incluido en las palabras «cae bajo», que requieren una doble complementación: mediante un sujeto y un complemento circunstancial[114]. Es solo debido a esta no saturación de su sentido que pueden servir de nexo. Únicamente al ser completadas en ambos aspectos tenemos un sentido completo tenemos un pensamiento. De este tipo de palabras o conexiones de palabras digo que refieren a una relación. En el caso de la relación, tenemos la misma dificultad que queríamos evitar en el caso del concepto, pues con las palabras «la relación que consiste en la caída de un objeto bajo un concepto» no designamos una relación, sino un objeto. Y los tres nombres propios «el número 2», «el concepto *número primo*», y «la relación que consiste en la caída de un objeto bajo un concepto» tienen entre sí el mismo trato esquivo que tienen por su parte los dos primeros entre sí: sea como fuere que los juntemos, no logramos formar una oración. Se reconoce así fácilmente que la dificultad que yace en la no saturación de una parte de un pensamiento se puede desplazar, pero no evitar. «Completo» y «no saturado» son, por cierto, solo expresiones figurativas, pero lo que deseo aquí y lo único que puedo hacer es limitarme a indicar por señas.

Tal vez la comprensión se facilitará si el lector consulta mi trabajo «Función y concepto»[115]. Al preguntar a qué se llama función en el análisis, se choca con la misma dificultad. Una consideración más detenida nos permite descubrir que la dificultad radica en la cosa misma y en la naturaleza de nuestro lenguaje, que es imposible evitar una cierta impropiedad en la expresión lingüística, y que no nos resta sino tomar conciencia de ella y tenerla siempre en cuenta.

---

114. En alemán, un acusativo. [A. G-L.].

115. Cf. pp. 13-44 de la presente edición. [A. G-L.].

RESEÑA DE E. G. HUSSERL: *FILOSOFÍA DE LA ARITMÉTICA I* [116]

EL autor se propone en la introducción considerar proviso- 313
riamente los números cardinales [*Anzahlen*] (cardinalia) y emprende en seguida una discusión de <los conceptos de> multiplicidad (*Vielheit*), pluralidad (*Mehrheit*), totalidad (*Inbegriff*), agregado (*Aggregat*), colección (*Sammlung*), <y> conjunto (*Menge*). Él emplea estas palabras como esencialmente sinónimas[117]. Diferente de ellas sería el concepto de número cardinal (*Anzahlbegriff*). No obstante, la relación lógica entre multiplicidad y número cardinal no queda del todo clara (p. 9)[118]. A partir del siguiente pasaje: «El concepto de número cardinal abarca (*umfassen*) los mismos fenómenos concretos que el concepto de multiplicidad, aunque solo por la vía de las extensiones de los conceptos de sus especies, <es decir>

---

116. *Zeitschrift für Philosophie und philosophische Kritik* 103 1894, pp. 313-332. La segunda parte del texto de Husserl nunca salió a la publicidad. [R. E. y L. P.].

117. Cf. Husserl (1891) p. 14 (se cita en las notas la paginación de la hoy canónica «Husserliana», que contiene la *Filosofía de la aritmética* de Husserl en su volumen XII, en vez de la edición original citada por Frege). «En vez de multiplicidad, se dice también pluralidad, totalidad, agregado, colección, conjunto, etc. Nombres más apropiados que son sinónimos o casi sinónimos, aunque sin matices notorios». Frege mismo ya se había manifestado en contra del uso de estas palabras para obtener una explicación satisfactoria de la noción de «número» (*Zahl*). Cf. Frege (1884a) p. 58. [R. E. y L. P.].

118. Cf. Husserl (1891) p. 14. [R. E. y L. P.].

de los números (*Zahlen*) dos, tres, cuatro...» se podría inferir una igualdad de extensión[119]. Por otra parte, <se supone que> la multiplicidad es más indeterminada y más general que el número cardinal[120]. Probablemente el asunto estaría más claro si hubiese distinguido mejor entre el caer bajo un concepto y la subordinación[121]. En seguida se intenta hacer <en el texto de Husserl> un análisis del concepto de multiplicidad. Por medio de determinaciones deben surgir, a partir del concepto de multiplicidad, los números determinados y el concepto genérico de número cardinal que los presupone. Se nos lleva entonces, primero hacia abajo, de lo general a lo particular, y luego de vuelta hacia arriba.

Las totalidades (*Inbegriffe*) son Todos (*Ganze*), cuyas partes están conectadas colectivamente. Deberíamos estar conscientes de estas partes como si fuesen observadas por sí mismas. La
314 conexión colectiva no consiste ni en que los contenidos estén simultáneamente en la conciencia, ni en que ellos aparezcan sucesivamente en la conciencia. Tampoco es el espacio, en cuanto forma que lo comprende todo, el fundamento de la unificación. La conexión consiste (p. 43) en el acto unificante mismo[122]. «Pero no hay, además del acto, un contenido de relación (*Beziehungsinhalt*) que se distinga de él mismo como su resultado creativo»[123]. La conexión colectiva es una relación *sui generis*. Aquí se explica en conexión con John Stuart Mill lo que debería entenderse bajo «relación» (*Relation*), a saber,

---

119. Cf. Husserl (1891) p. 15. [R. E. y L. P.].

120. Cf. Husserl (1891) p. 83 «La diferencia solo consiste en que el concepto de número cardinal (*Anzahl*) presupone ya una diferenciación entre las formas de multiplicidad, mientras que el concepto de multiplicidad no». [R. E. y L. P.].

121. Frege se refiere aquí a la doctrina que ha defendido en Frege (1884a) y (1892b). Cf. nuestra INTRODUCCIÓN *supra* pp. XII y s. [R. E. y L. P.].

122. Cf. Husserl (1891) p. 43. [R. E. y L. P.].

123. Cf. Husserl (1891) p. 43. [R. E. y L. P.].

el estado de conciencia o el fenómeno (estas expresiones deben coincidir en la extensión de su significado [*Bedeutung*]) dentro del cual están los contenidos que están relacionados, los fundamentos de la relación (p. 70)[124]. Luego se distingue entre relaciones primarias y psíquicas[125]. Solo estas últimas nos conciernen aquí más directamente. «Si un acto psíquico unitario se dirige a varios contenidos, entonces los contenidos están conectados o relacionados unos con otros, con respecto a él. Si ejecutamos un acto de este tipo, entonces naturalmente buscamos en vano una relación o conexión en el contenido de las representaciones (*Vorstellungsinhalt*) que el acto encierra (a no ser que *además* hubiera una relación primaria). Los contenidos están unificados aquí solo por el acto y esa unión solo puede ser advertida mediante una particular reflexión sobre ese acto» (p. 73)[126]. Aquí se encuentra la relación de diferencia (*Unterschiedsrelation*) en la cual dos contenidos son puestos en relación a través de un juicio negativo evidente (p. 74)[127]. La igualdad es, por el contrario, una relación primaria (p. 77)[128]. (Según esto, la coincidencia total sería también una relación primaria, mientras que la negación, la lisa y llana diferencia, sería una relación psíquica. Echo de menos que no se señale aquí la distinción entre la relación de diferencia y la conexión colectiva, la cual es también una relación psíquica (según la opinión del autor) porque en ella no es advertible intuitivamente ninguna unión en el contenido de la representación). Si se habla de contenido «sin relación», los contenidos son meramente pensados «juntos», esto es, son pensados como totalidad. «Pero

---

124. Se trata de una adición que en calidad de editor hace J. S. Mill a la obra de su padre, James Mill: *Analysis of the phenomena of human mind*, cf. Mill (1869) vol. II p. 10 nota. Cf. Husserl (1891) p. 66. [R. E. y L. P.].

125. Cf. Husserl (1891) pp. 68-69. [R. E. y L. P.].

126. Cf. Husserl (1891) p. 69. [R. E. y L. P.].

127. Cf. Husserl (1891) p. 69. [R. E. y L. P.].

128. Cf. Husserl (1891) p. 72. [R. E. y L. P.].

ellos no están, de ninguna manera, realmente desconectados, sin relación. Por el contrario, ellos están conectados a través del acto psíquico que los mantiene juntos. Solo en el conte-
315 nido de ellos mismos falta toda unión perceptible» (p. 78)[129]. La conjunción «y» fija de manera perfectamente adecuada la circunstancia en que estarían conectados los contenidos dados de manera colectiva (p. 81)[130]. «Una representación... cae bajo el concepto de multiplicidad en cuanto ella conecta de manera colectiva algún contenido percibido por sí mismo» (p. 82)[131]. (Aquí parece entenderse bajo <el término> «representación», un acto). «En general, una multiplicidad no es más que... algo y algo y algo, etc.; o una cosa y una cosa y una cosa, etc.; o más brevemente: uno y uno y uno, etc.» (p. 85)[132]. Si resolvemos la indeterminación que hay en el «etc.», obtenemos los números: uno y uno; uno, uno y uno; uno, uno, uno y uno, y así sucesivamente. Llegamos también directamente a estos conceptos, partiendo de cualquier multiplicidad concreta, pues cada una cae bajo uno de estos conceptos, y por cierto bajo uno determinado (p. 87)[133]. Para este fin abstraemos de la cualidad particular de los contenidos individuales resumidos en la multiplicidad. Retenemos cada uno, solo en cuanto él es un algo o uno, y así, considerando, la conexión colectiva de los mismos, obtenemos la forma general de la multiplicidad perteneciente a la multiplicidad presente, esto es, el número correspondiente (p. 88)[134]. Esta abstracción numérica es acompañada por una completa falta de limitación del contenido (p. 100)[135]. No podemos explicar de otra manera el concepto

129. Cf. Husserl (1891) p. 73. [R. E. y L. P.].
130. Cf. Husserl (1891) p. 75-76. [R. E. y L. P.].
131. Cf. Husserl (1891) p. 77. [R. E. y L. P.].
132. Cf. Husserl (1891) p. 80. [R. E. y L. P.].
133. Cf. Husserl (1891) p. 81. [R. E. y L. P.].
134. Cf. Husserl (1891) p. 82. [R. E. y L. P.].
135. Cf. Husserl (1891) p. 93. [R. E. y L. P.].

general de número cardinal salvo indicando la similaridad que todos los conceptos de número tienen entre sí (p. 88)[136].

Después de haber presentado tan brevemente las ideas fundamentales de la primera parte, quiero caracterizar en general este modo de pensar. Tenemos aquí un intento de justificar por una vía científica un modo ingenuo de concebir (*Auffassungsweise*) el número. A toda opinión según la cual la asignación de un número (*Zahlangabe*) no es una predicación sobre un concepto o sobre la extensión de un concepto la llamo ingenua, porque al reflexionar por vez primera sobre el número uno es llevado por una cierta necesidad a tales concepciones. Ahora bien, una opinión es ingenua solamente cuando las dificultades que se le oponen son desconocidas, lo cual no se aplica del todo al autor. La opinión más ingenua es aquella según la cual el número es algo así como un montón, un enjambre, en 316
el cual las cosas están contenidas «con pelos y señales». De aquí se sigue la concepción del número como una propiedad de un montón, de un agregado o como uno lo quiera llamar. Entonces se siente la necesidad de limpiar a los objetos de sus particularidades. El presente intento pertenece a aquellos en los que esta limpieza tiene lugar en el lavadero psicológico. Este posee la ventaja de que ahí las cosas adquieren una flexibilidad muy característica: ellas no chocan tan fuertemente en el espacio y se despojan de muchas propiedades y diferencias molestas. La hoy tan popular mezcla de psicología y lógica da un buen detergente para este fin. En primer lugar, todo se torna representación. Los significados (*Bedeutungen*) de las palabras son representaciones. Entonces, en el caso, por ejemplo, de la palabra «número cardinal» (*Anzahl*), se trata de mostrar la representación correspondiente, de describir su origen y su composición. Los objetos son representaciones. Así J. S. Mill permite –con los aplausos del autor– que los objetos (*whether*

136. Cf. Husserl (1891) p. 82. [R. E. y L. P.].

physical or mental [sean ellos físicos o mentales]) ingresen a un estado de conciencia, integren un estado de conciencia (p. 70)[137]. Pero, ¿no debería ser la luna, por ejemplo, un estado de conciencia un poco pesado para nuestros estómagos? Dado que ahora todo es representación, podríamos modificar fácilmente los objetos mediante nuestra atención y mediante nuestra falta de ella. Esto último es especialmente efectivo. Ponemos menos atención a una cualidad, y entonces ella desaparece. Dejando, así, desaparecer las propiedades una tras otra, obtenemos conceptos más y más abstractos. Por lo tanto, los conceptos también son representaciones, solo que menos completas que los objetos. Los conceptos poseen todavía las propiedades de los objetos de las cuales no se ha hecho abstracción. La falta de atención es una fuerza lógica muy efectiva, de ahí tal vez lo distraídos que son los eruditos. Supongamos que están sentados delante de nosotros un gato negro y uno blanco, el uno junto al otro. No nos preocupamos de los colores: ellos devienen incoloros, pero todavía están sentados uno junto al otro. No le prestamos más atención a la posición de su cuerpo: ya no están sentados. No han adoptado, sin embargo, otra postura, pero todavía es-
317 tán cada uno en su lugar. No prestamos más atención al lugar que ocupan: no ocupan ningún lugar. Pero siguen estando separados. Quizá hemos obtenido de cada uno un concepto general de gato. Todo objeto se transforma en cada aplicación progresiva de este procedimiento en un espectro (*Gespenst*) con cada vez menos vida. Finalmente obtenemos de cada objeto un Algo sin restricciones de contenido. Pero ese Algo (*Etwas*), que hemos obtenido a partir de un objeto, se diferencia de aquello que hemos obtenido a partir del otro, aunque no es fácil decir en qué. ¡Momento! Este último paso hacia ese Algo parece ser más difícil. Al menos, el autor (p. 86)[138] habla de una reflexión

137. Cf. Husserl (1891) p. 66. [R. E. y L. P.].
138. Cf. Husserl (1891) p. 80. [R. E. y L. P.].

sobre el acto psíquico del representar. No obstante, como quiera que sea, el resultado es en cualquier caso lo que se ha señalado. Mientras, según mi opinión, el subsumir un objeto bajo un concepto solo es el reconocimiento de una relación que ya existía, aquí el objeto es modificado esencialmente, de manera que los objetos subsumidos bajo un mismo concepto se hacen similares entre sí. Quizá el asunto debe concebirse como si surgiera para cada objeto una representación en la que faltan todas las determinaciones que no ocurren en el concepto. De este modo, desaparecería la diferencia entre representación y concepto, entre el representar y el pensar. Todo queda reducido a lo subjetivo. Pero justamente porque los límites de lo subjetivo y lo objetivo se borran, recibe también lo subjetivo la apariencia de lo objetivo. Se habla, por ejemplo, de esta o aquella representación como si ella se dejara ver públicamente, desprendida del sujeto de las representaciones (*Vorstellende*). No obstante, nadie tiene las representaciones de otro, sino solo las propias, y nadie sabe incluso en qué medida su representación, por ejemplo, del rojo, coincide con la de otro, puesto que no puedo expresar la peculiaridad de la representación que yo conecto con la palabra «rojo». Para comparar las representaciones de dos individuos, tendría que haberlas unido en la misma conciencia y estar seguro de que no han cambiado por el traslado. <El asunto> es totalmente distinto en el caso de los pensamientos: uno y el mismo pensamiento puede ser captado por muchas personas. Las partes 318
del pensamiento y, más aún, las cosas mismas, tienen que ser diferenciadas de las representaciones que alguien se hace de las cosas y que acompañan en una mente (*Seele*) a la captación de un pensamiento. Al juntar lo subjetivo y lo objetivo bajo la palabra «representación» se borran los límites entre ambos de manera tal que a veces una representación en el sentido estricto del término es tratada como algo objetivo y a veces algo objetivo es tratado como una representación. Así, en el caso de

nuestro autor, la totalidad (el conjunto, la multiplicidad) aparece a veces como una representación (pp. 15, 17, 24, 82)[139], a veces como algo objetivo (pp. 10 y 11, 235)[140]. Pero ¿no es acaso, en el fondo, el llamar por ejemplo «representación» a la luna una diversión totalmente inocente? ¡Claro! Mientras uno no se crea ser capaz de modificarla o de generarla a voluntad por medios psicológicos. Pero esto se sigue muy fácilmente de lo anterior.

A partir del modo de pensar lógico-psicológico recién caracterizado es fácil entender cómo juzga el autor las definiciones. Un ejemplo tomado de la geometría elemental puede aclarar esto. Allí se suele definir <de este modo>: «un ángulo recto es un ángulo, que es igual a su ángulo adyacente». Probablemente el autor diría ante esto: «La representación de la rectangularidad de un ángulo (*Rechtwinkligkeit*) es simple: por eso es una empresa totalmente errónea el querer dar una definición de ella. No hay nada en nuestra representación de la rectangularidad de un ángulo que sea la relación a otro ángulo, el adyacente. Es correcto que el concepto 'ángulo recto' y que el concepto 'ángulo cuyo adyacente es igual' tienen la misma extensión, pero no es correcto que tengan el mismo contenido. Se ha definido la extensión, en vez del contenido. Si la definición fuera correcta, toda aserción (*Behauptung*) sobre la rectangularidad de un ángulo sería sobre la relación de un ángulo a otro en vez de sobre el par de rectas aquí presentes, como tales. Todo lo que puedo admitir (p. 114)[141] es que en la igualdad con un ángulo adyacente tenemos un criterio necesario y suficiente para la rectangularidad de ángulo». El autor juzga de manera similar la definición de equivalencia
319 numérica (*Gleichzahligkeit*) por medio del concepto de correspondencia biunívoca (*gegenseitig eindeutigen Zuordnung*). «El

139. Cf. Husserl (1891) pp. 20, 22, 28, 77. [R. E. y L. P.].
140. Cf. Husserl (1891) pp. 15, 16, 209. [R. E. y L. P.].
141. Husserl (1891) p. 105. [R. E. y L. P.].

criterio más simple de igualdad del número es que se obtenga como resultado *el mismo* número al contar los conjuntos que se comparan» (p. 115)[142]. ¡Naturalmente! La rectangularidad de un ángulo se prueba de la manera más simple por medio de la aplicación de una escuadra. El autor olvida que el contar mismo descansa en una correspondencia biunívoca, a saber, entre las palabras de número de 1 a *n* y los objetos del conjunto. Cada una de los dos conjuntos debe ser contado. De esta manera, el asunto se torna menos fácil que cuando consideramos una relación que correlaciona los objetos de ambos conjuntos sin mediación de las palabras de número.

Si las palabras y las conexiones de palabras se refieren (*bedeuten*) a representaciones, entonces para cualesquiera dos de ellas solo es posible que ellas designen, o bien la misma, o bien diferentes representaciones. En el primer caso, el igualarlas por medio de una definición es ocioso, es «un círculo manifiesto», <mientras que>, en el segundo, es falso. El autor presenta regularmente una de estas objeciones. Tampoco puede una definición descomponer el sentido, puesto que el sentido descompuesto ya no es el original. O bien pienso claramente ya en el *definiendum* todo aquello que pienso en el *definiens*, <y> entonces tenemos el «círculo manifiesto», o bien el *definiens* tiene un sentido articulado de manera más rica, <y> entonces no pienso con él lo mismo que con el *definiendum*. La definición es falsa. Se podría pensar, no obstante, que la definición estaría libre de objeciones al menos en el caso en el que el *definiendum* no tenga sentido en absoluto o si se ha solicitado de manera expresa el considerar este sentido como no disponible, de manera que el *definiendum* recibe un sentido por primera vez mediante la definición. Pero el autor también refuta la definición en el último caso (p. 107)[143], recordando la

---

142. Husserl (1891) p. 106. [R. E. y L. P.].

143. Husserl (1891) p. 99. [R. E. y L. P.].

diferencia entre las representaciones. Según esto, para evitar todo reproche se debería crear una nueva raíz lingüística y construir a partir de ella una palabra. Aquí se revela una división entre los lógicos psicologistas y los matemáticos. Para aquellos, se trata del sentido de las palabras y de las representaciones, a las que no distinguen del sentido de las palabras. A
320 estos, por el contrario, les importa la cosa misma, la referencia (*Bedeutung*) de las palabras[144]. El reproche de que <así> no se define el concepto, sino la extensión, se aplica en realidad a todas las definiciones de la matemática. Para el matemático, la definición de la sección cónica como la línea de intersección de un plano y de una superficie cónica circular (*Kreiskegelmantel*) no es ni más ni menos correcta que la de plano curvo, cuya ecuación es dada en coordenadas paralelas de segundo grado. Cuál de estas dos (o de otras) definiciones escoge el matemático, tiene que ver solo con razones de conveniencia, aunque estas dos expresiones no tienen ni el mismo sentido ni despiertan las mismas representaciones. Con eso no quiero decir que el concepto y la extensión del concepto sean lo mismo. Pero la coincidencia de extensión es un criterio necesario y suficiente para que tenga lugar entre conceptos la relación que corresponde a la igualdad entre obtjetos[145]. Hago notar aquí que empleo la palabra «igual» sin agregado ulterior en el sentido de «no diferente», «coincidente», «idéntico»[146]. Al igual que en el caso de las definiciones, al lógico psicologista le falta totalmente la comprensión de la igualdad. Esta relación no puede sino

144. Sobre este punto cf. mi ensayo «Sobre sentido y referencia» en esta revista. [Nota de Frege]. [Cf. Frege (1892c). Esta edición pp. 45-78.].

145. En sentido propio, esta relación no tiene lugar entre conceptos. Cf. Mi ensayo «Sobre concepto y objeto» en *Zeitschrift für wissenschaftliche Philosophie.* [Nota de Frege]. [Cf. Frege (1892b) en esta edición pp. 93-112].

146. Cf. Frege (1892c) pp. 25-26; Frege (1892b) n. b y Frege (1893) p. IX. [R. E. y L. P.].

resultarle completamente enigmática, ya que si en general las palabras designan representaciones, entonces no se podría decir nunca «A es lo mismo que B», puesto que para poder decir esto, se debería poder diferenciar A de B y entonces serían ya representaciones diferentes. No obstante, coincido con el autor, aunque por otras razones, en que la explicación (*Erklärung*) de Leibniz *eadem sunt, quorum unum potest substitui alteri salva veritate*[147], no merece ser llamada una definición (*Definition*). Dado que cada definición es una igualdad, no se puede definir la igualdad misma. Se podría llamar principio (*Grundsatz*) a esa explicación leibniziana que expresa la esencia de la relación de igualdad y, como tal, ella es de importancia fundamental. No le encuentro gracia a la <siguiente> explicación del autor (p. 108)[148] «decimos simplemente de dos contenidos cualesquiera que son iguales entre sí si hay igualdad entre... las notas que 321
constituyen justamente el punto de interés».

¡Vamos ahora al detalle! Según el autor, la asignación de número (*Zahlangabe*) se se refiere a la totalidad (al conjunto, a la multiplicidad) de los objetos contados (p. 185)[149]. Una totalidad tal encuentra su expresión perfectamente adecuada con la conjunción «y». Según esto, debería esperarse que todas las asignaciones de número tuvieran la forma «A y B y C y... Q es *n*», o al menos que pudiesen reducirse a ella. Pero ¿de qué nos enteramos en realidad por medio de la oración «Berlin, Dresden y München son tres» o, lo que debe ser lo mismo «Berlin, Dresden y München son algo y algo y algo»? ¿Quién se daría la molestia de preguntar para recibir tal respuesta? Ni siquiera se ha dicho con esto que Berlín es diferente de Dresden, y ella de München y München de Berlín y, de hecho, al menos en

---

147. Sobre este punto, cf. *supra* p. 47. Es de notar que Frege *parece* considerar en (1884a) §65 p. 76, a la citada caracterización de la identidad como una definición. [R. E. y L. P.].

148. Cf. Husserl (1891) p. 100. [R. E. y L. P.].

149. Cf. Husserl (1891) p. 166. [R. E. y L. P.].

la segunda forma no se encuentra ni la diferencia de Berlín y Dresden, ni su igualdad[150]. Es curioso, además, que esta forma de predicación de número no se da casi nunca en la vida <cotidiana> y, si se da, no se pretende que sea una asignación de número. Me parece que, en realidad, solo se usa en dos casos: en el primer caso, con el numeral «dos», para expresar una diferencia: «*Brassica rapa y Brassica napus* son dos»[151], y en el segundo con la palabra de número «uno», para expresar igualdad: «el Padre y Yo somos uno». Este ejemplo es particularmente aciago <para Husserl>, puesto que, según él, se debería decir aquí «somos algo y algo» o «somos dos». En realidad, no preguntamos «¿cuántos son César y Pompeyo, y Londres y Edimburgh?» o «¿Cuánto es Gran Bretaña e Irlanda?» Tengo curiosidad por saber qué respondería el autor a esa pregunta. Por el contrario, uno se pregunta, por ejemplo, «¿Cuántas lunas tiene Marte?» o «¿Cuál es el número cardinal (*Anzahl*) de las lunas de Marte?» Y por medio de la respuesta «el número cardinal de las lunas de Marte es dos» se entera uno de algo que es digno de preguntarse. Vemos entonces que, tanto en la pregunta, como también en la respuesta, aparece una palabra
322 de concepto o una designación de concepto compuesta, en vez del «y» exigido por el autor[152]. ¿Cómo sale <Husserl> de la dificultad? Dice que el número corresponde a la extensión del

---

150. Frege problematiza un punto similar en sus *Fundamentos*. Cf. Frege (1884a) pp. 46 y ss. [R. E. y L. P.].

151. Frege usa aquí los términos alemanes relativamente similares *Rübsen* y *Raps*, que corresponden en castellano al «nabo» y al «raps» o «colza», entidades que, junto con este parecido de nombre, poseen una apariencia similar. Dado que en castellano no se puede hacer ese juego con el nombre común de esas especies, he preferido traducir por medio de los nombres científicos de estas plantas que tienen similitud entre sí, tal como los términos alemanes. [R. E. y L. P.].

152. Es decir, no aparece un «y» que reúna individuos de los cuales se predica el número, sino que este es más bien predicado de conceptos. [R. E. y L. P.].

concepto, es decir, a la totalidad. «Solo se puede decir indirectamente, quizá, que el concepto tiene la propiedad de que el número corresponde a su extensión» (p. 189)[153]. Con esto se ha concedido todo lo que sostengo: en la asignación de número se predica algo de un concepto[154]. No discutiré si la predicación va directo al concepto e indirectamente a su extensión, o viceversa, ya que con una cosa ocurre también la otra. Lo siguiente es seguro: que no se designa directamente ni la extensión de un concepto ni una totalidad, sino solo un concepto. Ahora bien, si el autor usara la expresión «extensión de un concepto» en el mismo sentido que yo, entonces casi no diferiríamos sobre el sentido de la predicación de número. Por cierto que este no es el caso, puesto que la extensión de un concepto no es una totalidad en el sentido del autor. Un concepto bajo el cual cae solo un objeto tiene una extensión tan determinada como la de un concepto bajo el cual no cae ningún objeto, o un concepto bajo el cual caen infinitos objetos, pero en estos casos no hay ninguna totalidad, según Husserl. El sentido de las palabras «extensión del concepto de luna de Marte» es otro que el sentido de las palabras «Deimos y Fobos». Y la oración «el número de Deimos y Fobos es dos» contiene un pensamiento (si es que acaso contiene uno) distinto de «el número de las lunas de Marte es dos». Dado que nunca se usa una oración de esa forma para hacer una asignación de número, entonces al autor se le escapa el sentido de una oración de este tipo.

Consideremos ahora un poco más de cerca la presunta génesis de una totalidad (p. 77 y ss.)[155]. Debo admitir que no he logrado construir una totalidad según las reglas del autor. En las conexiones colectivas, los contenidos deberían ser pensados o representados juntos, sin que se represente

---

153. Husserl (1891) p. 168. [R. E. y L. P.].

154. Frege menciona aquí su doctrina ya defendida en Frege (1884a) p. 59. [R. E. y L. P.].

155. Husserl (1891) pp. 71 y ss. [R. E. y L. P.].

relación o conexión alguna entre ellos (p. 79)[156]. A mí esto me resulta imposible. No puedo representarme al mismo tiempo el rojo, la luna y Napoleón, sin representármelos con 323 alguna conexión entre sí. Por ejemplo, el rojo de un pueblo en llamas, ante el cual se destaca la figura de Napoleón, iluminada desde la derecha por la luna. Lo que se me presenta al mismo tiempo, me lo represento como un todo y no puedo abstraer de la conexión sin perder el todo. Sospecho que en mi mente no hay absolutamente nada de aquello que el autor llama «totalidad», «conjunto», «multiplicidad», <es decir>, una representación de partes, cuya unión, a pesar de estar presente, no es representada junto con ellas. Así, no resulta sorprendente que el mismo Husserl diga más adelante (p. 242)[157] que un conjunto posee un momento figurativo, una articulación, que lo distingue como un todo. Él habla (p. 235)[158] de una serie (*Reihe*), de un enjambre, de una cadena, de un montón, como de peculiares tipos de conjuntos. ¿Y no debe notarse ninguna unión en la representación de un enjambre? ¿O esta unión se da aparte de la conexión colectiva? En ese caso no afectaría a la totalidad y el «momento figurativo» no podría servir para diferenciar tipos de conjuntos. ¿Cómo llega el autor a su opinión? Probablemente, porque él busca para las palabras y las conexiones de palabras representaciones específicas <que serían> sus significados (*Bedeutungen*). Así debería corresponder también un todo representativo (*Vorstellungsganzes*) a la conexión de palabras «rojo y la luna y Napoleón», y puesto que por su cuenta la conjunción «y» no expresa ninguna relación o unión representable, no habría que representarse ninguna. A esto se agrega también lo siguiente: Si se representara la unión de las partes, entonces casi todas nuestras representaciones serían totalidades, y por

156. Husserl (1891) p. 73. [R. E. y L. P.].
157. Husserl (1891) p. 215. [R. E. y L. P.].
158. Husserl (1891) p. 210. [R. E. y L. P.].

ejemplo, tanto la de una casa como la de un enjambre o un montón. Con eso se advierte fácilmente que sería absurdo entender un número cardinal como una propiedad de una casa o de la representación de una casa.

El autor mismo encuentra una dificultad en la abstracción que lleva al concepto de totalidad (p. 84)[159]: «se debe abstraer totalmente... de las particularidades de los contenidos individuales coleccionados, mas reteniendo su conexión. Aquí aparece una dificultad, o tal vez una imposibilidad psicológica. Si hacemos aquella abstracción en serio, entonces naturalmente desaparece también la conexión colectiva junto con los contenidos individuales, en vez de quedar como residuo un extracto conceptual. La solución está a la mano. 324
Abstraer de algo quiere decir simplemente no prestarle particular atención».

El núcleo de esta explicación radica obviamente en la palabra «particular». La falta de atención es un detergente muy poderoso que no puede ser utilizado muy concentrado, a fin de que no lo disuelva todo, pero tampoco puede ser usado muy disuelto, a fin de que produzca una transformación efectiva. Entonces, todo depende del grado correcto de disolución, que es muy difícil de conseguir. Yo, al menos, no lo he logrado.

Ya que finalmente el autor me da la razón en que la asignación de número contiene una predicación sobre un concepto, no necesito considerar más de cerca sus argumentos en pro de la posición contraria. Solo quiero hacer notar que, manifiestamente, no ha captado mi distinción entre nota y propiedad. Esto no es para nada sorprendente, dado su estilo lógico-psicológico de interpretación. Así, llega a imputarme la opinión de que en la asignación de número se trata de <dar> una delimitación o una determinación de un concepto (p. 185)[160]. Nada está más lejos de mi parecer.

---

159. Husserl (1891) p. 79. [R. E. y L. P.].

160. Husserl (1891) p. 166. [R. E. y L. P.].

Para las opiniones ingenuas, especialmente la psicológica, sobre la esencia del número, existen tres peligrosos escollos. El primero radica en la pregunta sobre cómo ha de compatibilizarse la igualdad de las unidades con la posibilidad de distinguirlas[161]. El segundo consiste en los números cero y uno, el tercero en los números grandes. ¡Preguntémonos cómo trata Husserl de esquivar estos escollos! En el caso del primero <Husserl> cita mis palabras (p. 156)[162]: «Si queremos que el número surja por poner juntos objetos diversos, entonces obtenemos un amontonamiento que contiene los objetos, justamente, con las propiedades por medio de las cuales se diferencian, y esto no es el número. Por otra parte, si queremos construir el número poniendo juntos objetos iguales, estos confluyen siempre en una unidad y no llegamos a la multiplicidad». Está claro que yo usé aquí la palabra «igual» en el sentido de «no diferente». Entonces, el reproche que el autor me hace de confundir la igualdad (*Gleichheit*) con la identidad (*Identität*) no me
325 alcanza. Husserl busca, con su igualdad desdibujada, hacer menos aguda la oposición. «En cierto sentido hay igualdad, en otro hay diferencia... Solo si la expresión "poner juntos objetos iguales" (con la cual se quiere describir el surgimiento del número) requiere una igualdad absoluta, lo cual Frege erróneamente supone, habría aquí una dificultad o, más bien, una imposibilidad» (pp. 164-165)[163]. Ahora bien, si la igualdad no es absoluta, entonces los objetos se diferencian en algunas de las propiedades que poseen al ingresar a la unificación. Pues bien, compárese <lo anterior> con lo siguiente: «La igualdad de las unidades, tal como se

161. Frege mismo trata este punto en Frege (1884a) pp. 44 y ss. [R. E. y L. P.].
162. Husserl (1891) p. 141. [R. E. y L. P.].
163. Husserl (1891) pp. 148-149. [R. E. y L. P.].

sigue de nuestra teoría psicológica, es evidentemente una <igualdad> absoluta. Por cierto que el mero pensamiento de una aproximación es ya absurdo. Puesto que se trata de la igualdad de contenidos en relación al hecho de *que* son contenidos» (p. 168)[164]. El número consiste, según el autor, en unidades. Aquí entiende él bajo «unidad» un «integrante de una multiplicidad concreta, en cuanto en ella se realiza una abstracción numérica» o un «objeto numerado como tal». Si consideramos todo esto en conjunto, será entonces difícil aclararnos cuál es la opinión del autor. Primero los objetos son manifiestamente diferentes, luego se tornan absolutamente iguales por medio de la abstracción, pero esta igualdad absoluta ocurriría solo en relación al hecho de que ellos son contenidos. Yo habría pensado que esta igualdad está muy lejos de ser una <igualdad> absoluta. Independientemente de eso, el número consiste en esas igualdades absolutas, y aquí aparece aquella imposibilidad que el mismo autor destaca. Hay que suponer, por cierto, que esa abstracción, <a saber>, ese llevar bajo el concepto de algo (*unter den Begriff des Etwas*), produce un cambio, <el cual consiste en> que los objetos pensados bajo la mediación de este concepto –justamente las igualdades absolutas– serían distintos de los objetos originales. De lo contrario, ellos no se igualarían más que lo que ya lo hacían, y esta abstracción sería inútil. Debemos suponer que las unidades absolutamente iguales se originan al ponerlas bajo el concepto de algo, sea mediante una transformación a partir de los diferentes objetos, o como objetos nuevos 326
que aparecen junto a aquellos. Entonces, se debería pensar que hay también unidades aparte de los objetos usuales, conjuntos de unidades junto a los conjuntos de manzanas, <etc.>. Pero el autor niega esto de la manera más enfática

164. Husserl (1891) p. 150. [R. E. y L. P.].

(p. 139)[165]. La abstracción numérica tiene, justamente, la maravillosa y muy fructífera propiedad de hacer las cosas absolutamente iguales entre sí, sin cambiarlas. Algo así solo es posible en el lavadero psicológico. Si el autor ha superado realmente el primer escollo, lo ha logrado por los caminos de la magia, más que por los de la ciencia.

Husserl continúa citando más de mis palabras: «Si designamos con 1 a cada uno de los objetos a ser numerados, es esto un error, porque <cosas> diferentes reciben el mismo signo. Si suplementamos el 1 con diferentes trazos, lo haríamos inútil para la aritmética». El comentario de Husserl a esto es (p. 165)[166]: «No obstante, cometemos ese error con cada aplicación de nombres generales. Cuando llamamos hombre a Hans, Kunz, etc., tenemos entonces el mismo caso de "notación errónea", en virtud de la cual, al contar, escribimos 1 para cada objeto que ha de contarse». Si designáramos a Hans con «hombre» e igualmente a Kunz, cometeríamos de hecho este error. Felizmente no es lo que hacemos. Cuando llamamos a Hans hombre, decimos con ello, que Hans cae bajo el concepto *hombre*, pero en vez de «Hans» no escribimos o decimos «hombre». Lo que corresponde a la oración «Hans es un hombre» sería «Hans es un 1». Si llamamos B a A en el sentido en que añadimos a A el nombre propio «B», entonces naturalmente podemos siempre decir «B» en vez de «A». Pero entonces no es lícito que le demos el mismo nombre «B» a otro objeto. La infeliz expresión «nombre común» es seguramente la culpable de esta confusión. El así llamado nombre común –mejor aún, palabra de concepto– no tiene inmediatamente nada que ver con el objeto, sino que refiere (*bedeuten*) a un

165. Husserl (1891) p. 126. [R. E. y L. P.].
166. Husserl (1891) p. 148. [R. E. y L. P.].

concepto, y bajo ese concepto caen, quizá, objetos[167]. Pero puede también ser un concepto vacío, sin que la palabra de concepto refiera por eso menos (*ohne daß das Begriffswort darum weniger bedeutete*). En el §47 de mis *Fundamentos de la* 327
aritmética expuse esto suficientemente. Efectivamente, queda claro que con la oración «todos los hombres son mortales» nadie quiere predicar nada de un cierto cacique Akpanya, del cual quizá jamás ha oído nada[168].

Según Husserl 5 + 5 = 10 significa lo mismo que «un conjunto (cualquiera) que cae bajo el concepto 5 y cualquier otro» (¿por qué otro?) «conjunto que cae bajo el mismo concepto, dan como resultado al unirlos un conjunto que cae bajo el concepto 10» (p. 202). Para aclarar eso, tómese, por ejemplo, como primer conjunto los dedos de la mano derecha, y como el otro un bolígrafo y los dedos de la mano derecha con excepción del pulgar. ¿Es posible que el autor haya tenido aquí a O. Biermann como maestro?[169]

Vamos ahora al segundo escollo, que consiste en los números cero y uno. La primera salida se encuentra de manera fácil. Se responde <así>: «esos no son números». Pero ahora surge la pregunta: ¿qué son entonces? El autor dice: respuestas negativas a la pregunta: «¿cuántos?» (p. 144)[170]. Respuestas tales como «jamás» a la pregunta ¿cuándo?. «No muchos o "ninguna multiplicidad" no es una particularización de lo mucho (*das Viel*)». Quizá alguien llegue a la

---

167. Esto es indicado por Frege mismo a Husserl en su correspondencia, cf. pp. 242 y s. de esta edición [R. E. y L. P.].

168. En efecto, la oración «todas las ballenas son mamíferos», no es una oración, según Frege, acerca de una entidad, sino que más bien es la afirmación de la subordinación (*Unterordnung*) de un concepto bajo otro: «Si hubiera una ballena, entonces nuestra oración no diría nada de ella». Cf. Frege (1884a) p. 60. [R. E. y L. P.].

169. Sobre O. Biermann, cf. Frege (1969) pp. 81 y ss. [R. E. y L. P.].

170. Husserl (1891) p. 131. [R. E. y L. P.].

idea de que dos no es aún una multiplicidad, sino sólo una
«dosidad» (dualidad en contraposición con una pluralidad).
Entonces, «ninguno», «uno» y «dos» serían las tres respuestas
negativas a la pregunta «¿cuántos?». Como confirmación,
él podría aducir que dos es el único número primo par. Es
en realidad mucho pedir el ver como negativa la respuesta
«una» a la pregunta «¿cuántas lunas posee la Tierra?». En
el caso del cero, el asunto tiene la apariencia de ser más
aceptable. ¿Cómo se deben interpretar, entonces, respuestas
como «jamás», «en ninguna parte», «nada», a las preguntas
«cuándo», «dónde», «qué»? Manifiestamente, no como res-
puestas en sentido propio, sino que como maneras de negarse
a dar una respuesta empleando la forma de una respuesta.
Se estaría diciendo: «no puedo indicarte un momento, un
lugar, un objeto del tipo buscado, porque no lo hay». Por
consiguiente, una réplica a la pregunta «cuántos» sería: «no
328 te puedo indicar un número de ese tipo, porque no lo hay».
Esto respondería yo, por ejemplo, en mi interpretación del
sentido de la indicación de número, a la pregunta: «¿cuánto
es Gran Bretaña e Irlanda?» No puedo considerar ni la res-
puesta «uno», ni la respuesta «cero» a la pregunta «cuántos»
como equivalente (*gleichbedeutend*) a «no hay tal número».
¿Cómo es que hay aquí dos respuestas negativas? Si a la pre-
gunta: «¿Quién precedió a Rómulo en el trono de Roma?»,
se responde: «nadie», se niega con esto que alguien haya sido
predecesor de Rómulo. La negación pertenece al predicado
y es incorrecto mezclarla con el sujeto gramatical, por medio
de lo cual parece que «nadie» designa a un ser humano, al
igual que <lo hace> «Rómulo». Es sabido que aquí yace la
posibilidad de ciertos sofismas. Se podría pensar que tales
peligros acechan también en el caso del cero y el uno, pero
ellos se usan al igual que todos los otros números, sin mayores
medidas de precaución. ¿De dónde proviene esa diferencia?
Ante la pregunta «¿Cuál es el número de predecesores de

Rómulo en el trono de Roma?» la respuesta «cero» es tan poco negativa como lo sería «dos». No se niega con ello que haya un tal número cardinal, sino que se lo nombra. El autor dice: «A cada unidad le corresponde el número 1» (p. 170)[171] (¡por cierto, como propiedad negativa!) y llama al cero y al uno conceptos (p. 145)[172]. Uno sospecha, según lo anterior, que la unidad y el uno son conceptos de igual extensión. ¿O acaso no es cada <número> uno una unidad? ¿En qué se diferencian los pensamientos «Hans es uno» y «Hans es una unidad»?[173] ¿A quién le corresponde el número cero? Sin darnos cuenta, hemos dicho, con el autor, ¡«el número uno» <aunque no es un número>! Aquí quedan todavía muchos enigmas que el autor no ha resuelto. No puedo conceder que haya evitado este escollo de manera exitosa.

Llegamos ahora al tercer escollo: el de los números grandes. Si los números son representaciones, entonces la limitación de nuestra capacidad de representación (*Vorstellungsvermögen*) debe traer consigo también una limitación del ámbito de los números. Así, dice el autor: «En realidad, solo bajo circunstancias particularmente favorables podemos representarnos multiplicidades concretas de aproximada- 329
mente una docena de elementos» (p. 214)[174]. Para escapar de la dificultad, introduce las representaciones impropias o simbólicas, de las cuales se ocupa toda la segunda parte. Sin embargo, el autor debe admitir <lo siguiente>: «Naturalmente, también ahora estamos limitados, cuando tratamos con meros signos, pero ya no percibimos (*empfinden*) más

---

171. Husserl (1891) p. 152. [R. E. y L. P.].
172. Husserl (1891) p. 131. [R. E. y L. P.].
173. Sobre la diferencia entre «uno» y «unidad», Frege (1884a) pp. 48 y ss. [R. E. y L. P.].
174. Husserl (1891) p. 214. [R. E. y L. P.].

estos límites» (p. 274)[175]. Con esto se concede la finitud del ámbito de los números. No puede haber una cantidad infinita de números si los números son representaciones que yo u otro ser humano debe construir, ninguna simbología puede liberarnos de esta limitación nuestra. Según el autor, una representación simbólica (p. 215)[176] es una representación por medio de signos que caracterizan inequívocamente lo que pretenden representar. «Tenemos, por ejemplo, una representación auténtica de la apariencia externa de una casa, cuando efectivamente la observamos. Tenemos <en cambio> una representación simbólica, si alguien nos da una caracterización indirecta: la casa de la esquina de tal calle con tal otra y en tal costado de la calle». Este ejemplo hace alusión al caso en que hay algo objetivo de lo cual me puedo hacer una representación y por eso esta explicación no calza muy bien con nuestro caso. Hay que suponer, por cierto, que según el autor, los números son representaciones, resultados de procesos mentales o actividades (pp. 24, 46)[177]. Pero, ¿dónde está lo objetivo, de lo cual un número es una representación? ¿Qué corresponde aquí a la casa en el ejemplo citado más arriba? Y es justamente ese objeto lo que conecta una representación auténtica y una representación simbólica, lo que nos confiere el derecho (*uns berechtigen*) a decir que la representación simbólica pertenece a la auténtica, y <que ese objeto es> lo caracterizado de manera unívoca por medio de los signos, cuando tenemos una representación simbólica. La mezcla de lo subjetivo con lo objetivo, la circunstancia de que no se diferencie nunca de manera clara entre expresiones como «luna» y «representación de la luna» expande una niebla tan impenetrable que

---

175. Husserl (1891) p. 242. [R. E. y L. P.].
176. Husserl (1891) p. 193. [R. E. y L. P.].
177. Husserl (1891) p. 28 y p. 45. [R. E. y L. P.].

se hace inauspicioso el intento de lograr aquí alguna claridad. Solo puedo decir que me he formado la siguiente impresión de la opinión del autor: si quiero tener una representación simbólica, cuando no tengo una representación 330
auténtica, entonces *idealizo* (p. 251)[178] mi capacidad de representación (*Vorstellungsfähigkeit*), es decir, me imagino o me represento (*ich stelle mir vor*) que tengo una representación, la cual de hecho no tengo ni puedo tener, y esta imagen sería mi representación simbólica. Así, por ejemplo, me puedo formar una representación simbólica por medio del signo «15», representándome que me represento un conjunto, el cual constaría de los elementos de un conjunto al cual le corresponde el número 10, y de los elementos de un conjunto al cual le corresponde el número 5, y le aplicaría a este conjunto aquel procedimiento que según el autor produce el número correspondiente. De las representaciones simbólicas forman parte las representaciones de los signos. «Los signos sensibles no son aquí meros acompañantes de los conceptos, al modo de los signos lingüísticos. Ellos <es decir, los signos sensibles> juegan un papel tan destacado en nuestras construcciones simbólicas... a tal punto, que finalmente ocupan casi la totalidad del campo» (p. 273, similarmente p. 264)[179]. De esta manera, el autor se acerca mucho a las opiniones de Helmholz y Kronecker. El número, entonces, cambiaría, si cambian los signos. Tendríamos números totalmente distintos de los que tenían los griegos y los romanos. Mas ¿tendrían también estas representaciones simbólicas las propiedades que las representaciones auténticas deberían tener? Creo que distan mucho de tenerlas, tal como mi representación de un prado verde dista mucho de ser verde. Ahora bien, Husserl menciona por cierto que (p.

178. Husserl (1891) p. 223. [R. E. y L. P.].
179. Husserl (1891) p. 241 y 234. [R. E. y L. P.].

217)[180] una representación auténtica y la representación simbólica que le corresponde están en una relación de equivalencia lógica. «Dos conceptos son lógicamente equivalentes si los objetos de uno son también los objetos del otro y viceversa». A partir de aquí, explica por qué las representaciones simbólicas pueden «subrogar» a las correspondientes representaciones auténticas. Aquí la mezcla de representaciones y conceptos resulta perturbadora para la comprensión. Si nos limitamos al ejemplo de la casa de la esquina, sospechamos que la «equivalencia» debe consistir aquí en que mi representación auténtica y la representación simbólica se refieren al mismo objeto (justamente aquella casa de la esquina). Ahora bien ¿cuándo puede esta «subrogar» a aquella? Presumiblemente <esto ocurre> cuando hablo de
331 la casa de la esquina misma, no de mi representación. Con la lectura de este libro he podido apreciar correctamente cuán difícil es que el sol de la verdad penetre a través de la niebla que surge de la mezcla de psicología y lógica. Afortunadamente, vemos aquí un comienzo de esa penetración. Con fuerza victoriosa se impone que aquí se trata menos de nuestras representaciones y mucho más de la cosa misma, de la cual tratamos de formarnos representaciones, es decir, nos ocupamos de la cosa misma y nuestras predicaciones (*Aussagen*) son acerca de ella. Declaraciones de este tipo aparecen muchas veces en la segunda parte <del libro>, lo cual es tanto más notable, cuanto menos calzan en realidad con el tipo de pensamiento global del autor. Leemos (p. 214, abajo)[181]: «Incluso si no hemos dado los conceptos de manera *auténtica*, los hemos dado, no obstante, de modo simbólico». Aquí los conceptos aparecen como algo objetivo y la diferencia entre lo auténtico y lo *simbólico* se refiere solo a su

---

180. Husserl (1891) p. 194. [R. E. y L. P.].
181. Husserl (1891) p. 192. [R. E. y L. P.].

ser dado (*Gegebensein*). Se habla de especies del concepto de número cardinal que en sentido auténtico no nos son accesibles (p. 265)[182] y de números efectivamente *reales* (*von wirklichen Zahlen*), de números en sí, que nos son inaccesibles en general (p. 295)[183]. Leemos (p. 254) sobre construcciones numéricas simbólicas que pertenecen a uno y el mismo número cardinal *efectivamente real*. Desde el punto de vista del autor, podría esperarse <el giro> «no dado» (*nicht vorhandenen*) en vez de la palabra «efectivamente real» (*wirklich*), puesto que, si el número fuera una representación, entonces no habría aquí absolutamente ningún número. ¿Qué son estos números «en sí» (p. 294)[184], estos números «efectivamente reales», sino números objetivos, totalmente independientes de nuestro pensar, que se dan incluso aunque no nos sean accesibles (p. 296)[185]? El autor dice (p. 295)[186]: «Un número cualquiera puede ser caracterizado de manera unívoca por medio de múltiples relaciones con otros y cada caracterización de este tipo nos trae una nueva representación simbólica justamente de este número». Aquí es manifiestamente el número objetivo «en sí» aquello que corresponde a la casa en el ejemplo de la casa de la esquina. No es mi representación el número, sino que yo me figuro una o más representaciones *de* uno y el mismo número, o al menos lo intento. Es una pena que el autor no haya diferenciado claramente las expresiones «A» y «representación de
A». Pero si mi representación del número no es el número 332
mismo, entonces el modo de consideración psicológico se queda sin suelo, en cuanto pretende investigar la esencia del

---

182. Husserl (1891) p. 234. [R. E. y L. P.].
183. Husserl (1891) p. 260. [R. E. y L. P.].
184. Husserl (1891) p. 260. [R. E. y L. P.].
185. Husserl (1891) p. 261. [R. E. y L. P.].
186. Husserl (1891) p. 260. [R. E. y L. P.].

número. Si quiero investigar una representación, debo impedirle, en la medida de lo posible, que cambie. Esto es muy difícil. Por el contrario, si investigo algo objetivo, entonces mis representaciones deben regirse, dentro de lo posible, por la cosa misma, por el resultado de la investigación, <y> por lo tanto, deben, en general, cambiar. Para el modo de investigación hace una gran diferencia si la representación misma del número es lo que ha de investigarse o si <ella> es solo una representación *del* verdadero objeto. El procedimiento de Husserl concuerda solo con el primer caso, mientras que los últimos pasajes citados solo pueden ser interpretados a la luz del segundo. Si un geógrafo leyese un tratado de oceanografía en el que estuviera explicado de manera psicológica el origen de los mares, entonces tendría sin duda la impresión de que muy pocas veces se ha dejado de dar tan radicalmente en el blanco, en la cosa misma. Tengo la misma impresión de la presente obra. Por cierto es el mar algo real. Y el número no lo es. Pero esto no impide que sea algo objetivo[187]. Y de eso se trata.

Al leer esta obra, he podido evaluar la inmensa devastación que ha traído consigo la irrupción de la psicología en la lógica, y he considerado que mi tarea era sacar a luz los daños. Los errores que he creído que deben ser indicados son menos imputables al autor que a una difundida enfermedad filosófica. Mi punto de partida fundamentalmente divergente me hace difícil ser justo con sus merecimientos que, sospecho, están en el ámbito de la psicología. Quisiera llamar la atención de los psicólogos sobre el capítulo XI, donde se habla de la posibilidad de captaciones instantáneas de un conjunto. Pero me abstengo de emitir un juicio en ese ámbito porque no me considero lo suficientemente versado en él.

---

187. Para la noción de objetividad en Frege, cf. Frege (1884a) pp. 35 y ss. [R. E. y L. P.].

¿QUÉ ES UNA FUNCIÓN?

(*Was ist eine Funktion?*)[188]

Todavía no ha quedado completamente fuera de duda el significado (*Bedeutung*) que tiene en el análisis matemático la palabra «función»[189], aunque ella se usa frecuentemente desde hace tiempo. En las explicaciones <de esta palabra> siempre encontramos dos expresiones recurrentes, que están en parte vinculadas, en parte separadas: aquella de expresión de cálculo (*Rechnungsausdruck*) y la de variable (*Veränderlichen*). También notamos un uso lingüístico oscilante, llamándose función ora a aquello que determina el modo de dependencia, o quizá al modo de dependencia mismo, ora a la variable dependiente. 656

La palabra «variable» predomina hoy por hoy en las definiciones, pero ella misma requiere en gran medida una explicación. Cada variación (*Veränderung*) tiene lugar en el tiempo. De acuerdo con esto, el análisis matemático debería ocuparse de un acontecer temporal al someter las variables a su consideración. Pero el análisis matemático no tiene nada que ver con el tiempo. Entonces, el hecho de que él pueda aplicarse a los procesos temporales no tiene nada que ver con el asunto. También hay aplicaciones del análisis matemático a

---

188. La primera edición de «¿Qué es una función?» apareció en la *Festschrift für L. Boltzmann. Gewidmet zum sechzigten Geburtstage 20. Februar 1904*. Leipzig. Johann Ambrosius Barth. 1904, pp. 656-666. [R. E. y L. P.].

189. Estas consideraciones han de limitarse solo a las funciones de un solo argumento. [Nota de Frege].

la geometría, en las cuales el tiempo queda totalmente fuera de consideración. Esta es una gran dificultad con la que siempre chocaremos si queremos tratar el fondo del asunto a partir de ejemplos. Ya que, tan pronto como tratemos de señalar una variable, nos vamos a encontrar con el hecho de que ella varía en el tiempo y, por tanto, no pertenece al análisis matemático puro. No obstante, si las variables son objetos del análisis matemático, tiene que ser posible indicar una variable que no traiga consigo nada extraño a la aritmética.

657 Si hay ya una dificultad en la variación, chocamos además con una nueva si preguntamos por lo que varía. Primero recibimos como respuesta: lo que varía es una magnitud (*Größe*). ¡Busquemos un ejemplo! Una vara puede ser llamada una magnitud, en la medida en que ella posea una longitud. Cada variación de la vara en lo concerniente a su longitud, como puede ocurrir, por ejemplo, al calentarla, tiene lugar en el tiempo. Pero ni las varas ni las longitudes son objetos del análisis matemático puro. Este intento de señalar una magnitud variable en el análisis matemático fracasa, y así debe ocurrir con muchos otros, puesto que ni las magnitudes de longitud, ni las magnitudes de superficie, ni las magnitudes de ángulos, ni las magnitudes de masas son objetos de la aritmética. De todas las magnitudes, solo pertenecen a la aritmética los números. Queda fuera de discusión en esta ciencia cuáles son las magnitudes por medio de las que se obtienen los números en los casos particulares, y justamente es por eso por lo que ella es capaz de múltiples aplicaciones. Preguntamos entonces: ¿Son las variables del análisis matemático números variables? ¿Qué otra cosa podrían ser, si han de pertenecer al análisis matemático? ¿Cómo se llega, entonces, a que casi nunca digamos «números variables», sino que usualmente digamos «magnitudes variables»? Esta expresión suena más aceptable que «número variable», razón por la cual aumenta la duda: ¿Hay números variables? ¿No conserva cada número sus

propiedades sin variación? Por cierto, se dice sin problemas que 3 y π son obviamente números invariables, constantes. Pero hay también números variables. Si digo: «el número que indica la longitud de esta vara en milímetros», nombro (*benennen*) entonces un número que es variable, ya que la vara no conserva siempre la misma longitud. Por lo tanto, he designado con aquella expresión un número variable. Comparemos ese ejemplo con el siguiente: Si digo: «el soberano de este imperio», designo con ello a un hombre. Hace 10 años el soberano de este imperio era un viejo, ahora el soberano de este imperio es un joven. Designé, por lo tanto, con aquella expresión a un hombre que era un viejo y ahora es un joven. Aquí tiene que haber un error. La expresión «el soberano de este imperio» no designa a ningún hombre sin una indicación temporal (*Zeitangabe*). Sin embargo, tan pronto como se le añade una indicación temporal, la expresión puede designar un hombre de manera inequívoca (unzweideutig), mas entonces 658
la indicación temporal es un componente esencial de la expresión y obtenemos otra expresión si hacemos otra indicación temporal. Entonces, no tenemos en absoluto el mismo sujeto de la predicación (*Aussage*) en nuestras dos oraciones. Asimismo, la expresión «el número que indica la longitud de esta vara en milímetros» no designa ningún número sin indicación temporal. Si se le añade una indicación temporal, puede ser designado un número por ese medio, por ejemplo 1000, pero ese número es invariable. Con otra indicación temporal obtenemos otra expresión, que puede designar otro número, por ejemplo 1001. Si decimos: «Hace media hora el número que indicaba la longitud de esta vara en milímetros era un número cúbico, ahora el número que indica la longitud de esta vara en milímetros no es un número cúbico», entonces no tenemos para nada el mismo sujeto de la predicación. El 1000 no se ha hinchado hasta <transformarse en> 1001, sino que ha sido reemplazado por este último. ¿O es el número 1000 el mismo

que el 1001, solo que con otra cara? Si algo varía (*verändern*), tenemos sucesivamente diferentes propiedades, estados, en el mismo objeto. Si no fuera el mismo <objeto que cambia>, no tendríamos ningún sujeto del cual se pudiera predicar la variación. Una vara se dilata con el calor. Mientras ocurre esto, ella sigue siendo ella misma. Si en vez de esto ella fuera sacada de ahí y reemplazada por otra más larga, entonces no se podría decir que ella se dilató. Un hombre se hace viejo, pero si no podemos reconocerlo como el mismo, no tendríamos nada de lo cual pudiéramos predicar el envejecer. ¡Apliquemos esto a los números! ¿Qué continúa lo mismo si el número varía? ¡Nada! Luego, el número no varía para nada, puesto que no tenemos nada de lo cual pudiéramos predicar la variación. Un número cúbico nunca se volverá un número primo, y un número irracional nunca se volverá racional.

No hay, entonces, números variables. Y esto se confirma por el hecho de que no tenemos nombres propios para números variables. Fracasamos en el intento de designar un número variable con la expresión «el número que indica la longitud de esta vara en milímetros». ¿Pero no designamos
659 con «*x*», «*y*» y «*z*» números variables? Usamos, por cierto, ese modo de hablar, pero esas letras no son nombres propios de números variables, como «2» y «3» lo son de números constantes, puesto que los números 2 y 3 se diferencian de una manera especificable. Pero, ¿por qué medio se diferencian las variables pretendidamente designadas con «*x*» e «*y*»? No hay respuesta a esta pregunta. No podemos indicar qué propiedades tiene *x* y qué propiedades divergentes de estas últimas tiene *y*. Si vinculamos algo con las letras, se trata en ambos casos de la misma representación difusa. Donde aparecen diferencias aparentes, se trata más bien de aplicaciones, pero de ellas no hablamos aquí. Ya que no somos capaces de captar aquella variable en su particularidad, no podemos atribuirle ningún nombre propio a la variable.

E. Czuber ha tratado de evitar algunas de las dificultades mencionadas[190]. Para dejar de lado el tiempo, define la variable como un número indeterminado. Pero ¿hay números indeterminados? ¿Han de dividirse los números en determinados e indeterminados? ¿Hay seres humanos indeterminados? ¿No debe ser cada objeto determinado? Pero ¿no es el número *n* indeterminado? No conozco para nada el número *n*. «*n*» no es el nombre propio de algún número, ni de uno determinado, ni de uno indeterminado. Y sin embargo se dice de vez en cuando «el número *n*». ¿Cómo es esto posible? Esta expresión debe ser considerada en un contexto. ¡Tomemos un ejemplo! «Si el número *n* es par, entonces es cos. *n* = 1». Aquí ni el antecedente por sí mismo, ni el consecuente por sí mismo tienen algún sentido, solo lo tiene el todo. La pregunta por si el número *n* es par no puede responderse para nada, tampoco la pregunta por si cos. *n* = 1. Para ello debería ser «*n*» el nombre propio de un número, el cual sería necesariamente un número determinado. Se escribe la letra «*n*» para conseguir universalidad (*Allgemeinheit*). La condición para ello es que, si se la reemplaza por el nombre propio de un número, tanto el antecedente como el consecuente contengan un sentido.

Por cierto, se puede hablar aquí de indeterminación (*Unbestimmtheit*), pero «indeterminado» no es aquí un adjeti- 660
vo de «número», sino un adverbio de, por ejemplo «indicar» (*andeuten*)[191]. No se puede decir que «*n*» designa un número indeterminado (*unbestimmt*), sino que indica números indeterminadamente (*unbestimmt*). Y ocurre siempre cuando se usan letras en la aritmética, con la excepción de unos pocos

---

190. *Lecciones sobre cálculo diferencial e integrado*, Leipzig, Teubner, 1 §2. (*Vorlesungen über Differential- und Integralrechnung*). [Nota de Frege].

191. Al igual que muchos otros términos, la palabra alemana *unbestimmt* que aquí traducimos por «indeterminado» puede fungir de adjetivo o adverbio. [R. E. y L. P.].

casos (π, e, i), en los cuales ellas aparecen como nombres propios, pero entonces ellas designan números determinados, invariables. No hay, por lo tanto, números indeterminados, y el intento de Czuber ha fracasado.

En segundo lugar, Czuber busca remediar el defecto de que no se puede concebir una variable como diferente de otras. Él llama dominio (*Bereich*) de las variables a la totalidad de los valores que una variable (*Variable*) puede recibir, y dice: «la variable x vale como definida, si puede establecerse, para cada número real que se designa, si pertenece o no al dominio». Ella vale como definida, pero ¿lo es también? Dado que no hay números indeterminados, es imposible definir alguno. El dominio se propone como lo que caracteriza (*das Kennzeichnende*) la variable. Según esto, tendríamos con el mismo dominio la misma variable. Consecuentemente, sería y en la ecuación (*Gleichung*) «$y = x^2$» la misma variable que x, si el dominio de x es el de los números positivos.

Este intento debe ser considerado como malogrado, principalmente porque la expresión «una variable recibe un valor» es muy poco clara. Una variable debe ser un número indeterminado. ¿Cómo hace un número indeterminado para recibir un número? Pues el valor es obviamente un número. ¿Recibe también un hombre indeterminado uno determinado? Normalmente se dice que un objeto recibe una propiedad. Aquí el número debe desempeñar ambos papeles. Como objeto es llamado variable o magnitud variable, como propiedad es llamado valor. Por eso se prefiere la palabra «magnitud» a la palabra «número», porque así debe uno engañarse respecto del hecho de que la magnitud variable y el valor que ella supuestamente recibe son en el fondo lo mismo, de que no se tiene para nada el caso en que un objeto sucesivamente recibe distintas propiedades, de que, por lo tanto, no se puede hablar de variación en modo alguno.

En lo tocante a las variables, hemos obtenido como
661 resultado lo siguiente: Se pueden reconocer, por cierto,

magnitudes variables, pero no pertenecen al análisis matemático. No hay números variables. Por lo tanto, la palabra «variable» no tiene justificación en el análisis puro.

¿Cómo llegamos de las variables a la función? Esto ocurrirá en lo esencial siempre de la misma manera, y por eso seguimos la presentación de Czuber. Él escribe en el §3:

«Si cada valor de la variable real *x* que pertenece a su dominio está en correspondencia (*zugeordnet sein*) con un número determinado *y*, entonces *y* queda definido en general también como variable y es llamado una *función de la variable real x*. Este estado de cosas (*Sachverhalt*) se expresa por medio de la ecuación de la forma $y = f(x)$».

En primer lugar, llama aquí la atención que y sea llamado número determinado, cuando debería ser, como variable que es, indeterminado. y no es ni un número determinado ni indeterminado, sino que al signo «*y*» se le asignan equivocadamente una pluralidad de números, y después se habla como si fuera solo uno. Sería más sencillo y más claro presentar el caso de la siguiente manera: Cada número de un dominio *x* está en correspondencia (*zugeordnet sein*) con un número. Llamo dominio *y* a la totalidad de estos números. Por cierto, tenemos de esta manera un dominio *y*, pero ningún *y* del cual pudiéramos decir que es una función de la variable real *x*.

Ahora, la delimitación del dominio parece ser irrelevante para la pregunta por la esencia de la función. ¿Por qué no podríamos aceptar también como dominio la totalidad de los números reales o la totalidad de los números complejos con inclusión de los reales? El núcleo del asunto yace oculto, no obstante, en otra parte, a saber, en la palabra «estar en correspondencia» (*zugeordnet*). ¿En qué noto que el número 5 está en correspondencia (*zugeordnet sein*) con el número 4? La pregunta no se puede responder si ella no es complementada de alguna manera. Y, no obstante, de acuerdo a la explicación de Czuber, parece como si estuviera determinado sin más para cada par de números si el primero está en correspondencia con el segundo o no. Afortunadamente Czuber agrega la <siguiente> observación:

662 «La definición anterior no contiene ningún enunciado (*Aussage*) sobre la *ley de correspondencia* (*Gesetz der Zuordnung*), que puede ser indicada de manera general por la letra *f*. Ella puede establecerse de muchísimas maneras».

Por lo tanto, la correspondencia tiene lugar según una ley. Son pensables distintas leyes de ese tipo. Ahora bien, la expresión «y es una función de x» no tiene ningún sentido si no es complementada por la indicación de la ley según la cual tiene lugar la correspondencia. Esto es un error en la definición. ¿Y no es en realidad la ley que la explicación trata como no disponible, el asunto principal? Notamos con esto que la variabilidad ha desaparecido totalmente de nuestra vista, mientras que la universalidad (*Allgemeinheit*) aparece en nuestro campo visual, pues a ella apunta (*hindeuten*) la palabra «ley».

Las diferencias de las leyes de correspondencia están relacionadas con las diferencias de las funciones, y ya no pueden ser comprendidas como diferencias cuantitativas. Pensemos en las funciones algebraicas, en las funciones logarítmicas o en las funciones elípticas. Nos convencemos, entonces, inmediatamente, de que aquí se trata de diferencias cualitativas, una razón más para no explicar las funciones como variables. Si las funciones fueran variables, entonces las funciones elípticas serían variables elípticas.

En general expresamos una ley de correspondencia de este tipo por medio de una ecuación a cuyo lado izquierdo va la letra «y», mientras que al derecho aparece una expresión de cálculo, consistente en signos numéricos, signos de cálculo y la letra «x». Así, por ejemplo:

$$«y = x^2 + 3x»$$

La función se ha definido ahora como una expresión de cálculo de ese tipo. Recientemente se ha estimado que este concepto es demasiado estrecho. Pero lo anterior se evitaría

fácilmente por medio de la introducción de nuevos signos en el lenguaje de signos de la aritmética. Otra objeción, de más peso, es la de que la expresión de cálculo como grupo de signos no pertenece en absoluto a la aritmética. La teoría formalista que considera como objeto de esta ciencia a los signos, puedo considerarla descartada como inválida por medio de mi crítica en el volumen segundo de mis *Leyes* 663
fundamentales de la aritmética. No siempre se ha distinguido de manera rigurosa (*scharf*) entre signo y designado, de manera que bajo una expresión de cálculo (*expressio analytica*) también se ha entendido, en parte, su referencia. ¿Qué designa entonces «$x^2 + 3x$»? En realidad, absolutamente nada, puesto que la letra «x» solo indica (*andeuten*) números, pero no los designa (*bezeichnen*). Si reemplazamos «x» por un signo numérico, entonces obtenemos una expresión que designa un número, por lo tanto nada nuevo. «$x^2 + 3x$» solo indica, de la misma manera que la «x». Esto puede ocurrir para expresar universalidad, como en las oraciones:

$$«x^2 + 3x = x\,(x + 3)»,$$
$$«\text{si } x > 0, \text{ entonces } x^2 + 3x > 0».$$

Pero ¿dónde queda ahora la función? Ni la expresión de cálculo misma ni su referencia parecen poder ser tomadas como la función. Y no obstante, no estamos tan lejos de la respuesta correcta. De las expresiones «sen 0», «sen 1», «sen 2», cada una refiere a un número particular, pero tenemos un componente común: «*sen*». En él encontramos lo que designa la esencia propia de la función seno. Este «*sen*» corresponde al «*f*» del cual Czuber dice que indica la ley. Y, por cierto, el tránsito de «*f*» a «*sen*» es, al igual que el de «*a*» a «2», un tránsito de un signo que indica a un signo que designa. Por lo tanto, «*sen*» referiría a una ley. Por cierto, esto no es absolutamente correcto. Nos parece, en realidad, que la ley es expresada en la ecuación «$y = \text{sen } x$», de la cual el signo «*sen*» es solo una parte, por cierto, aquella que caracteriza la ley en su particularidad. ¿Y no tenemos aquí

lo que buscábamos, la función? Entonces «*f*», tomado de manera precisa, indicará también a una función. Y aquí llegamos a aquello por medio de lo cual la función se diferencia de los números, a saber, «*sen*» requiere de una complementación por medio de un signo numérico, el cual, no obstante, no pertenece a la designación de la función. Esto vale en general: el signo de una función es no saturado, requiere de complementación por medio de un signo numérico, al cual llamamos signo de argumento. Vemos esto también en el signo de raíz y en el
664 signo de logaritmo. Los signos de funciones no pueden, como sí pueden los signos numéricos, tener lugar a un solo lado de una ecuación, sino solo cuando son complementados por medio de un signo que designa o indica un número. Ahora, ¿a qué se refiere una conexión tal, como aquella de un signo de función con un signo numérico, como «sen 1», «$\sqrt{-1}$», «*l* 1»? Cada uno de ellos refiere a un número. De este modo, obtenemos signos numéricos que se componen de dos partes heterogéneas, siendo la no saturada complementada por medio de la otra.

Esta necesidad de complementación puede hacerse visible por medio de paréntesis vacíos, por ejemplo «sen ( )» o «$(\ )^2 + 3\ (\ )$». Es probable que estos signos no encuentren aceptación alguna, aunque ellos sean los más acordes al asunto y los idóneos para prevenir el error que surge cuando se considera al signo del argumento como parte de la función[192]. Se puede utilizar también una letra para este fin. Escojamos para ello «ξ». Así, son signos de funciones «sen. ξ» y «$\xi^2 + 3 \cdot \xi$». Debe tenerse aquí presente que «ξ» solo tiene la tarea de hacer reconocibles los lugares donde ha de aparecer el signo que complementa. Se hará bien en no utilizar esa letra para ningún otro fin, por ejemplo, no usarla en vez de la «*x*», que en nuestros ejemplos sirve para expresar la universalidad.

---

192. En todo caso, solo se pretende que estos signos valgan para el caso excepcional en el que se quiere designar una función totalmente aislada. En «sen 2», «*sen*» designa ya por sí solo la función. [Nota de Frege].

Es un defecto de la designación habitual del cuociente diferencial el que la letra «*x*» deba tanto hacer reconocibles los lugares del argumento como también servir para la expresión de la universalidad, como ocurre en la ecuación

$$«\frac{d\cos\frac{x}{2}}{dx} = -\frac{1}{2}\operatorname{sen}\frac{x}{2}».$$

De ello resulta una dificultad. Según los principios generales para el uso de letras en la aritmética, se debería llegar a un caso particular cuando se sustituye «*x*» por un signo numérico. Pero la expresión:

$$«\frac{d\cos\frac{2}{2}}{d2}».$$

es incomprensible, porque la función no es reconocible. No 665
sabemos si es:

$$«\cos\frac{(\ )}{2} \text{ o } \cos\frac{2}{(\ )} \text{ o } \cos\frac{(\ )}{(\ )}»$$

Por eso necesitamos un modo de escribir tan torpe (*schleppende Schreibweise*) como:

$$«\left(\frac{d\cos\frac{x}{2}}{dx}\right)_{x=2}»$$

Pero la mayor desventaja es que, con ello, la comprensión de la esencia de la función se hace más difícil.

A la peculiaridad del signo de función que hemos llamado no saturación, corresponde naturalmente algo en la función misma. También a ellas podemos llamarlas no saturadas y caracterizarlas de esta manera como fundamentalmente diferentes de los números. Por cierto, esto no es una definición, mas tampoco es posible dar una aquí[193]. Me debo limitar a indicar lo que quiero decir por medio de una expresión visual y dependo en esto de la comprensión deferente del lector.

Si se complementa una función mediante un número para <obtener> un número, llamamos entonces a este valor de la función para aquel como argumento. Se acostumbra leer la ecuación «$y=f(x)$»: «y es una función de x». Aquí hay dos errores: en primer lugar se traduce el signo de igualdad por medio de la cópula, en segundo lugar se confunde la función con su valor para un argumento. De estos errores ha surgido la opinión de que la función sería un número, aunque uno variable o indeterminado. Por el contrario, hemos visto que no hay tales números y que las funciones son fundamentalmente diferentes de los números.

La tendencia a expresarse en forma sucinta ha introducido muchas expresiones imprecisas en el lenguaje matemático
666 y estas retroactivamente han nublado los pensamientos y han facilitado la introducción de definiciones defectuosas. La matemática debería ser, en rigor, un ejemplo de claridad lógica. <Pero> en realidad probablemente no se encuentren en los escritos de ninguna otra ciencia más expresiones desviadas y, como consecuencia de eso, más pensamientos desviados que los que se encuentran en las matemáticas. Nunca deberíamos sacrificar la rectitud lógica por la brevedad de la expresión. Por eso es de gran importancia el crear un lenguaje matemático que conecte la precisión más rigurosa con la mayor brevedad posible. Para esto, por cierto, una conceptografía sería lo más adecuado, un conjunto de reglas según las cuales se pueda expresar pensamientos por medio de signos escritos o impresos, sin mediar la voz.

---

193. La definición que da H. Hankel en el §1 de sus *Investigaciones sobre las funciones infinitamente oscilantes y discontinuas* (Programa de la Universidad, Tübingen, 1870) es inutilizable a causa de un círculo vicioso, ya que ella contiene la expresión «$f(x)$», la cual presupone para su aclaración aquello que ha de ser definido. [Nota de Frege].

EL PENSAMIENTO UNA INVESTIGACIÓN LÓGICA

(*Der Gedanke. Eine logische Untersuchung*)[194]

La palabra «verdadero» le señala el rumbo a la lógica, tal como la palabra «bello» se lo indica a la estética y la palabra «bueno» a la ética. Es cierto que todas las ciencias tienen como meta la verdad, pero la lógica se ocupa de ella de un modo completamente distinto. La lógica se relaciona con la verdad más o menos como la física con el peso o el calor. 58 Descubrir verdades es tarea de todas las ciencias: a la lógica le corresponde discernir (*erkennen*) las leyes del ser verdadero (*Wahrsein*)[195]. La palabra «ley» se usa en dos sentidos. Cuando hablamos de leyes morales y de leyes civiles, aludimos a normas que deben ser obedecidas, pero a las cuales el acontecer real no siempre se ajusta. Las leyes naturales son lo universal del acontecer natural (*sind das Allgemeine des Naturgeschehens*) y este acontecer se conforma siempre a esa universalidad. Es más bien en este segundo sentido que hablo de leyes del ser verdadero. Por cierto que aquí no se trata de lo que acontece sino de lo que es. De las leyes del ser verdadero se desprenden

---

194. La primera edición de «El pensamiento» apareció en *Beiträge zur Philosophie des deutschen Idealismus* Vol. II, 1918-1919, pp. 58-77. [A. G-L.].

195. La expresión «las leyes del ser verdadero» traduce el término *Wahrsein*, pero su sentido es el mismo que «las leyes que rigen el hecho de que algo sea verdadero». [A. G-L.].

normas para el tener por verdadero[196] (*für das Fürwahrhalten*), para pensar, juzgar e inferir, y así se habla también de las leyes del pensar (*Denkgesetzen*). Pero aquí se cierne el peligro de confundir cosas diferentes. Quizá se entienda la expresión «ley del pensar» como «ley natural», designando con ella lo universal (*das Allgemeine*) en el acontecer psíquico del pensar. En este sentido, una ley del pensar sería una ley psicológica, y así se puede llegar a la opinión de que a la lógica le atañe el proceso psíquico del pensar y las leyes psicológicas conforme a las cuales este acontece. Pero esto sería desconocer la tarea de la lógica, pues no se le asignaría a la verdad el lugar que le corresponde. El error y la superstición tienen sus causas no menos que el conocimiento correcto. Tanto el tener por
59 verdadero lo falso como el tener por verdadero lo verdadero acontecen de acuerdo a leyes psicológicas. Una derivación a partir de estas, y la explicación de un proceso psíquico que conduce a un tener por verdadero, jamás podrán reemplazar una prueba de aquello que es tenido por verdadero. ¿No es posible que también hayan participado leyes lógicas en este proceso psíquico? No quiero negar esto, pero cuando se trata de la verdad, la posibilidad resulta insuficiente. También es posible que haya participado en el proceso algo no lógico y que lo haya desviado de la verdad. Solo después de discernir las leyes que rigen el ser verdadero podremos decidir esto, pero en ese momento probablemente vamos a poder prescindir de la derivación y de la explicación del proceso psíquico, si lo

---

196. Frege emplea la palabra «Fürwahrhalten», que aquí y en lo sucesivo he debido descomponer. [A. G-L.]. La palabra está compuesta de tres términos alemanes, a saber, la preposición *für* (en este caso significa «por»), el adjetivo *wahr* (verdadero) y el verbo *halten* (tener, sostener). Aunque el sustantivo *das Fürwahrhalten* no es muy común en la lengua alemana no filosófica, sí lo es la expresión verbal *jemanden/etwas für etwas halten*, que significa «tener a alguien/o algo por algo», o mejor «considerar a alguien (algo) como x». [R. E. y L. P.].

que nos interesa es decidir si acaso aquello en que el proceso desemboca, es decir, el tener por verdadero, se justifica o no. A fin de excluir cualquier malentendido y de evitar que se borre la frontera entre la psicología y la lógica, le asigno a la lógica la tarea de encontrar las leyes del ser verdadero y no las del tener por verdadero, o las del pensar[197]. En las leyes del ser verdadero se explica el significado de la palabra «verdadero».

Pero antes intentaré dibujar a grandes rasgos los contornos de aquello que en este contexto llamo verdadero. Así se podrá rechazar usos de esta palabra que caen fuera de nuestro campo. No debe ser usada aquí en el sentido de «veraz» o de «amante de la verdad» ni tampoco como se emplea a veces en la discusión de los problemas del arte: cuando se habla, por ejemplo, de la verdad en el arte o se propone la verdad como meta del arte, cuando se habla de la verdad de una obra de arte o de un sentimiento verdadero. La palabra «verdadero» también acompaña a otra palabra si se quiere indicar que esta debe ser entendida en su sentido auténtico, no adulterado. También este uso queda fuera del camino que aquí se sigue, donde de lo que se trata es de la verdad, cuyo conocimiento es la meta de la ciencia.

La palabra «verdadero» aparece desde la perspectiva lingüística como adjetivo. Por eso surge el deseo de delimitar más estrechamente el ámbito en el que la verdad es predicada, en que cabe preguntar por la verdad[198]. La

---

197. Las leyes que rigen la acción del tener por verdadero o de pensar. [A. G-L.].

198. La expresión «in Frage kommen» (= «in Betracht kommen»), que aquí y en lo sucesivo juega el importante papel de ayudar a identificar lo que Frege llama pensamiento, significa usualmente «venir al caso», «haber lugar». Sin embargo, es probable que Frege la haya utilizado aprovechando el sentido literal de la palabra «Frage», «pregunta», en cuyo caso significaría «hacerse cuestión», «llegar a ser cuestionado». Procuro reproducir ambos sentidos traduciendo

verdad es predicada de imágenes (*Bilder*), representaciones (*Vorstellungen*), oraciones (*Sätze*) y pensamientos (*Gedanken*). Llama la atención el que aquí aparezcan cosas visibles y audibles junto a cosas que no pueden ser percibidas por los sentidos. Esto indica que el sentido <de la palabra> se ha desplazado. ¡Por cierto! ¿Es una imagen[199], en cuanto mera cosa visible y tangible, en rigor verdadera? Y una piedra, una hoja ¿no son verdaderas? Obviamente uno no llamaría verdadera a la imagen si al hacerlo no tuviera otra intención (*Absicht*). La imagen debe representar algo. Tampoco una representación es llamada verdadera en sí, sino en vista a otra intención (*Absicht*): la representación debe corresponder con algo. Se puede suponer, en consecuencia, que la verdad consiste en una correspondencia (*Übereinstimmung*) entre una imagen y lo representado por ella. Una correspondencia es una relación. Esto contradice, empero, el uso de la palabra «verdadero», que no es una palabra para indicar relaciones y no contiene ninguna referencia a otra cosa con lo cual algo deba corresponder. Si yo ignoro que una determinada imagen debería representar la catedral de Colonia, ignoro
60 también con qué debo comparar la imagen para decidir sobre su verdad. Además, una correspondencia solo puede ser perfecta cuando las cosas que se corresponden coinciden (*zusammenfallen*), es decir, cuando no se trata de cosas totalmente diversas. Se dice que es posible probar la autenticidad de un billete haciéndolo coincidir estereoscópicamente con uno auténtico. El intento, en cambio, de hacer coincidir este-

---

convencionalmente «*x* kann in Frage kommen» por la expresión activa «cabe preguntar por *x*». [A. G-L.].

199. Todo este pasaje resulta algo oscuro en castellano porque no solemos hablar de una imagen verdadera o de un cuadro o retrato verdadero, sino más bien de un retrato fiel, de una buena reproducción, etc. [A. G-L.].

reoscópicamente una moneda de oro con un billete de veinte marcos sería ridículo. Hacer coincidir una representación con una cosa solo sería posible si también la cosa fuese una representación. Y si, entonces, la primera se correspondiera perfectamente con la segunda, ellas coincidirían. Pero esto es, justamente, lo que no se desea cuando se define la verdad como correspondencia de una representación con algo real. En esta definición es precisamente esencial que lo real sea distinto de la representación. Pero, entonces, no habrá una correspondencia perfecta, no habrá una verdad perfecta. En este caso, absolutamente nada sería verdadero, pues lo que es verdad a medias, es falso. La verdad no admite un más o menos. ¿O lo admite? ¿No se puede acaso convenir en que hay verdad cuando se da una correspondencia en una determinada perspectiva. Pero ¿en cuál? ¿Qué deberíamos hacer entonces para decidir si algo es verdadero? Tendríamos que indagar si es verdad que, por ejemplo, una representación y algo real se corresponden en la perspectiva convenida. Y de este modo nos veríamos nuevamente enfrentados a una pregunta del mismo tipo y el juego podría comenzar de nuevo. Fracasa así este intento por explicar la verdad como una correspondencia. Pero así fracasa también cualquier otro intento por definir el ser verdadero, pues en una definición habría que especificar ciertas notas, y en la aplicación a un caso concreto surgiría siempre el problema de si es verdad que estas notas se ajustan a lo dado. Nos moveríamos así en un círculo. En consecuencia, es probable que el contenido de la palabra «verdadero» sea único e indefinible.

Cuando se predica la verdad de una imagen, no se quiere, en rigor, predicar una propiedad que pertenece a esta imagen desligada de otras cosas, sino que siempre se tiene en vista una cosa completamente distinta. Lo que se quiere decir es que esa imagen de algún modo corresponde con esta cosa. «Mi imagen subjetiva corresponde con la catedral de Colonia» es una oración, y de lo que se trata ahora es de la verdad de esta oración. Lo que se llama impropiamente verdad de las imágenes y de las representaciones se reduce así a la verdad de las oraciones. ¿A qué se llama una oración? A una sucesión de sonidos, pero solo si tiene sentido; lo cual no quiere decir que toda sucesión de sonidos que tenga sentido sea una oración. Y cuando llamamos verdadera a una oración, nos referimos, en rigor, a su sentido. De aquí se sigue que aquello de lo que cabe preguntar si es verdadero o no, es el sentido de una oración. Ahora bien, ¿es el sentido de una oración una representación? Sea como sea, el ser verdadero no consiste en la correspondencia de este sentido con otra cosa, pues de lo contrario la pregunta por el ser verdadero se repetiría al infinito.

Sin querer dar con esto una definición, llamo pensamiento (*Gedanke*) a algo por cuya verdad cabe preguntar.
61 Lo falso lo incluyo entre los pensamientos no menos que lo verdadero[200]. En consecuencia, puedo decir: el pensamiento es el sentido de una oración, sin querer afirmar con esto que el sentido de cada oración es un pensamiento. El pensamiento, no sensible en sí, se cubre con la vestidura sensible de la oración y se nos hace así más captable. Decimos que la oración expresa un pensamiento.

El pensamiento es algo no sensible y todas las cosas perceptibles por los sentidos deben ser excluidas del ámbito

---

200. De manera semejante se ha dicho quizá: «Un juicio (*Urteil*) es algo que es o verdadero o falso». De hecho, empleo la palabra «pensamiento» más o menos en el sentido que tiene «juicio» en los escritos de los lógicos. Por qué prefiero «pensamiento», se podrá entender, espero, en lo sucesivo. Se le ha reprochado a semejante explicación el dividir los juicios en verdaderos y falsos, una división que de todas las divisiones posibles de los juicios es la que tiene menos importancia. El que junto con la explicación se ofrezca una división es algo que no puedo aceptar como falla lógica. Respecto a su importancia pienso que no se le debe subvalorar, si la palabra «verdadero», como dije, le señala el rumbo a la lógica. [Nota de Frege].

en que, en general, cabe preguntar por la verdad. La verdad no es una propiedad que corresponda a una clase particular de impresiones sensibles. Se distingue así rigurosamente de las propiedades que nombramos con las palabras «rojo», «amargo», «con olor a lilas». Pero ¿no vemos acaso que el sol ha salido? Y ¿no vemos a la vez que esto es verdad? Que el sol ha salido no es un objeto que emita rayos que llegan a mi ojo, no es una cosa visible como el sol mismo. Que el sol ha salido, se reconoce como verdadero sobre la base de impresiones sensibles. Sin embargo, el ser verdadero no es una propiedad perceptible por los sentidos. También el ser magnético se reconoce sobre la base de impresiones sensibles de una cosa, aun cuando a esta propiedad, al igual que a la verdad, no le corresponde un tipo especial de impresiones sensibles. En esto coinciden (*übereinstimmen*) estas propiedades. Para reconocer, empero, un cuerpo como magnético necesitamos impresiones sensibles. Cuando considero, en cambio, que es verdad que en este instante no huelo nada, no lo hago sobre la base de impresiones sensibles.

En todo caso, da que pensar el hecho de que no podamos reconocer una propiedad en una cosa sin considerar a la vez verdadero el pensamiento de que esta cosa posee esta propiedad. Así, con cada propiedad de una cosa va conectada una propiedad de un pensamiento: la propiedad de la verdad. Digno de consideración es también que la oración «huelo perfumes de violetas» tiene el mismo contenido que la oración «es verdad que huelo perfume de violetas». Parece entonces que nada agrego al pensamiento al atribuirle la propiedad de la verdad. Y sin embrago ¿no constituye acaso un gran logro el que después de largas vacilaciones y de penosas investigaciones, el investigador pueda decir por fin «lo que supuse es verdad»? El significado (*Bedeutung*) de la palabra «verdadero» parece ser absolutamente único. ¿No estaremos tratando aquí con algo que no puede ser llamado propiedad en el sentido usual de esta palabra? Pese a

62 esta duda, seguiré por ahora el uso ordinario (*Sprachgebrauch*) y me expresaré como si la verdad fuese una propiedad hasta que se descubra algo más adecuado.

Para elaborar más rigurosamente lo que llamo pensamiento, distingo clases de oraciones[201]. No se puede negar que una oración imperativa tiene sentido, pero este sentido no es tal que quepa preguntar por su verdad. Por eso no llamaré pensamiento al sentido de una oración imperativa. Las oraciones que expresan deseos o peticiones deben ser igualmente excluidas. Vienen al caso las oraciones en que comunicamos o aseveramos algo. No incluyo, empero, las exclamaciones en que damos rienda suelta a nuestros sentimientos, los gemidos, lamentos o risas, salvo que, por una convención especial, estén destinados a comunicar algo. ¿Pero qué ocurre con las oraciones interrogativas (*Fragesätze*)? En una oración con pronombre interrogativo (*Wortfrage*) enunciamos una oración incompleta que debe obtener un sentido verdadero al ser completada de acuerdo a nuestro requerimiento. Este tipo de preguntas queda por lo tanto fuera de nuestra consideración. La situación es diferente en el caso de las oraciones interrogativas completas (*Satzfragen*). Esperamos <aquí> oír «sí» o «no»[202]. La respuesta

---

201. No empleo aquí la palabra «oración» exactamente en un sentido gramatical. La gramática conoce también oraciones subordinadas. Una oración subordinada aislada no tiene siempre un sentido por cuya verdad quepa preguntar, mientras que la oración compuesta a la que pertenece sí posee un sentido de este tipo. [Nota de Frege].

202. Frege realiza aquí una distinción entre oraciones interrogativas que se abren por medio de un pronombre interrogativo (*Wortfrage*, literalmente pregunta-palabra), que aquí son traducidas por «oración con un pronombre interrogativo» y oraciones interrogativas completas (*Satzfrage*, literalmente pregunta-oración). Un ejemplo del primer caso sería la oración interrogativa: ¿Quién fue el primer presidente de la Argentina? Esta pregunta exige como respuesta una oración, que expresa un pensamiento, *sc.*: «El «sí» quiere decir lo mismo que una oración asertiva, pues presenta como verdadero el pensamiento que ya está completo en la oración interrogativa (*Fragesatz*). Así, para cada oración asertiva se puede formar una oración interrogativa completa (*Satzfrage*). Por eso una exclamación no puede ser considerada como una comunicación (*Mitteilung*), pues no se puede formar la correspondiente oración interrogativa completa (*Satzfrage*). La oración interrogativa (*Fragesatz*) y la oración asertiva contienen el mismo pensamiento, la oración asertiva, sin embargo, contiene algo más, esto es: la aserción (*Behauptung*). También la interrogativa contiene algo más, a saber: un requerimiento (*Aufforderung*). En una oración asertiva hay que distinguir, en consecuencia, dos cosas, el contenido que tiene en común con la interrogativa correspondiente, y la aserción. Aquel es el pensamiento o al menos contiene al pensamiento. Es posible, entonces, expresar un pensamiento sin representarlo como verdadero. En una oración asertiva, ambas cosas están de tal modo ligadas que su separabilidad pasa fácilmente inadvertida. De acuerdo con esto distinguimos:

1. el captar un pensamiento –el pensar–,
2. el reconocimiento de la verdad de un pensamiento –el juzgar[203]–,

---

primer presidente de la Argentina fue Bernardino Rivadavia». Por el contrario, un ejemplo del segundo caso es una oración interrogativa completa, que expresa por sí sola un pensamiento, y que es respondida con un sí o un no, por ejemplo: ¿Fue Napoleón III el único presidente de la «Segunda república»? La respuesta, en este caso, a una oración de este tipo es un «sí», que, tal como dice Frege, es lo mismo que una oración asertiva: «Napoleón III fue el único presidente de la "Segunda república"». [R. E. y L. P.].

203. Me parece que hasta ahora no se ha distinguido suficientemente entre pensamiento y juicio. Tal vez el lenguaje nos induce a esta omisión. En la oración asertiva no tenemos una parte especial de la oración que corresponda a la aserción, sino que el hecho de

3. la manifestación de este juicio –el aseverar– (*Behaupten*).

Al formar una oración interrogativa completa, hemos realizado ya el primer acto. El progreso de la ciencia suele ocurrir así: primero se aprehende un pensamiento –más o menos como se lo puede expresar en una oración interrogativa completa (*Satzfrage*)– y luego, una vez terminadas las investigaciones emprendidas, se reconoce que es ver-
63 dadero. En la forma de la oración asertiva expresamos el reconocimiento de la verdad. Para eso no necesitamos usar la palabra «verdadero». E incluso cuando la empleamos, la fuerza propiamente asertiva (*die eigentlich behauptende Kraft*) no radica en ella, sino en la forma de la oración asertiva y, cuando esta pierde su fuerza asertiva, la palabra «verdadero» tampoco es capaz de restituírsela. Esto sucede cuando no hablamos en serio. Tal como el trueno en el teatro es solo trueno aparente y la lucha en el escenario es solo apariencia de lucha, así también la aserción en escena es solo aserción aparente. Es solo juego, solo poesía. En su papel el actor no asevera nada ni tampoco miente, ni siquiera al decir algo de cuya falsedad está convencido. En la poesía tenemos el caso de la expresión de pensamientos sin que en realidad se los presente como verdaderos, a pesar de la forma de la oración asertiva y aun cuando el auditor se sienta inclinado a emitir un juicio de aprobación. En consecuencia, también ante lo que se muestra formalmente como una oración asertiva hay

aseverar algo radica en la forma de la oración asertiva. En alemán tenemos la ventaja de que la oración principal y la subordinada se distinguen por el orden de las palabras. [En alemán, en la oración principal el verbo ocupa siempre el segundo lugar sintáctico, en la subordinada en cambio va al final]. [A. G-L.]. Sin embargo, hay que tener en cuenta que una oración subordinada también puede incluir una aserción y que, a menudo, ni la principal sola, ni la subordinada sola, sino solo la oración compuesta expresa un pensamiento completo. [Nota de Frege].

que preguntarse si realmente contiene una aserción o no. La respuesta debe ser negativa cuando falta la seriedad requerida. Que en estos casos se use o no la palabra «verdadero» es irrelevante. Así se explica por qué parece que no se agrega nada a un pensamiento al añadirle la propiedad de la verdad.

Una oración asertiva, además de un pensamiento y de la aserción, contiene a menudo un tercer elemento al que no se extiende la aserción. Este está no pocas veces destinado a actuar sobre los sentimientos, el estado de ánimo del auditor o a estimular su imaginación. Las expresiones tales como «lamentablemente», «a Dios gracias» pertenecen a este grupo. Estos componentes de la oración se destacan con fuerza en la poesía, pero raramente están completamente ausentes de la prosa. En las exposiciones de matemática, física, química serán más escasas que en las de historia. Lo que se suele llamar ciencia del espíritu está más cerca de la poesía y es por eso menos científico que las ciencias rigurosas, que son tanto más áridas cuanto más rigurosas, pues la ciencia rigurosa está orientada hacia la verdad y solo hacia la verdad. Todos los componentes de la oración a los que no se extiende la fuerza asertiva no pertenecen a la exposición científica, aunque a veces es difícil que prescinda de ellos incluso quien ve el peligro que implican. Donde lo que interesa es acercarse por el camino del presentimiento a lo no captable racionalmente, estos componentes tienen plena justificación. Cuanto más rigurosamente científica es una exposición, tanto menos se notará la nacionalidad de su autor, tanto más fácil será de traducir. Por el contrario, los componentes del lenguaje sobre los que quiero llamar aquí la atención dificultan mucho la traducción de poesías, más aún, hacen casi imposible una traducción perfecta, pues en estos elementos radica en gran medida el valor poético y, justamente, en ellos se diferencian en mayor medida las lenguas.

El que yo use la palabra «caballo» o «corcel» o «rocín» o «penco» no introduce diferencia alguna en el pensamiento. La fuerza asertiva no se extiende a la diferencia que hay entre estas palabras. Lo que se puede llamar talante, aroma, iluminación en un poema, y que es dibujado por la entonación y el ritmo, no pertenece al pensamiento.

64 Algunos recursos del lenguaje sirven para facilitarle al auditor la captación, por ejemplo, el destacar un miembro de la oración acentuándolo o poniéndolo en un determinado lugar. Piénsese también en palabras tales como «aún» y «ya». Con la oración «Alfredo no ha llegado aún» se dice, en rigor, «Alfredo no ha llegado» y se insinúa que se espera su llegada; pero solo se insinúa. No se puede decir que el sentido de la oración es falso porque no se espera su llegada. La palabra «pero» se diferencia de «y» en que con ella se insinúa que lo siguiente está en oposición a lo que cabría esperar después de lo anteriormente dicho. Hacer estas señas al hablar no produce diferencia alguna en el pensamiento. Se puede transformar una oración al cambiar el verbo de la voz activa a la pasiva y al hacer del objeto en acusativo un sujeto[204]. Igualmente se puede cambiar el dativo en nominativo[205] reemplazando a la vez «dar» por «recibir». Es cierto que estas transformaciones no son del todo indiferentes, pero no afectan al pensamiento, no afectan aquello que es verdadero o falso. Si se admitiera en general que tales transformaciones son improcedentes, se obstrui-

204. Es decir, en castellano, el transformar el objeto directo en sujeto de la oración, como, por ejemplo, en la transformación de: «El gobierno francés promueve duras sanciones contra la piratería» a «duras sanciones contra la piratería son promovidas por el gobierno francés». [R. E. y L. P.].

205. Es decir, transformar el objeto indirecto en sujeto gramatical. [R. E. y L. P.].

ría toda investigación lógica de mayor profundidad[206]. Tan importante como evitar distinciones que no tocan el núcleo del asunto, es hacer distinciones que se refieren a lo esencial. Qué sea, empero, lo esencial, es algo que depende del fin que se persiga. A una mente orientada hacia lo hermoso en el lenguaje le puede parecer importante, justamente, aquello que para el lógico es indiferente.

De este modo, el contenido de una oración sobrepasa no pocas veces el pensamiento expresado en ella. Pero también se da a menudo lo contrario, es decir, que las palabras textuales que pueden fijarse por escrito o mediante un fonógrafo, son insuficientes para expresar el pensamiento. El tiempo presente del verbo se usa de dos maneras: por una parte, para hacer una indicación temporal y, por otra, para eliminar toda restricción temporal, cuando la intemporalidad o la eternidad es un componente del pensamiento. Piénsese por ejemplo en las leyes de la matemática. Cuál de los dos casos tiene lugar, es algo que no se expresa sino que debe ser adivinado. Cuando hay que hacer una indicación temporal con el presente del verbo, se debe saber cuándo fue enunciada la oración a fin de captar correctamente el pensamiento. Por lo tanto, la determinación del tiempo en que se habla es parte de la expresión del pensamiento. Cuando alguien quiere decir hoy lo mismo que expresó ayer empleando la palabra «hoy», reemplazará esta palabra por «ayer». Aunque el pensamiento es el mismo, la expresión verbal debe cambiar para neutralizar el cambio de sentido que se produciría debido a que el tiempo en que se habla es diferente. El asunto es semejante cuando se trata de palabras tales como «aquí» y «ahí». En todos estos casos, las meras palabras textuales que pueden fijarse por escrito no son expresión completa del pensamiento, sino

206. Cf. Frege (1892b) p. 196 n. 7. Frege (1892b) p.100 n.102. [R. E. y L. P.].

que para que este sea captado correctamente se requiere el conocimiento de ciertas circunstancias que acompañan al acto de hablar y que son empleadas como medios para expresar el pensamiento. Entre estas, están también las indicaciones con el dedo, los movimientos de las manos, las miradas. Las mismas palabras textuales que contengan la palabra «yo» expresarán en boca de diferentes personas pensamientos diferentes, de los cuales unos pueden ser verdaderos y otros falsos.

65 La presencia de la palabra «yo» en una oración da pie a algunas preguntas.

Supongamos el siguiente caso: el Dr. Gustav Lauben dice: «Yo he sido herido». Leo Peter oye esto y narra después de unos días: «El Dr. Gustav Lauben ha sido herido». ¿Expresa esta oración el mismo pensamiento que el Dr. Lauben enunciara personalmente? Supongamos que Rudolf Lingens estuvo presente cuando habló el Dr. Lauben y que ahora escucha lo que relata Leo Peter. Si tanto el Dr. Lauben como Leo Peter enuncian el mismo pensamiento, Rudolf Lingens, quien domina perfectamente el alemán y recuerda lo que el Dr. Lauben dijo en su presencia, tiene que saber, en cuanto oye el relato de Leo Peter, que se habla del mismo asunto. Pero el conocimiento de la lengua alemana no basta cuando se trata de nombres propios. Puede fácilmente ocurrir que solo pocas personas asocien un pensamiento determinado con la oración «el Dr. Lauben ha sido herido». Para una comprensión completa se requiere en este caso el conocimiento de los vocablos «el Dr. Gustav Lauben». Si ambos, Leo Peter y Rudolf Lingens, por «el Dr. Gustav Lauben» entienden el médico que vive, como único médico, en una casa que ambos conocen, ambos entenderán del mismo modo la oración «El Dr. Gustav Lauben ha sido herido», ambos asociarán a ella el mismo pensamiento. Pero es también posible que Rudolf Lingens no conozca personalmente al Dr. Lauben y que no sepa que fue precisamente el Dr. Lauben quien dijo hace poco: «yo he sido herido». En este caso, Rudolf Lingens no puede saber que se trata del mismo asunto. Por esto digo en este caso: el pensamiento que Leo Peter proclama no es el mismo que expresó el Dr. Lauben.

Supongamos, además, que Herbert Garner sabe que el Dr. Gustav Lauben nació el 13 de septiembre de 1875 en N.N. y que esto no vale de ninguna otra persona; ignora, por el contrario, dónde vive ahora el Dr. Lauben y todo otro dato referente a él. Por otra parte, Leo Peter no sabe que el Dr. Gustav Lauben nació el 13 de septiembre de 1875 en N. N. En consecuencia Leo Peter y Herbert Garner, por lo que respecta al nombre propio «Dr. Gustav Lauben» no hablan el mismo lenguaje, aunque de hecho designen al mismo hombre con este nombre, pues no saben que es eso lo que hacen. Herbert Garner no asocia por lo tanto a la oración «el Dr. Gustav Lauben ha sido herido» el mismo pensamiento que Leo Peter quiere expresar con ella. Para obviar el inconveniente que consiste en que Herbert Garner y Leo Peter no hablan el mismo lenguaje, supondré que Leo Peter emplea el nombre propio «Dr. Lauben» y Herbert Garner en cambio el nombre propio «Gustav Lauben». Es entonces posible que Herbert Garner estime verdadero el sentido de la oración «el Dr. Lauben ha sido herido» mientras estima falso, engañado por ciertas noticias falsas, el sentido de la oración «Gustav Lauben ha sido herido». Dadas las suposiciones que hemos hecho, estos pensamientos son, en consecuencia, diferentes.

De aquí se sigue que, en el caso de un nombre propio, lo que interesa es cómo se da el, la o lo <que es> designado
por él. Esto puede suceder de diversos modos, y a cada uno 66
de estos modos corresponde un sentido particular de una oración que contiene ese nombre propio. Los diferentes pensamientos que surgen así de la misma oración coinciden (*übereinstimmen*), por cierto, en su valor de verdad, es decir,

cuando uno de ellos es verdadero, son todos verdaderos y cuando uno de ellos es falso, son todos falsos. Sin embargo, hay que admitir que son diferentes. Se debe exigir, entonces, que a cada nombre propio se asocie una sola manera de darse el, la o lo designado por él. Que se satisfaga esta exigencia es a menudo irrelevante, pero no siempre.

Cada persona está dada a sí misma de una manera particular y originaria, como él no le está dada a ninguna otra persona. Si el Dr. Lauben piensa que ha sido herido, probablemente tomará como base para ello esta manera originaria de estar dado a sí mismo. Y el pensamiento así determinado solo lo podrá captar el Dr. Lauben. Pero el querría comunicarlo a otros. Un pensamiento que solo él puede captar no lo podrá comunicar. Por eso, cuando dice «yo he sido herido», debe emplear la palabra «yo» en un sentido que pueda ser captado también por otros, aproximadamente en el sentido de «aquel que en este instante les habla», poniendo al servicio de la expresión del pensamiento todas las circunstancias que acompañan su hablar[207].

Pero aquí surge una duda ¿El pensamiento expresado antes por esa y luego por esta persona es el mismo?

Una persona que aún no ha sido tocada por la filosofía conoce en primer lugar cosas que puede ver y tocar, en una

---

207. No estoy aquí en la privilegiada situación del mineralogista que muestra a sus auditores un cristal de roca. No puedo poner en manos de mis lectores un pensamiento, solicitándoles que lo observen cuidadosamente por todos lados. Debo contentarme con ofrecer al lector el pensamiento, que en sí no es sensible, encubierto por la forma lingüística sensible. Al hacerlo, el carácter figurativo del lenguaje produce ciertas dificultades. Lo sensible vuelve una y otra vez a irrumpir y hace de la expresión algo figurado y por tanto impropio. Surge así una lucha con el lenguaje y me veo forzado a seguir ocupándome del lenguaje aunque esto no es aquí mi tarea específica. Ojalá haya logrado aclarar a mis lectores lo que quiero llamar pensamiento. [Nota de Frege].

palabra, que puede percibir por los sentidos, por ejemplo árboles, piedras, casas; además, está convencido de que otro individuo puede ver y tocar el mismo árbol, la misma piedra que él mismo ve y toca. Es evidente que un pensamiento no pertenece a este grupo de cosas. A pesar de esto ¿puede un mismo pensamiento presentarse a diferentes personas como lo hace un árbol?

También el no filósofo se ve pronto forzado a aceptar un mundo interior diferente del mundo exterior, un mundo de las impresiones sensibles, de las creaciones de su imaginación, de las sensaciones, de los sentimientos y estados de ánimo, un mundo de las tendencias, deseos y decisiones. Para expresarme con brevedad, reuniré todo esto, salvo las decisiones, bajo la palabra «representación» (*Vorstellung*).

¿Pertenecen los pensamientos a este mundo interior? ¿Son representaciones? Decisiones, ciertamente, no son.

¿En qué se diferencian las representaciones y las cosas 67
del mundo externo?

Primero: Las representaciones no pueden ser vistas ni palpadas, no pueden ser olidas ni degustadas ni oídas.

Doy un paseo con un acompañante. Veo un prado verde: tengo la impresión visual de lo verde. La tengo, pero no la veo.

Segundo: Las representaciones se poseen. Se tienen sensaciones, sentimientos, estados de ánimo, tendencias, deseos. Una representación que alguien posee pertenece al contenido de su conciencia.

El prado y las ranas sobre él, el sol que lo ilumina, están allí, independientemente de que yo los mire o no; en cambio la impresión sensorial que tengo de lo verde existe sólo por mí; yo soy su portador. Nos parece absurdo que un dolor, un estado de ánimo, un deseo vague por el mundo por sí solo y sin un portador. Una sensación no es posible sin alguien que sienta. El mundo interior supone <que hay> alguien de quien él es mundo interior.

Tercero: Las representaciones requieren de un portador. Las cosas del mundo externo son, comparadas con ellas, independientes.

Mi acompañante y yo estamos convencidos de que ambos vemos el mismo prado, pero cada uno de nosotros tiene su propia impresión sensorial de lo verde. Diviso una fresa entre las hojas verdes de la planta. Mi acompañante no la encuentra; es daltónico. La impresión cromática que recibe de la fresa no se diferencia casi de la que recibe de la hoja. ¿Ve mi acompañante la hoja verde, roja o ve el fruto rojo, verde? ¿O ve acaso ambas cosas de un color que yo no conozco en absoluto? Estas preguntas no se pueden responder; en rigor, carecen de sentido, pues la palabra «rojo», cuando designa no una propiedad de las cosas, sino impresiones sensoriales que pertenecen a mi conciencia, solo tiene aplicación dentro del ámbito de mi conciencia; en efecto, es imposible comparar mi impresión sensorial con la de otro. Para lograrlo, habría que reunir en una misma conciencia una impresión sensorial que pertenece a una conciencia y una impresión sensorial que pertenece a otra. Incluso, aunque fuese posible hacer desaparecer una representación de una conciencia y a la vez hacer aparecer una representación en otra conciencia, quedaría siempre sin responder la pregunta de si acaso se trata de la misma representación. Ser contenido de mi conciencia pertenece a tal punto a la esencia de cada una de mis representaciones, que cada representación de otra persona, justamente por serlo, es diferente de la mía. ¿No sería, empero, posible que mis representaciones, todo el contenido de mi conciencia, estuviesen a la vez contenidas dentro de una conciencia más amplia, tal vez divina? Sí, pero solamente si yo mismo fuese parte del ser divino. Pero ¿serían entonces propiamente representaciones mías? ¿Sería yo su portador?

Todo esto sobrepasa tanto los límites del conocimiento humano que se impone dejar esta posibilidad fuera de nuestra consideración. En todo caso a nosotros los hombres nos es imposible comparar representaciones ajenas con las propias. Cojo la fresa: la sostengo entre los dedos. Ahora la ve también 68
mi acompañante, es la misma fresa, pero cada uno de nosotros tiene su propia representación. Ninguna otra persona tiene mi representación, pero muchas pueden ver la misma cosa. Ningún otro tiene mi dolor. Alguien puede compadecerse, pero mi dolor me sigue perteneciendo a mí y su compasión a él. Él no tiene mi dolor y yo no tengo su compasión.

Cuarto: cada representación tiene solo un portador, dos personas no tienen la misma representación.

De lo contrario, existiría independientemente de este e independientemente de aquel. ¿Es ese tilo representación mía? Al emplear en esta pregunta la expresión «ese tilo» me anticipo ya a la respuesta, pues con esa expresión quiero designar algo que veo y que también otros pueden contemplar y palpar. Ahora hay dos posibilidades. Si se cumple mi intención (*Absicht*), si designo algo con la expresión «ese tilo», entonces es claro que se debe negar el pensamiento expresado en la oración «ese tilo es representación mía». Pero si fallo en mi intención (*Absicht*), si solo creo ver sin ver realmente, si, en consecuencia, la designación «ese tilo» es vacía, entonces, sin saberlo ni quererlo me he extraviado en el terreno de la poesía. En este caso ni el contenido de la oración «ese tilo es representación mía», ni el contenido de la oración «ese tilo no es representación mía», es verdadero, pues en ambos casos tengo una predicación a la cual le falta el objeto. Solo cabe entonces declinar responder a la pregunta, dando como razón que el contenido de la oración «ese tilo es representación mía» es poesía. Por cierto que tengo en ese momento una representación, pero no es ella lo que miento con las palabras «ese tilo». Sin embargo alguien podría querer designar con las palabras «ese tilo» una de sus representaciones, él sería entonces el portador de aquello que quiere designar con dichas palabras, pero entonces él no vería ese tilo y ningún otro individuo lo vería ni sería su portador.

Vuelvo ahora a la pregunta ¿es el pensamiento una representación? Si el pensamiento que expreso en el teorema de Pitágoras puede ser reconocido como verdadero tanto por mí como por otras personas, se sigue que no pertenece al contenido de mi conciencia, que no soy su portador y que, sin embargo, lo puedo reconocer como verdadero. Pero si no es en absoluto el mismo pensamiento el que yo y otro individuo reconocemos como contenido del teorema de Pitágoras, entonces no se debería decir «el teorema de Pitágoras», sino «mi teorema de Pitágoras», «su teorema de Pitágoras» y estos serían diferentes, pues el sentido pertenece necesariamente al teorema. Entonces mi pensamiento puede ser contenido de mi conciencia, su pensamiento contenido de su conciencia. ¿Podría en este caso ser verdadero el sentido de mi teorema de Pitágoras, falso el de su teorema de Pitágoras? He dicho que la palabra «rojo» solo es aplicable dentro del ámbito de mi conciencia, siempre que designe no una propiedad de las cosas sino algunas de mis impresiones sensoriales. Así también las palabras «verdadero» y «falso», tal como yo las entiendo, podrían ser aplicables solo dentro del ámbito de mi
69 conciencia, siempre que no se refieran a algo cuyo portador yo no soy, sino que estén destinadas a caracterizar de algún modo ciertos contenidos de mi conciencia. En este caso, la verdad estaría limitada al contenido de mi conciencia y quedaría en la duda si algo semejante ocurre en la conciencia de otras personas.

Si todo pensamiento requiere de un portador a cuyos contenidos de conciencia pertenece, cada pensamiento será entonces de un portador único y no habrá una ciencia común, en la cual muchos puedan colaborar, sino que yo tendré tal vez mi ciencia, es decir, un todo de pensamientos cuyo portador soy, otro poseerá la suya. Cada uno de nosotros se ocupa de contenidos de su conciencia. Una contradicción entre ambas ciencias, por lo tanto, es imposible, y ocioso es también disputar sobre la verdad, tan ocioso y ridículo como sería el que dos personas disputaran acerca de si un billete de cien marcos es auténtico, refiriéndose cada cual al billete que tiene en su bolsillo y entendiendo cada uno la palabra «auténtico» a su manera. Cuando alguien considera que los pensamientos son representaciones, lo que reconoce con esto como verdadero es, según su propia opinión, contenido de su conciencia y no le concierne, en rigor, a ninguna otra persona. Y si me oyera opinar que el pensamiento no es una representación, no podría impugnar esto, pues a su vez esto no le concerniría a él.

El resultado parece ser el siguiente: los pensamientos no son ni cosas del mundo exterior ni representaciones.

Hay que reconocer un tercer dominio (*Reich*). Lo que a este pertenece coincide (*übereinstimmen*) con las representaciones en que no puede ser percibido por los sentidos, con las cosas, en cambio, coincide en que no requiere de un portador a cuyos contenidos de conciencia pertenezca. Por lo tanto, el pensamiento que expresamos, por ejemplo, en el teorema de Pitágoras, es intemporalmente verdadero, verdadero independientemente de que alguien lo estime verdadero o no. No requiere de un portador. Es verdadero, pero no desde que fue descubierto, al igual que un planeta que antes de haber sido visto por alguien estaba ya en interacción con otros planetas[208].

---

208. Uno ve una cosa, tiene una representación, capta o piensa un pensamiento. Cuando uno capta o piensa un pensamiento, no lo crea sino que entra en una cierta relación con este pensamiento que

Pero me parece oír una extraña objeción. He dado varias veces por supuesto que la misma cosa que veo puede ser observada también por otra persona. ¿Qué ocurre empero, si todo es un sueño? Si me limité a soñar mi paseo en compañía de otro, si solo soñé que mi acompañante y yo veíamos el prado verde, si todo esto fue solo una pieza de teatro representada en el escenario de mi conciencia; entonces sería dudoso si hay o no cosas del mundo exterior. Tal vez el dominio (*Reich*) de las cosas es algo vacío y no veo cosas ni seres humanos, sino que tengo quizá sólo representaciones, cuyo portador soy yo mismo. Algo que, al igual que mi sensación de fatiga, no puede existir independientemente de mí, una representación no puede ser una persona, no puede
70 contemplar junto conmigo el mismo prado, no puede ver la fresa que sostengo. Que yo posea, en lugar de todo el mundo circundante en que creía moverme y actuar, solamente mi propio mundo interior, es completamente increíble. Y sin embargo es la consecuencia inevitable del principio (*Satz*) de que solo puede ser objeto de mi consideración lo que es representación mía. ¿Qué se seguiría de este principio (*Satz*) si fuese verdadero? ¿Habría otros seres humanos? Posiblemente, pero de ellos yo no sabría nada, pues un ser humano no puede ser representación mía; en consecuencia, si nuestra oración fuera verdadera, esa persona tampoco puede ser objeto de mi consideración. Con ello se le sustrae la base a todas las consideraciones en que supuse que algo podría ser objeto para otra persona tal como lo es para mí, pues incluso aunque esto sucediera, yo no tendría conocimiento de ello. Me sería imposible distinguir aquello cuyo portador soy de aquello cuyo portador no soy. Al juzgar que algo no es representación mía, lo he convertido ya en objeto

---

existía ya antes, relación que es distinta de la relación de ver una cosa o de tener una representación. [Nota de Frege].

de mi pensar y por lo tanto en representación mía. ¿Hay en esta interpretación un prado verde? Tal vez, pero no sería visible para mí. Si un prado no es una representación mía, no puede, de acuerdo con nuestro principio (*Satz*), ser objeto de mi consideración. Si, en cambio, es representación mía, es invisible, pues las representaciones no son visibles. Puedo, en efecto, tener la representación de un prado verde, pero esta no es verde, porque no hay representaciones verdes. ¿Existe, según esta posición, un proyectil de 100 kg. de peso? Tal vez, pero yo no podría saber nada de él. Si un proyectil no es representación mía, no puede, de acuerdo con nuestro principio (*Satz*), ser objeto de mi consideración, de mi pensar. Si un proyectil, en cambio, fuese representación mía, no tendría peso. Puedo tener una representación de un proyectil pesado, esta contiene, como representación parcial, la del peso. Esta representación parcial no es, empero, propiedad (*Eigenschaft*) de la representación total, tal como Alemania no es propiedad de Europa. De aquí se sigue:

O bien es falso el principio (*Satz*) de que solo puede ser objeto de mi consideración lo que es representación mía, o bien todo mi saber y conocer se limita al ámbito de mis representaciones, al escenario de mi conciencia. En este caso, yo tendría solamente un mundo interior y no sabría nada de otros seres humanos.

En este tipo de reflexiones es sorprendente ver cómo se salta de un extremo a otro y viceversa. Tomemos, por ejemplo, el caso de un especialista en fisiología de los sentidos. Como corresponde a un investigador científico, está bastante lejos de considerar representaciones las cosas que está convencido que ve y palpa. Por el contrario, cree que las impresiones de los sentidos son el testimonio más seguro de que hay cosas que existen con plena independencia de sus sentimientos, representaciones y pensamientos (*Denken*), que no requieren de su conciencia. Está tan lejos de admitir que

las fibras nerviosas y las células de los ganglios son el contenido de su conciencia, que se inclina más bien a considerar su conciencia como dependiente de las fibras nerviosas y de las células de los ganglios. Constata que los rayos luminosos refractados en el ojo alcanzan los terminales del nervio óptico y producen allí una alteración, un estímulo. Algo de eso es transmitido por las fibras nerviosas a las células de los ganglios. A esto se unen, tal vez, otros procesos en el sistema
71 nervioso y surgen percepciones cromáticas que se unen para formar lo que tal vez podemos llamar la representación de un árbol. Entre el árbol y mi representación se interponen procesos físicos, químicos y fisiológicos. Sin embargo, en conexión inmediata con mi conciencia parece haber solo procesos de mi sistema nervioso y cada espectador del árbol tiene sus propios procesos en su propio sistema nervioso. Ahora bien, los rayos de luz pueden ser reflejados por un espejo antes de penetrar en mi ojo, esparciéndose como si proviniesen de un lugar detrás del espejo. Los efectos sobre los nervios ópticos y todos los procesos siguientes ocurrirán tal como habrían ocurrido si los rayos de luz hubieran partido de un árbol situado detrás del espejo, siendo transmitidos sin obstáculos hasta llegar al ojo. Por último, de esta manera puede también llegar a producirse una representación de un árbol incluso cuando ese árbol no existe. También por la refracción de la luz puede originarse una representación a través de la mediación del ojo y del sistema nervioso a la que no corresponde absolutamente nada. El estímulo del nervio óptico no necesita provenir en absoluto de la luz. Cuando cae un rayo en la cercanía creemos ver llamas, incluso cuando no logramos ver el relámpago mismo. El nervio óptico es estimulado por corrientes eléctricas que surgen en nuestro cuerpo como consecuencia del rayo. Cuando el nervio óptico es estimulado de manera semejante a como sería estimulado por los rayos de luz que provienen de las

llamas, creemos ver llamas. Todo depende justamente del estímulo de los nervios ópticos, indiferente es, en cambio, cómo se produzca dicho estímulo.

Podemos dar un paso más. En rigor, el estímulo del nervio óptico no está dado directamente, sino que es solo una suposición. Creemos que una cosa independiente de nosotros estimula un nervio y produce así una impresión sensorial; pero en sentido estricto experimentamos solamente el fin de este proceso que penetra hasta nuestra conciencia. ¿Esta impresión sensorial, esta percepción que reducimos a un estímulo nervioso, no podría tener acaso otras causas, puesto que el mismo estímulo puede surgir de diversas maneras? Si llamamos representación a lo que cae dentro de nuestra conciencia, entonces experimentamos en rigor solo representaciones y no sus causas. Y cuando el investigador quiere excluir todo lo que es mera suposición, le restan solo representaciones. Todo se le disuelve en representaciones, incluso los rayos de luz, las fibras nerviosas y las células de los ganglios que constituyeron su punto de partida. De este modo socava por último los fundamentos de su propio edificio. ¿Es todo representación? ¿Requiere todo de un portador sin el cual carece de existencia? Me he considerado como portador de mis representaciones, pero ¿no soy yo mismo una representación? Me siento como si estuviera tendido en un diván, como si viera la punta de un par de botines lustrados, la parte delantera de un pantalón, un chaleco, botones; partes de una chaqueta, especialmente mangas, dos manos, algo del pelo de una barba, contornos difusos de una nariz. ¿Soy yo mismo este conjunto de impresiones visuales, esta representación total? También me parece como si viera allí una silla. Es una representación. En rigor no me diferencio mucho de ella pues ¿no soy también yo un conjunto de 72
impresiones sensoriales, una representación? Pero ¿dónde está el portador de estas representaciones? ¿Cómo logro

aislar una de estas representaciones para hacerla portadora de las demás? ¿Por qué tiene que ser esta la representación que me place llamar *yo*? ¿No podría con igual razón escoger para eso la representación que estoy tentado de llamar silla? ¿Con qué fin hablar de un portador de las representaciones? Este sería siempre algo esencialmente diverso de las meras representaciones portadas, algo independiente que no requeriría de un portador extraño. Si todo es representación, no existe ningún portador de las representaciones. Y así experimento nuevamente un salto al extremo opuesto. Si no existe un portador de las representaciones, no hay tampoco representaciones, pues estas requieren de un portador sin el cual no pueden existir. Si no hay un monarca tampoco hay súbditos. La dependencia que me sentí inclinado a atribuir a la percepción frente al perceptor desaparece si ya no hay un portador. Lo que llamé representaciones son entonces objetos independientes. El asignarle un lugar especial a aquel objeto que yo llamo *yo* es algo que carece de todo fundamento.

Pero ¿es eso posible? ¿Puede darse una experiencia sin alguien que la experimente? ¿Qué sería toda esta pieza teatral sin un espectador? ¿Puede haber dolor sin alguien que lo tenga? El dolor requiere necesariamente ser percibido y el ser percibido requiere a su vez de alguien que perciba. Pero entonces hay algo que no es una representación mía y que sin embargo puede ser objeto de mi consideración, de mi pensar; yo soy de esta especie. ¿O acaso puedo yo ser parte del contenido de mi conciencia, mientras otra parte es quizá una representación de la luna? ¿Ocurre más o menos esto cuando juzgo que estoy mirando la luna? En este caso la primera parte tendría una conciencia y una parte del contenido de esta conciencia sería nuevamente yo, etc. Que yo esté encajonado dentro de mí mismo hasta el infinito es, por cierto, inconcebible, pues no habría entonces un solo yo, sino una cantidad infinita de yoes. Yo no soy mi propia representación y, cuando afirmo algo de mí mismo, por ejemplo, que en este instante no siento ningún dolor, mi juicio se refiere a algo que no es contenido de mi conciencia, que no es representación mía: a mí mismo. En consecuencia, aquello de lo cual predico algo no es necesariamente representación mía. Sin embargo alguien podría objetar: cuando pienso que en este instante yo no tengo ningún dolor ¿no corresponde acaso a la palabra «yo» algo del contenido de mi conciencia, y no es eso una representación? Puede ser. A la representación de la palabra «yo» puede ir ligada en mi conciencia una cierta representación. Pero, en este caso, es una representación junto a otras representaciones y yo soy su portador, tal como soy el portador de las otras representaciones. Yo tengo una representación de mí mismo, pero yo no soy esa representación. Hay que distinguir rigurosamente entre lo que es contenido de mi conciencia, representación mía y lo que es objeto de mi pensar. Por lo tanto, es falsa la afirmación de que solo puede ser objeto de mi consideración, de mi pensar, lo que pertenece al contenido de mi conciencia.

Ahora está libre el camino para que yo pueda reconocer a 73
otro ser humano como portador independiente de representaciones. Tengo una representación de él, pero no la confundo con él mismo. Y cuando predico algo de mi hermano, no lo digo de la representación que tengo de mi hermano.

El enfermo que tiene un dolor es portador de ese dolor; el médico que reflexiona sobre la causa de ese dolor, no es portador del dolor. No se le pasa por la mente pensar que puede aplacar el dolor del enfermo anestesiándose a sí mismo. Al dolor del enfermo puede corresponder, por cierto, una representación en la conciencia del médico, pero esta representación no es ni el dolor ni lo que el médico se esfuerza por eliminar. Supongamos que el médico llama a otro médico. Ahora hay que distinguir: primero, el dolor cuyo portador es el enfermo; segundo, la representación que tiene el primer médico de este dolor; tercero, la representación que el segundo médico tiene de este dolor. Esta representación pertenece al contenido de la conciencia del segundo médico, pero no es objeto de su reflexión, tal vez es una ayuda para reflexionar tal como puede serlo un dibujo. Ambos médicos tienen como objeto común el dolor del enfermo, cuyo portador no son ellos. De esto hay que colegir que no solo una cosa, sino también una representación, puede ser objeto común del pensar de individuos que no poseen dicha representación.

Me parece que de esta manera el asunto se torna comprensible. Si el ser humano no pudiera pensar ni pudiera tomar como objeto de su pensar algo cuyo portador no es él, poseería un mundo interior, pero no un mundo circundante. Pero ¿no puede estar basado esto en un error? Estoy convencido de que a la representación que asocio con las palabras «mi hermano» corresponde algo que no es representación mía y de lo cual puedo predicar algo. Pero ¿no me puedo equivocar en esto? Hay errores de esta especie. Caemos entonces contra nuestra intención (*Absicht*) en la poesía. ¡Por cierto! Con el paso con el que conquisto para mí un mundo circundante, me expongo al peligro del error. Aquí me encuentro con otra diferencia entre mi mundo interior y el mundo exterior. Que poseo la impresión visual del verde no puedo dudarlo; que veo en cambio una hoja de tilo, no es tan seguro. En oposición a opiniones muy difundidas, encontramos así seguridad en el mundo interior, mientras que en nuestras excursiones al mundo exterior la duda no nos abandona nunca del todo. Sin embargo, en muchos casos la probabilidad casi no se puede distinguir aquí de la certeza, de modo que podemos atrevernos a juzgar sobre las cosas del mundo exterior. Debemos atrevernos a hacerlo, incluso con riesgo de errar, si no queremos sucumbir ante peligros mucho mayores.

Como resultado de las últimas consideraciones constato lo siguiente: no todo lo que puede ser objeto de mi conocimiento es representación. Yo mismo, como portador de representaciones, no soy una representación. Nada impide ahora reconocer también a otros hombres como portadores de representaciones, al igual que yo. Y cuando ya está dada la posibilidad, es muy grande la probabilidad, tan grande, que 74
para mi concepción ya no se distingue de la certeza. ¿Habría, de lo contrario, ciencia de la historia? ¿No quedarían anulados todos los deberes, todos los derechos? ¿Qué quedaría de la religión? También a las ciencias naturales habría que catalogarlas como poesía, igual que a la astrología y a la alquimia. En consecuencia, las reflexiones precedentes que suponían que fuera de mí hay seres humanos que pueden hacer objeto de su consideración, de su pensar, lo mismo que yo, permanecen esencialmente intactas en su fuerza.

No todo es representación. Puedo, de esta manera, reconocer también como independiente de mí el pensamiento que otros seres humanos pueden captar al igual que yo. Puedo admitir una ciencia en la cual muchos pueden estar investigando. No somos portadores de los pensamientos al modo como somos portadores de nuestras representaciones. No tenemos un pensamiento como tenemos una impresión sensorial; tampoco vemos un pensamiento como vemos una estrella. Por eso es aconsejable elegir aquí una expresión especial y como tal se nos ofrece la palabra «captar» (*fassen*). A la captación[209] de los pensamientos debe corresponder una facultad mental especial, la capacidad de pensar. Al pensar, no producimos los pensamientos, sino que los captamos, pues

---

209. La expresión «captar» es tan figurativa como «contenido de conciencia». La esencia del lenguaje no permite otra cosa. Lo que sostengo en la mano puede ser visto como contenido de la mano, pero lo es de un modo radicalmente distinto y mucho más ajeno a ella que los huesos, los músculos de que consta y sus tendones. [Nota de Frege].

lo que he llamado pensamiento está en íntima interconexión con la verdad. Aquello que reconozco como verdadero, de lo que juzgo que es verdadero con total independencia de mi reconocimiento de su verdad, es también independiente de que yo lo piense. Para que un pensamiento sea verdadero, no se requiere que sea pensado. «¡Hechos! ¡Hechos! ¡Hechos!» clama el científico cuando quiere enfatizar la necesidad de un fundamento seguro para la ciencia. ¿Qué es un hecho? Un hecho es un pensamiento que es verdadero. Pero, como fundamento seguro de la ciencia, el investigador ciertamente no admitirá algo que depende de la conciencia cambiante de los hombres. El trabajo de la ciencia no consiste en crear, sino en descubrir pensamientos verdaderos. El astrónomo puede aplicar una verdad matemática al investigar acontecimientos de un pasado remoto, que tuvieron lugar cuando, al menos en la tierra, nadie había reconocido todavía esa verdad. Puede hacerlo porque la verdad de un pensamiento es intemporal. En consecuencia, esa verdad no puede haber surgido en el momento de su descubrimiento.

No todo es representación. De lo contrario, la psicología incluiría todas las ciencias o sería, por lo menos, el juez supremo de todas las ciencias. De lo contrario, la psicología dominaría también a la lógica y a las matemáticas. Pero nada implica un mayor desconocimiento de las matemáticas que el subordinarlas a la psicología. Ni la lógica ni las matemáticas tienen la tarea de investigar la mente y los contenidos de conciencia, cuyo portador es el hombre individual. Se podría, más bien, sostener que su tarea es la investigación del espíritu, del espíritu y no de los espíritus.

75 La captación de los pensamientos supone alguien que capte, alguien que piense. Este es el portador del pensar, pero no de los pensamientos. Si bien el pensamiento no pertenece al contenido de conciencia de quien piensa, en la conciencia debe haber algo que apunte al pensamiento. Esto no debe

ser confundido con el pensamiento mismo. Algol[210] mismo es diferente de la representación que se tiene de Algol.

El pensamiento no pertenece a mi mundo interior como una representación, ni tampoco al mundo externo, al mundo de las cosas sensibles.

Por más que sea forzoso sacar esta conclusión a partir de lo expuesto, probablemente no será aceptada sin resistencia. A más de alguno le parecerá imposible tener noticia de algo que no pertenece a su mundo interior sin que medie la percepción sensible. De hecho, se acepta a menudo la percepción sensible como la más segura o incluso como la única fuente de conocimiento de todo aquello que no pertenece al mundo interior. Pero ¿con qué derecho? Parte necesariamente integrante de la percepción sensible es la impresión sensorial y esta forma parte del mundo interior. La misma impresión no la poseen dos personas, por más que puedan poseer impresiones sensoriales semejantes. Estas impresiones solas no nos abren el mundo exterior. Quizá exista algún ser que solo posea impresiones sensoriales, sin ver ni palpar cosas. El tener impresiones visuales no significa aún ver cosas. ¿Por qué ocurre que veo el árbol justamente allí donde lo veo? Es claro que se debe a las impresiones visuales que tengo y al tipo especial de visiones que se dan por el hecho de que veo con dos ojos. En ambas retinas surge, en sentido físico, una imagen singular. Otra persona ve el árbol en el mismo sitio. También ella posee dos imágenes retinales que son, empero, diferentes de las mías. Tenemos que suponer que estas imágenes retinales juegan un papel determinante en nuestras impresiones. Según esto, no solo no poseemos las mismas impresiones visuales, sino impresiones que difieren marcadamente entre sí. Y, sin embargo, nos movemos en el mismo mundo externo. El tener impresiones visuales es

210. Una estrella en la constelación de Perseo. [A. G-L.].

necesario para ver las cosas, pero no es suficiente. Lo que debe añadirse a eso no es algo sensible. Y es justamente esto lo que nos abre el mundo exterior, pues sin aquello no sensible permanecería cada cual encerrado en su mundo interior. Dado, en consecuencia, que lo decisivo recae en algo no sensible, también allí donde no cooperan las impresiones sensoriales, algo no sensible podría sacarnos del mundo interior y permitirnos captar pensamientos. Además del propio mundo interior, habría que distinguir el mundo exterior de las cosas sensibles propiamente tal y el dominio de aquello que no es perceptible por los sentidos. Para reconocer ambos dominios, necesitamos algo no sensible, pero en el caso de la percepción sensible de las cosas necesitaríamos, además, las impresiones sensoriales que pertenecen completamente al mundo interior. De modo que aquello en que radica fundamentalmente la diferencia entre el modo de darse de una cosa y de un pensamiento es algo que no debe ser asignado a ninguno de estos dominios, sino al mundo interior. Esta diferencia no la encuentro tan grande como para que, debido a ella, pudiera hacerse imposible que se dé un pensamiento que no pertenezca al mundo interior.

76 Ciertamente, un pensamiento no es algo que estemos acostumbrados a llamar real. El mundo de lo real es un mundo en el cual esto actúa sobre aquello, lo cambia, padece a su vez por reacción y sufre él mismo una transformación. Todo esto acontece en el tiempo. Difícilmente admitiremos que lo intemporal e inmutable es real. ¿El pensamiento es mutable o es intemporal? El pensamiento que expresamos con el teorema de Pitágoras es ciertamente intemporal, eterno, inmutable. Pero ¿no hay también pensamientos que hoy son verdaderos y después de medio año son falsos? ¿El pensamiento, por ejemplo, de que ese árbol está cubierto de hojas verdes será con seguridad falso después de medio año? No, pues no es en absoluto el mismo pensamiento. Las palabras

textuales «este árbol está cubierto de hojas verdes» son insuficientes como expresión del pensamiento, pues este implica el tiempo en que se habla. Sin la determinación temporal dada en el hablar, no tenemos un pensamiento completo, es decir, no tenemos en absoluto un pensamiento. Solo la oración completada por una determinación temporal y perfecta (*vollständig*) en todo sentido expresa un pensamiento. Este, a su vez, si es verdadero, es verdadero no solo hoy o mañana, sino intemporalmente. El tiempo presente gramatical en «es verdadero» no apunta en consecuencia al presente del hablante, sino que es, si se me permite la expresión, un tiempo gramatical de la intemporalidad. Si aplicamos la mera forma de la oración asertiva, evitando así la palabra «verdadero», tenemos que distinguir entre la expresión del pensamiento y la aserción. La determinación temporal incluida en la oración pertenece solo a la expresión del pensamiento, en tanto que la verdad, cuyo reconocimiento está presente en la forma de la oración asertiva, es intemporal. Es verdad que las mismas palabras textuales, con el paso del tiempo, pueden llegar a tener otro sentido debido a la mutabilidad del lenguaje, pueden llegar a expresar otro pensamiento: el cambio, sin embargo, afectará solo al aspecto lingüístico.

Y no obstante: ¿qué valor puede tener para nosotros lo eternamente inmutable, lo que no puede experimentar influjo ni ejercerlo sobre nosotros? Algo completamente y en todo sentido inactivo sería también completamente irreal e inexistente para nosotros. Incluso lo intemporal debe estar de algún modo entrelazado con lo temporal, si ha de ser algo para nosotros. ¿Qué sería para mí un pensamiento que nunca fuese captado por mí? Por el hecho de captar un pensamiento, entro en relación con él y él conmigo. Es posible que el mismo pensamiento que pienso hoy no haya sido pensado por mi ayer. Esto elimina, por cierto, la estricta intemporalidad del pensamiento. Nos inclinaremos, sin embargo, a distinguir entre propiedades esenciales y no esenciales y a reconocer algo como intemporal cuando los cambios que experimenta se refieren solo a las propiedades no esenciales. Calificaremos de no esencial a una propiedad de un pensamiento, si ella fluye de o consiste en el hecho de que dicho pensamiento sea captado por un ser pensante.

¿Cómo actúa un pensamiento? Por el hecho de ser captado y considerado verdadero. Esto es un proceso del mundo interior de un ser pensante que puede tener otras consecuencias en ese mundo interior, que puede extenderse al ámbito de la voluntad y hacerse notar también en el mundo exterior. Si capto, por ejemplo, el pensamiento que expresamos mediante el teorema de Pitágoras, esto puede
77 traer consigo que yo lo reconozca como verdadero y que además lo aplique, tomando una decisión que provoque una aceleración de ciertas masas. Nuestras acciones son usualmente preparadas de esta manera por el pensar y el juzgar. Los pensamientos pueden influir así indirectamente sobre movimientos de masas. La acción de un hombre sobre otro es mediada, las más de las veces, por pensamientos. Uno comunica un pensamiento. ¿Cómo ocurre esto? Uno produce ciertos cambios en el mundo externo común que, al ser percibidos por un interlocutor, deben inducirlo a captar un pensamiento y a considerarlo verdadero. ¿Podrían haber ocurrido los grandes acontecimientos de la historia universal prescindiendo de la comunicación de pensamientos? Y, pese a todo, nos sentimos inclinados a estimar irreales los pensamientos, porque parece que no actuaran en los acontecimientos, mientras que pensar, juzgar, expresar, comprender, cualquier acción de este tipo sí que es asunto humano. ¡Qué manera tan distinta de mostrarse como real la de un martillo en comparación con un pensamiento! ¡Qué diferente es el proceso de pasar un martillo comparado con la comunicación de un pensamiento! El martillo sale de un

dominio y llega a otro, es tomado, padece presión y por eso su densidad, la disposición de sus partes, varía en ciertos lugares. No hay nada de esto en el caso del pensamiento. El pensamiento, al ser comunicado, no abandona el dominio de la persona que lo comunica, pues en el fondo el hombre no tiene dominio sobre él. Al ser captado, el pensamiento produce ciertos cambios, primero en el mundo interior del que lo capta; pero en el núcleo de su ser no se ve afectado por esos cambios que experimenta, pues estos se refieren solo a sus propiedades no esenciales. Falta aquí algo que constatamos en todo acontecer natural: la acción recíproca. Los pensamientos no son en absoluto irreales, pero su realidad es de un tipo completamente diferente de la realidad de las cosas. Su acción es desatada por la actuación de quienes piensan; sin lo cual serían inactivos, al menos por lo que alcanzamos a divisar. Sin embargo, quien piensa no los produce, sino que debe tomarlos tal como son. Pueden ser verdaderos sin ser captados por un individuo pensante y, en ese caso, tampoco son completamente irreales, al menos si pueden llegar a ser captados y puestos así en acción.

LA NEGACIÓN
UNA INVESTIGACIÓN LÓGICA

(*Die Verneinung. Eine logische Untersuchung*)[211]

Una oración interrogativa completa (*Satzfrage*)[212] contie- 143
ne el requerimiento de admitir un pensamiento como verdadero o bien de rechazarlo como falso. Para que se pueda satisfacer correctamente este requerimiento, se debe exigir que las palabras textuales de la pregunta permitan reconocer el pensamiento en cuestión sin dar lugar a dudas y, en segundo lugar, que el pensamiento no pertenezca a la poesía. En lo sucesivo supongo satisfechas estas condiciones. La respuesta
a una pregunta[213] es una aserción a la cual subyace un juicio, 144
tanto si a la pregunta se responde afirmativamente, como si se contesta negativamente.

Pero aquí surge una dificultad. Si el ser de un pensamiento es su ser verdadero[214], entonces la expresión «pensamiento falso» es tan contradictoria como la expresión «pensamiento inexistente»; entonces la expresión «el pensamiento de que

---

211. La primera edición de este texto apareció en *Beiträge zur Philosophie des deutschen Idealismus*, Vol. I, 1918-1919, pp. 143-157. [A. G-L.].

212. Frege distingue entre una oración interrogativa completa, por ejemplo «¿Venció Napoleón en Waterloo?», y una oración con pronombre interrogativo, por ejemplo: «¿Cuál es la capital de Francia?» Véase Frege (1918-1919a), p. 62, esta edición p. 158. [A. G-L.].

213. Aquí y en lo sucesivo me refiero a una oración interrogativa completa cuando escribo simplemente «pregunta». [Nota de Frege].

214. Si un pensamiento es por el hecho de que es verdadero. [A. G-L.]

tres es mayor que cinco» es vacía y por tanto no debería ser usada en absoluto en la ciencia –salvo entre comillas–; entonces no es lícito decir «que tres es mayor que cinco es falso», pues el sujeto gramatical es vacío.

Pero ¿no se puede, al menos, preguntar si algo es verdadero? En una pregunta se puede distinguir entre el requerimiento de juzgar y el contenido concreto por juzgar. Este contenido concreto lo llamaré en lo sucesivo, simplemente, contenido de la pregunta o sentido de la oración interrogativa correspondiente. ¿Tiene un sentido la oración interrogativa

«¿es 3 mayor que 5?»

si el ser de un pensamiento consiste en su ser verdadero? Un pensamiento no puede, entonces, ser el contenido de la pregunta, y uno se siente inclinado a decir que la oración interrogativa carece totalmente de sentido. Pero esto podría provenir del hecho de que uno reconoce inmediatamente la falsedad. ¿Tiene un sentido la <siguiente> oración interrogativa?

«¿es $\left(\frac{21}{20}\right)^{100}$ mayor que $\sqrt[10]{10^{21}}$?»

Si se concluyera que la pregunta debe ser respondida afirmativamente, se podría admitir que la oración interrogativa tiene sentido, porque tendría un pensamiento como sentido. ¿Qué ocurriría empero si hubiera que responder negativamente a la pregunta? Si nos mantenemos en nuestra suposición, no tendríamos un pensamiento como sentido. Pero algún sentido tiene que tener la oración interrogativa, si es que ha de contener una pregunta. De hecho, ¿no se pregunta algo en ella? ¿No sería deseable recibir una respuesta a esa interrogante? En consecuencia, dependería de la respuesta el que deba suponerse o no un pensamiento como contenido de la pregunta. Pero el sentido de la oración interrogativa debe ser captable antes de ser respondida, pues de lo contrario no sería posible responderla. Por lo tanto, lo que es captable como sentido de la oración interrogativa antes de responderla –y solo esto puede ser llamado propiamente el sentido de la oración interrogativa– no puede ser un pensamiento, si el ser de un pensamiento consiste en su ser verdadero. Sin embargo ¿no es acaso una verdad que el sol es más grande que la luna? ¿Y no consiste el ser de una verdad justamente en su ser verdadera? ¿No habrá que reconocer entonces como sentido de la oración interrogativa

«¿es el sol más grande que la luna?»

una verdad, un pensamiento cuyo ser consiste un su ser verdadero? ¡No! El ser verdadero no puede pertenecer al sentido de una oración interrogativa. Esto estaría en contradicción con la esencia de la pregunta. El contenido de la pregunta es lo que va a ser juzgado. Por eso, el ser verdadero no puede 145
contar como parte del contenido de la pregunta. Cuando pregunto si el sol es más grande que la luna, reconozco con esto el sentido de la oración interrogativa

«¿es el sol más grande que la luna?».

Si este sentido fuese un pensamiento cuyo ser consiste en su verdad, estaría admitiendo, a la vez, que este sentido es verdadero. El captar el sentido sería a la vez un juzgar y la enunciación de la oración interrogativa sería a la vez una afirmación, esto es, la respuesta a la pregunta. Pero en una oración interrogativa no es lícito afirmar ni la verdad ni la falsedad de su sentido. Por eso el sentido de una oración interrogativa no es algo cuyo ser consista en su ser verdadero. La esencia de la pregunta exige distinguir la acción de captar el sentido de la acción de juzgar. Dado que el sentido de una oración interrogativa siempre está incluido en la oración asertiva con que se responde a la pregunta, se debe hacer también esta distinción en la oración asertiva. Todo depende de cómo se entienda la palabra «pensamiento». En todo caso se requiere una breve designación de lo que puede ser el sentido de una oración interrogativa: lo llamo pensamiento (*Gedanke*). De acuerdo con este uso lingüístico, no todos los pensamientos son verdaderos. El ser de un pensamiento no consiste, en consecuencia, en su ser verdadero. Debemos admitir pensamientos en este sentido porque en el trabajo científico se requieren preguntas. En efecto, el investigador debe contentarse a veces con el planteo de una pregunta, hasta que pueda responderla. Al plantear la pregunta capta un pensamiento. Por lo tanto, puedo decir también: el investigador debe contentarse a veces con captar un pensamiento. Esto ya es un paso hacia la meta, si bien aún no se juzga. En consecuencia, debe haber pensamientos en el sentido que he indicado para esta palabra. Los pensamientos que quizá después resultan ser falsos, se justifican en la ciencia y no se los debe tratar como si no existieran (*als nicht seiend*). Piénsese en la demostración indirecta. Aquí se realiza el conocimiento de la verdad precisamente mediante la aprehensión de un pensamiento falso. El maestro dice: «supongamos que *a* no es igual a *b*». Un principiante piensa de inmediato: «¡Qué sin sentido! Yo veo claramente que *a* es igual a *b*». Este confunde la falta de sentido de una oración con la falsedad del pensamiento expresado en ella.

Por cierto que no se puede concluir nada a partir de un pensamiento falso: el pensamiento falso, empero, puede formar parte de un pensamiento verdadero del cual se puede concluir algo. El pensamiento contenido en la oración

> «Si el acusado en el momento del hecho estaba
> en Roma, no ha cometido el asesinato»[215]

---

215. Aquí hay que suponer que las palabras textuales no contienen el pensamiento completo, sino que se debe colegir, a partir de las

puede ser reconocido como verdadero por alguien que no sabe si el acusado estaba o no en Roma en el momento del hecho y si cometió o no el asesinato. Cuando se presenta el todo como verdadero, no se expresan con fuerza asertiva los pensamientos que son partes del todo, es decir, ni la condición (*Bedingung*) ni la consecuencia (*Folge*). Tenemos ahí 146
un solo acto de juzgar y sin embargo tres pensamientos: el pensamiento total, la condición y la consecuencia. Si una de las oraciones parciales no tuviera sentido, el todo carecería de sentido. Esto permite reconocer la diferencia entre el hecho de que una oración carezca de sentido y que exprese un pensamiento falso. Para el pensamiento constituido por una condición y una consecuencia, vale la ley de que, sin perjuicio de la verdad, lo contrario de la condición puede pasar a ser consecuencia y, a la vez, lo contrario de la consecuencia puede pasar a ser condición. Este paso es llamado *contraposición* por los ingleses. Según esta ley, se puede pasar de la oración

$$\text{«si } \left(\frac{21}{20}\right)^{100} \text{ es mayor que } \sqrt[10]{10^{21}}\text{, entonces } \left(\frac{21}{20}\right)^{1000} \text{ es mayor que } 10^{21}\text{»}$$

a la oración

$$\text{«si } \left(\frac{21}{20}\right)^{1000} \text{ no es mayor que } 10^{21}\text{, entonces } \left(\frac{21}{20}\right)^{100} \text{ no es mayor que } \sqrt[10]{10^{21}}\text{»}$$[216].

Y estos pasos son importantes para las demostraciones indirectas que, de lo contrario, no serían posibles.

Si la condición del primer pensamiento compuesto, a saber que

---

circunstancias en que es expresado, lo que le falta para constituir un pensamiento completo. [Nota de Frege].

216. Es decir $(p \rightarrow q) = (\neg q \rightarrow \neg p)$. En Patzig (2003) la primera formula en esta oración aparece erróneamente como «$(21/20)^{100}$» en lugar de «$(21/20)^{1000}$», error que no se presenta en la edición de Angelelli (1967). [R. E. y L. P.].

$$\left(\frac{21}{20}\right)^{100} \text{ es mayor que } \sqrt[10]{10^{21}},$$

es verdadera, entonces la consecuencia del segundo pensamiento compuesto, a saber que:

$$\left(\frac{21}{20}\right)^{100} \text{ no es mayor que } \sqrt[10]{10^{21}},$$

es falsa. Quien admite la licitud de nuestro paso del *modus ponens* al *modus tollens*, debe reconocer que también un pensamiento falso es algo, de lo contrario restaría del *modus ponens* solo la consecuencia, o del *modus tollens* solo la condición, pero una de estas desaparecería también, en tanto que no existente.

Bajo «el ser de un pensamiento» se puede entender, también, el que un mismo pensamiento tenga la posibilidad de ser captado por distintos individuos pensantes. Entonces, el no ser de un pensamiento radicaría en que, de diversos individuos pensantes, cada uno asociara con la oración su propio sentido. Este sería, por lo tanto, un contenido de su conciencia particular, de modo que no habría en la oración un sentido único compartido y que pudiese ser captado por muchos. ¿Un pensamiento falso es, en ese sentido, un pensamiento que no es? Si así fuese, los investigadores que discutieron entre sí el problema de si la tuberculosis bovina era contagiosa para el hombre, llegando al consenso de que este contagio no existe, habrían estado en la misma situación de quienes en su conversación hubieran usado la expresión «este arcoíris» y que luego hubieran llegado a la convicción de que con estas palabras no habían designado nada, pues cada uno de ellos poseía una aparición (*Erscheinung*) cuyo portador era él mismo. Aquellos investigadores tendrían que verse a sí mismos como burlados por una falsa apariencia, pues la condición necesaria para que su acción y su palabra hubiesen sido razonables, se habría mostrado como no satisfecha; la pregunta tratada por ellos no habría tenido un sentido compartido por todos.

Tiene que ser posible hacer una pregunta que, conforme a la verdad, deba ser respondida negativamente. El contenido 147
de una pregunta de esa especie es, según mi terminología, un pensamiento. Tiene que ser posible que varios auditores de la misma oración interrogativa capten el mismo sentido y lo reconozcan como falso. El jurado sería una institución necia si no se pudiera suponer que cada uno de sus miembros puede entender la pregunta propuesta en el mismo sentido. Según esto, el sentido de una oración interrogativa es algo que puede ser captado por varias personas, aun cuando haya que responder negativamente a la pregunta.

Si el ser verdadero de un pensamiento consistiera en poder ser captado por varios como el mismo y si, por el contrario, no hubiese un sentido común a muchos en una oración que expresa algo falso ¿qué más se seguiría?

Si un pensamiento es verdadero y está compuesto por pensamientos de los cuales uno es falso, el mismo pensamiento total podría ser captado por varias personas, no así el pensamiento falso que es parte. Este caso puede darse. Ante un jurado, por ejemplo, se puede afirmar con todo derecho: «Si el acusado en el momento del hecho estaba en Roma, no ha cometido el asesinato», y puede ser falso que el acusado estuviese en Roma en el momento del hecho. Entonces, los miembros del jurado, al oír la oración «si el acusado en el momento del hecho estaba en Roma, no ha cometido asesinato» podrían captar el mismo pensamiento, mientras que cada uno de ellos asociaría con el antecedente su propio sentido. ¿Es posible esto? ¿Puede no serles común a los miembros del jurado una parte del pensamiento que tienen delante como idéntico? Si el todo no requiere de un portador, ninguna de sus partes requerirá tampoco de un portador.

De acuerdo con lo anterior, un pensamiento falso no es un pensamiento que no existe (*nicht seiender*), incluso si por él ser se entiende el no requerir de un portador. Si bien no se lo puede reconocer como verdadero, un pensamiento falso debe ser admitido ciertamente en algunos casos como algo indispensable: primero, como sentido de una oración interrogativa; segundo, como parte de una conexión hipotética de pensamientos y tercero, en la negación. Tiene que ser posible negar un pensamiento falso y, para que esto sea posible, requiero de este pensamiento. Lo que no es, no lo puedo negar. Y lo que requiere de mí como portador, no lo puedo transformar por negación en algo cuyo portador no soy y que puede ser captado como lo mismo por diversas personas.

¿Hay que entender entonces la negación de un pensamiento como la disolución del pensamiento en sus partes?[217] Los miembros del jurado no pueden, mediante su juicio negativo, cambiar nada en la constitución del pensamiento expresado en la pregunta que se les ha presentado. El pensamiento es verdadero o falso de modo totalmente independientemente de si juzgan correcta o incorrectamente. Y, si es falso, es también un pensamiento. Si, después de que el jurado ha juzgado, no se encuentra pensamiento alguno, sino solo fragmentos de pensamiento, quiere decir que este estado de cosas existía ya antes. Con la aparente pregunta no se les propuso en absoluto un pensamiento, sino solo fragmentos de pensamiento; no tuvieron nada sobre lo cual hubiesen podido juzgar.

Mediante nuestro juzgar no podemos cambiar nada en la constitución del pensamiento. Solo podemos reconocer lo

---

217. Claramente Frege piensa aquí en la doctrina clásica, remontable hasta Aristóteles, que veía en la negación una forma de «separación». [R. E. y L. P.].

que es. Un pensamiento verdadero no puede verse afectado 148
por nuestro juzgar. Podemos introducir un «no» en la oración que lo expresa, logrando así una oración que no contiene un no-pensamiento, como se explicó, sino que puede tener su plena justificación como antecedente o consecuente de una oración compuesta hipotética. Solo que, por ser falsa, no debe ser expresada con fuerza asertiva. Aquel pensamiento primero, queda perfectamente intacto al hacer esto. Sigue siendo, como antes, verdadero.

¿Podemos afectar en algo a un pensamiento falso por el hecho de negarlo? Tampoco, pues un pensamiento falso sigue siendo un pensamiento y puede aparecer como parte de un pensamiento verdadero. Introduzcamos un «no» en la oración enunciada sin fuerza asertiva,

«3 es mayor que 5»

pues su sentido es falso y obtenemos entonces:

«3 no es mayor que 5»,

una oración que puede ser enunciada con fuerza asertiva. No hay aquí huellas de una disolución del pensamiento, de una separación de las partes.

¿Cómo se podría, entonces, disolver un pensamiento? ¿Cómo se podría escindir la interconexión de sus partes? El mundo de los pensamientos tiene su copia en el mundo de las oraciones, expresiones, palabras, signos. A la estructura del pensamiento le corresponde la composición de la oración a partir de palabras cuyo orden, en general, no es indiferente. A la disolución, a la destrucción del pensamiento, corresponderá en consecuencia, un desgarramiento de las palabras, que se da, por ejemplo, cuando una oración escrita sobre un papel es cortada con tijeras de modo que en cada fragmento del papel quede la expresión de una parte del pensamiento. Estos fragmentos pueden mezclarse arbitrariamente o ser arrebatados por el viento. La interconexión está disuelta, el orden original es ya irreconocible. ¿Ocurre esto cuando negamos un pensamiento? ¡No! El pensamiento, sin duda alguna, sobreviviría a esta ejecución suya *in effigie*[218]. Por el contrario, la palabra «no» es introducida en el orden de las palabras, que, fuera de esto, no padecen alteración alguna. Las palabras textuales originarias todavía son reconocibles, el orden no puede ser cambiado arbitrariamente. ¿Es esto disolución, separación? ¡Por el contrario! El resultado es una construcción sólidamente ensamblada.

Que negar no trae como consecuencia una separación o una disolución, se puede reconocer claramente al considerar la ley *duplex negatio affirmat*. Parto de la oración

«El Schneekoppe es más alto
que el Brocken»[219].

Introduciendo un «no» obtengo

«El Schneekoppe no es más alto
que el Brocken».

Ambas oraciones deben ser enunciadas sin fuerza asertiva. Una segunda negación arrojaría como resultado aproximadamente la oración siguiente:

«No es verdad que el Schneekoppe
no es más alto que el Brocken».

---

218. Una ejecución *in effigie* correspondía al tipo de ejecución simbólica de un individuo que se practicaba si él no estaba presente. En ese caso, se ejecutaba la pena en un muñeco que «reemplazaba» a la víctima. [R. E. y L. P.].

219. El «Schneekoppe» es el más alto de los montes de los Sudetes (1.603 metros), mientras que el «Broken» es la mayor cumbre del Harz (1.142 metros). [R. E. y L. P.].

Sabemos ya que la primera negación no puede llevar a cabo una disolución del pensamiento, pero supongamos, con todo, que después de la primera negación tenemos solo 149
fragmentos de pensamiento. En este caso, debemos suponer que la segunda negación puede reunir nuevamente esos fragmentos. La acción de negar sería, entonces, como una espada que puede restituir los miembros que previamente ha cortado. Pero en esta operación es aconsejable poner mucha atención. Las partes del pensamiento han quedado sin interconexión y sin relación alguna por causa de la primera negación. Si no se pone atención en la aplicación de la virtud curativa de la negación, se podría fácilmente obtener la oración

«El Brocken es más alto
que el Schneekoppe».

Ningún no-pensamiento puede convertirse en un pensamiento mediante una negación, tal como ningún pensamiento se transforma, por negación, en un no-pensamiento.

También una oración que contiene la palabra «no» en el predicado puede expresar un pensamiento que puede ser transformado en el contenido de una pregunta. Esta deja abierta la decisión sobre la respuesta, tal como cualquier oración interrogativa completa.

¿Qué objetos deberían, en rigor, ser separados por la negación? No son las partes de la oración, tampoco las partes del pensamiento. ¿Acaso las cosas del mundo exterior? Estas no se preocupan en absoluto de nuestras negaciones. ¿Las representaciones del mundo interior de quien niega? Pero ¿cómo sabe entonces un miembro de un jurado cuál de sus representaciones debería eventualmente separar? La interrogante que le ha sido propuesta no le indica ninguna. Puede que le sugiera ciertas representaciones. Pero las representaciones sugeridas en el mundo interior de los distintos miembros del jurado son diferentes. Entonces, cada miembro procederá a una separación en su propio mundo interior y esto no sería un veredicto (*Urteil*).

En consecuencia, parece que no es posible indicar qué es propiamente lo que la negación disuelve, divide o separa.

En relación con la creencia en la virtud (*Kraft*) separativa o disolutiva de la negación, está el hecho de que se considere menos útil un pensamiento negativo que un pensamiento afirmativo. No se lo podrá, por cierto, considerar completamente inútil. Obsérvese la siguiente inferencia:

> «si el acusado, en el momento del asesinato,
> no estaba en Berlín, no ha cometido el asesinato;
> ahora bien, el acusado no estaba en Berlín
> en el momento del asesinato, por lo tanto,
> no ha cometido el asesinato».

Y compárese con ella la siguiente

> «si el acusado, en el momento del asesinato,
> estaba en Roma, no ha cometido el asesinato;
> ahora bien, el acusado estaba en Roma
> en el momento del asesinato, por lo tanto,
> no ha cometido el asesinato».

Ambas inferencias proceden de la misma forma y no hay el menor fundamento objetivo para distinguir premisas negativas y premisas afirmativas en la expresión de la ley de inferencia que está a la base. Se habla de juicios afirmativos y negativos. También Kant lo hace[220]. Traduciendo a mi terminología, habrá que distinguir entre pensamientos afirmativos y negativos. Una distinción completamente in-

---

220. Kant introduce en su tabla de las categorías una distinción entre tres tipos de juicios según la «cualidad» (*Qualität*). Cf. KrV A 70-71/B 95-96. [R. E. y L. P.].

útil, por lo menos para la lógica, cuya razón de ser hay que
buscar fuera de la lógica. Yo no conozco ninguna ley lógica
en cuya expresión verbal sea necesario o por lo menos ven- 150
tajoso utilizar estas designaciones[221]. En toda ciencia en la
cual cabe hablar de conformidad a leyes, hay que preguntar
siempre ¿qué términos técnicos son necesarios o al menos
útiles para expresar con exactitud las leyes de esa ciencia?
Lo que no resiste esta prueba es malo[222].

A esto hay que agregar que no es fácil establecer qué es un juicio negativo (un pensamiento negativo). Observemos las oraciones «Cristo es inmortal», «Cristo vive eternamente», «Cristo no es inmortal», «Cristo es mortal», «Cristo no vive eternamente». En estos ejemplos, ¿dónde tenemos un pensamiento afirmativo, dónde uno negativo?

Estamos acostumbrados a suponer que la negación se extiende a todo el pensamiento, cuando más bien el «no» se une con el verbo del predicado. Pero la palabra de negación (*Verneinungswort*) a veces forma gramaticalmente parte también del sujeto, como en la oración «ningún hombre vive más de cien años». Una negación puede aparecer en cualquier parte de una oración sin que, por eso, quede fuera de duda si el pensamiento es negativo o no. Vemos a qué complicadas preguntas puede llevar la expresión «juicio negativo» (pensamiento negativo). Discusiones interminables, llevadas adelante con la mayor agudeza, pero en el fondo infecundas, pueden ser su consecuencia. Por eso propongo que dejemos

---

221. Tampoco en mi artículo «El pensamiento» (Frege [1918-1919a], esta edición pp. 151-185) utilicé la expresión «pensamiento negativo». La distinción entre pensamiento negativo y afirmativo solo habría complicado las cosas. En ninguna parte habría habido oportunidad de decir algo de los pensamientos afirmativos con exclusión de los negativos, o de los negativos con exclusión de los afirmativos. [Nota de Frege].

222. Aparentemente, según Geach, hay aquí una referencia a *Mat.* 5, 37. Cf. Beaney (1997) p. 353. [R. E. y L. P.].

descansar la distinción entre juicios o pensamientos negativos y afirmativos hasta que se tenga un criterio que nos permita distinguir con seguridad, en cada caso concreto, entre un juicio negativo y uno afirmativo. Cuando se posea ese criterio, se reconocerá también qué ventaja cabe esperar de esa distinción. Por el momento, dudo aún que esto se logre. Este criterio no puede provenir del lenguaje, pues respecto a los problemas lógicos las lenguas no son de fiar. En efecto, señalar las celadas que el lenguaje le tiende al pensador no es la menor de las tareas del lógico.

Después de haber refutado determinados errores, puede ser útil buscar las fuentes de las que estos fluyen. Una de estas fuentes me parece que es la necesidad de dar definiciones de los conceptos que uno se propone tratar. Por cierto que es laudable el propósito de aclararse, en la medida de lo posible, el sentido que uno asocia con una expresión. Pero no hay que olvidar que no todo se puede definir. Si uno se propone, a toda costa, definir lo que según su esencia es indefinible, fácilmente se apega a cosas secundarias y no esenciales, llevando la investigación en su comienzo mismo por un camino
151 falso. Y así le ha ocurrido a algunos que, proponiéndose aclarar qué sea un juicio, han dado en la compositividad[223]. El juicio se compone de partes que tienen un cierto orden,

---

223. Es decir, han llegado a la conclusión de que la característica definitoria del juicio es su carácter de compuesto. [A. G-L.].
Se está, quizá, más cerca del lenguaje ordinario cuando por juicio se entiende un acto de juzgar, tal como un salto es un acto de saltar. Con esto queda por cierto sin resolver el núcleo de la dificultad, que radica ahora en la palabra «juzgar». Juzgar, se puede decir, es reconocer algo como verdadero. Lo reconocido como verdadero solo puede ser un pensamiento. El núcleo originario parece que ahora se ha dividido; una parte de él radica ahora en la palabra «pensamiento», la otra en la palabra «verdadero». Aquí habrá que detenerse. Que no se pueda seguir definiendo hasta el infinito es algo para lo que hay que estar preparado de partida.

una interconexión, que están en relaciones recíprocas. Pero ¿en qué todo no tenemos esto mismo?

Con esto va ligado otro error, a saber, la opinión de que es el que juzga quien suscita, por su acto de juzgar, la interconexión, el orden de las partes, produciendo así el juicio. Aquí no se ha distinguido entre la captación de un pensamiento y el reconocimiento de su verdad. En muchos casos, estos actos suelen sucederse tan rápidamente que parecen fundirse todos estos casos en un acto único, pero no siempre. Años de penosas investigaciones pueden extenderse entre la captación del pensamiento y el reconocimiento de su verdad. Es obvio que aquí el pensamiento, la interconexión de sus partes, no fue producida por el acto de juzgar, pues existía ya antes. Pero tampoco la captación de un pensamiento es la creación de un pensamiento, la producción del orden de sus partes, pues el pensamiento era ya antes verdadero, estaba ya ahí en el orden de sus partes antes de ser captado. Tal como un caminante, al cruzar una montaña, no la crea, tampoco el que juzga crea un pensamiento por el hecho de reconocer que es verdadero. Si fuera así, un mismo pensamiento no podría ser admitido como verdadero ayer por esa persona y hoy por esta; ni siquiera el mismo individuo

---

Si el juzgar es un acto, entonces acontece en un tiempo dado y pertenece luego al pasado. Un acto requiere también de un agente y no se conoce perfectamente un acto si no se conoce al agente. Si esto es así, no se puede hablar de un juicio sintético en el sentido usual. Si al hecho de que por dos puntos solo puede pasar una recta se lo llama un juicio sintético, se está entendiendo por «juicio» no un acto que es realizado por un hombre determinado en un tiempo determinado, sino algo que es intemporalmente (*zeitlos*) verdadero, incluso si su ser verdadero no es reconocido por hombre alguno. Si a esto se lo llama una verdad, en vez de «juicio sintético», sería mejor hablar de «verdad sintética». Si, pese a todo, se prefiere la expresión «juicio sintético», hay que dejar fuera de consideración el sentido del verbo «juzgar». [Nota de Frege].

podría reconocer como verdadero el mismo pensamiento en distintos instantes, salvo que se suponga que el ser de este pensamiento es intermitente.

Si se estima que es posible crear, por el acto de juzgar, aquello que al juzgar es reconocido como verdadero, suscitando uno la interconexión, el orden de las partes, entonces no es difícil atribuirse también la capacidad de destruirlo. Así como al destruir se opone el construir, el producir un orden y una interconexión, así parece también que el negar
152 se opone al juzgar, y fácilmente se llega a suponer que es posible el escindir la interconexión por medio de la negación, así como se construye por el juzgar. Juzgar y negar aparecen así como un par de polos opuestos que, justamente en tanto que par, tienen el mismo rango, y son comparables aproximadamente con la oxidación y la reducción en química. Sin embargo, cuando se ha comprendido que por el juzgar no se produce una interconexión, sino que el orden de las partes del pensamiento existía ya antes del acto de juzgar, todo aparece bajo una nueva luz. Hay que reiterar una y otra vez que el captar un pensamiento no es aún juzgar, que uno puede expresar un pensamiento mediante una oración sin aseverarlo por ello como verdadero; que en el predicado de una oración puede estar incluida una palabra de negación y que el sentido de esta palabra es, entonces, parte del sentido de la oración, parte de un pensamiento; que al introducir un «no» en el predicado de una oración que no debe ser enunciada con fuerza asertiva, se obtiene una oración que expresa, al igual que la original, un pensamiento. Si al paso de un pensamiento a su contrario se lo llama negar, este negar no tendrá en absoluto el mismo rango que el juzgar y no se lo debe concebir como el polo opuesto a la acción de juzgar, pues de lo que se trata al juzgar es siempre de la verdad, mientras que se puede pasar de un pensamiento a su contrario sin preguntar por la verdad. Para excluir malentendidos, cabe

notar que este paso ocurre en la conciencia de alguien que piensa, pero, tanto el pensamiento del que se parte como el pensamiento al que se llega existían ya antes de ocurrir esto y que, en consecuencia, con este proceso psíquico no se cambia nada en la constitución y en las relaciones de los pensamientos entre sí.

Tal vez, ese acto de negar, que en cuanto polo opuesto al juzgar mantiene una existencia dudosa, es una construcción quimérica formada por la fusión del acto de juzgar con esa negación que he admitido como posible componente del pensamiento, y a la cual corresponde en el lenguaje la palabra «no» en cuanto parte del predicado. La llamo quimérica porque estos componentes son totalmente heterogéneos. El juzgar, en efecto, en cuanto proceso psíquico, necesita un portador, alguien que juzgue; la negación, por el contrario, en cuanto parte del pensamiento, no requiere, al igual que el pensamiento, de un portador, no debe ser concebida como un contenido de conciencia. Y, sin embargo, no es del todo incomprensible cómo puede surgir la apariencia de esa construcción quimérica. El lenguaje no posee una palabra o sílaba especial para la fuerza asertiva, sino que esta radica en la forma de la oración asertiva que se imprime especialmente en el predicado. Por otra parte, la palabra «no» está en íntima relación con el predicado y puede ser entendida como parte de él. Así parece formarse una conexión entre la palabra «no» y la fuerza asertiva que en el lenguaje corresponde al juzgar.

Pero resulta fastidioso distinguir entre ambos tipos de negación. El polo opuesto al juzgar, en rigor, solo lo he introducido para acomodarme a una concepción que me
es ajena. Vuelvo ahora a mi terminología original. Lo que 153
designé provisoriamente como polo opuesto al juzgar, lo examinaré ahora como un segundo tipo de acción de juzgar, sin conceder por eso que se dé un segundo tipo de esta índole. Reuniré entonces ambos polos bajo el nombre

común de «juzgar», cosa que puede ocurrir porque ambos van emparejados. La pregunta habrá que plantearla así:

¿Hay dos maneras distintas de juzgar, de las cuales una se emplea al responder afirmativamente a una pregunta, la otra al hacerlo negativamente? ¿O es el juzgar en ambos casos lo mismo? ¿Pertenece el negar al juzgar? ¿O es la negación parte del pensamiento que es sometido a juicio? ¿Es el juzgar, también en el caso de la respuesta negativa a una pregunta, el reconocimiento de la verdad de un pensamiento? Entonces este no será el pensamiento directamente incluido en la pregunta, sino el pensamiento opuesto a él.

Tomemos una pregunta, por ejemplo: «¿Prendió fuego intencionalmente a su casa el acusado?». ¿Cómo podrá adoptar la forma de una oración asertiva la respuesta, si esta resulta ser negativa? Si para negar hay un tipo especial de juicio, deberá haber un tipo especial de aserción que corresponda a él. En este caso digo, por ejemplo: «es falso que...» y establezco que a esto hay que asociar siempre fuerza asertiva. La respuesta será entonces más o menos la siguiente: «Es falso que el acusado prendió fuego intencionalmente a su casa». Si hay en cambio solo una manera de juzgar, habrá que decir con fuerza asertiva: «El acusado no prendió fuego intencionalmente a su casa». Y aquí es presentado como verdadero el pensamiento opuesto al expresado por la pregunta. La palabra «no» pertenece aquí a la expresión de este pensamiento. Recuerdo ahora las dos inferencias que comparé entre sí. La segunda premisa de la primera inferencia era la respuesta negativa a la pregunta «¿Estaba el acusado en el momento del asesinato en Berlín?», a saber, la respuesta elegida en el caso de que haya solo una manera de juzgar. El pensamiento contenido en esta premisa está contenido en la antecedente de la primera premisa, aunque enunciada sin fuerza asertiva. La segunda premisa de la segunda inferencia era la respuesta afirmativa a la pregunta «¿Estaba el acusado en el momento del asesinato en Roma?». Estas inferencias proceden de acuerdo a la misma ley de inferencia y esto concuerda con la opinión de que el juzgar es lo mismo en el caso de una respuesta negativa que en el de una respuesta afirmativa a una pregunta. Si, por el contrario, tuviésemos que reconocer para el caso de la negación una manera especial de juzgar, a la que en el dominio de las palabras y oraciones correspondiese una manera especial de aseverar, el asunto sería distinto. La primera premisa de la primera inferencia sería como antes: «Si el acusado en el momento del asesinato no estaba en Berlín, no cometió el asesinato».

Aquí no es lícito decir «si es falso que el acusado en el momento del asesinato estaba en Berlín», pues se ha establecido que a las palabras «es falso» se debe asociar siempre fuerza asertiva. Al reconocer la verdad de esta primera premisa, no se reconoce como verdadera ni la condición ni la consecuencia contenidas en ella. En cambio, la segunda premisa 154
debe ser: «Es falso que el acusado en el momento del asesinato estaba en Berlín», pues, en cuanto premisa, debe ser enunciada con fuerza asertiva. Ahora ya no es posible inferir como antes, porque el pensamiento de la segunda premisa ya no coincide con la condición de la primera premisa, sino que el pensamiento es que el acusado, en el momento del asesinato, estaba en Berlín[224]. Si, pese a todo, se pretende dejar en pie la inferencia, se está reconociendo *eo ipso* que en la segunda premisa está contenido el pensamiento de que el

---

224. Recuérdese que la argumentación de Frege es aquí *ad absurdum*. Frege quiere señalar las consecuencias absurdas que se siguen de la hipótesis de que la negación pertenece no al pensamiento sino a la acción de juzgar. Habría por lo tanto dos maneras de juzgar: una para afirmar, otra para negar. En el caso de la premisa en discusión, esto significa que «es falso que» apunta a la manera de juzgar, quedando intacto el pensamiento expresado por la oración «el acusado estaba en Berlín en el momento del asesinato». [A. G-L.].

acusado, en el momento del asesinato, no estaba en Berlín. Pero, al hacerlo, se está separando el negar del juzgar, se lo extrae del sentido de «es falso que...» y se une la negación con el pensamiento.

En consecuencia, se debe rechazar la suposición de que hay dos maneras diferentes de juzgar. Pero ¿qué se sigue de esta decisión? Se podría tal vez pensar que carece de valor, si con ello no se produjera una economía de elementos lógicos primitivos y de sus equivalentes en el lenguaje. Al suponer dos maneras diferentes de juzgar necesitamos:

1. la fuerza asertiva en el caso del afirmar,
2. la fuerza asertiva en el caso del negar, inseparablemente ligada a la palabra «falso»,
3. una palabra de negación como «no» en oraciones que son enunciadas sin fuerza asertiva.

Si suponemos por el contrario solo una manera de juzgar necesitamos solamente:

1. la fuerza asertiva,
2. una palabra de negación.

Una economía de esta índole muestra siempre que se ha ido más lejos en el análisis, produciéndose así una mayor claridad. Esto implica también el ahorro de una ley de inferencia. Nuestra decisión nos permite salir del paso con un principio, de lo contrario necesitaríamos dos. Si podemos salir del paso con una manera de juzgar, entonces debemos hacerlo así; no podemos, por lo tanto, atribuirle a una manera de juzgar la producción de un orden y una interconexión y a otra la de destruirlo.

A cada pensamiento le corresponde, en consecuencia, un pensamiento que lo contradice[225], de tal modo que un

225. Se podría decir también «un pensamiento opuesto». [Nota de Frege].

pensamiento es declarado falso al reconocer como verdadero a su contradictorio. La oración que expresa el pensamiento contradictorio se forma a partir de la expresión del pensamiento original mediante una palabra de negación.

La palabra o sílaba de la negación parece ir a menudo más íntimamente ligada a una parte de la oración, por ejemplo, al predicado. Y esto nos puede inducir a pensar que no se niega el contenido de toda la oración, sino solo el de esa parte. Se puede llamar desconocido[226] a un hombre, presentando así como falso el pensamiento de que él es conocido. Esto puede
ser entendido como una respuesta negativa a la pregunta «¿es 155
conocido ese hombre?», lo cual permite ver que con ello no estamos negando únicamente el sentido de una palabra. Es incorrecto decir «porque la sílaba negativa va ligada a una sola parte de la oración, no se está negando el sentido de toda la oración». Al contrario: al unirse la sílaba negativa a una parte de la oración, se niega el contenido de toda la oración. Esto quiere decir que por este medio surge una oración cuyo pensamiento contradice al de la oración original.

Con esto no quiero negar que la negación se extienda a veces solo a una parte del pensamiento total.

El pensamiento que contradice a otro pensamiento es el sentido de una oración de la cual se puede extraer con facilidad la oración en que aquel es expresado. De acuerdo con esto, el pensamiento que contradice a otro parece estar compuesto por este y la negación. No me refiero aquí a la acción de negar. Pero las palabras «compuesto», «consistente en», «componente», «parte» nos pueden inducir a una concepción incorrecta. Si se quiere hablar aquí de partes, no hay que olvidar que estas partes no coexisten con la misma

---

226. Traduzco así la palabra «unberühmt», «no famoso», para poder mantener en pie las alusiones de Frege a una sílaba negativa, en este caso, al prefijo. [A. G-L.].

independencia que solemos encontrar en las partes de un todo. El pensamiento, en efecto, para existir no requiere de ninguna complementación, es en sí completo. La negación, en cambio, necesita ser completada por un pensamiento. Ambos componentes, si se quiere usar esta expresión, son completamente heterogéneos y contribuyen en forma completamente distinta a formar el todo. Aquel complementa, este es completado. Y por esta complementación el todo se mantiene unido. Para manifestar también en el lenguaje la necesidad de complementación, podemos escribir «la negación de...». El espacio después de «de» indica dónde se debe introducir el complemento, pues a la acción de complementar en el dominio de los pensamientos y de las partes de los pensamientos, le corresponde algo semejante en el dominio de las oraciones y de las partes de las oraciones. En lugar de la preposición «de» seguida de un sustantivo, puede usarse, por cierto, el genitivo del sustantivo[227]. Esto es por lo general más adecuado desde el punto de vista estilístico, pero no se presta para señalar adecuadamente la expresión de la parte que requiere ser completada. Un ejemplo puede aclarar más lo que quiero decir con esto. El pensamiento que contradice al pensamiento de

$$\text{que } \left(\frac{21}{20}\right)^{100} \text{ es igual a } \sqrt[10]{10^{21}},$$

es

$$\text{que } \left(\frac{21}{20}\right)^{100} \text{ no es igual a } \sqrt[10]{10^{21}}.$$

Se puede decir también: «el pensamiento de

$$\text{que } \left(\frac{21}{20}\right)^{100} \text{ no es igual a } \sqrt[10]{10^{21}},$$

227. El uso del genitivo en lugar de la preposición «de» es posible tanto en lengua alemana como en la lengua inglesa. [A. G-L.].

Es la negación del pensamiento de

$$\text{que } \left(\frac{21}{20}\right)^{100} \text{ es igual a } \sqrt[10]{10^{21}}\text{»}.$$

Esta última expresión, después del penúltimo «es», permite reconocer la composición del pensamiento a partir de una parte que necesita ser completada y otra que la completa. De aquí en adelante usaré siempre la palabra «negación» –salvo cuando vaya entre comillas– solo con el artículo definido. El artículo definido «la» en la expresión 156

«la negación del pensamiento
de que 3 es mayor que 5»

nos permite reconocer que esta expresión pretende designar una cosa singular. Esta cosa singular es aquí un pensamiento. El artículo definido hace de la expresión total un nombre singular, un representante de un nombre propio.

La negación de un pensamiento es, en consecuencia, ella misma un pensamiento y puede servir a su vez para completar la negación. Al usar la negación del pensamiento de

$$\text{que } \left(\frac{21}{20}\right)^{100} \text{ es igual a } \sqrt[10]{10^{21}}$$

para completar la negación, obtengo la negación de la negación del pensamiento de

$$\text{que } \left(\frac{21}{20}\right)^{100} \text{ es igual a } \sqrt[10]{10^{21}}.$$

Esto también es un pensamiento. Obtenemos designaciones para pensamientos formados de esta manera de acuerdo al modelo

«la negación de la negación de A»

donde «A» representa la designación de un pensamiento. Una designación de este tipo debe ser pensada en primera instancia como compuesta por las partes.

«la negación de ...»

y

«la negación de *A*».

Pero también es admisible la concepción de que está formada por las partes

«la negación de la negación de......»
y «*A*».

Aquí he unido la parte media de la designación con la parte que está a su izquierda y lo así logrado, con la parte «*A*» que estaba a su derecha. Mientras que originalmente junté la parte media con «A» y la designación

«La negación de *A*»

que se obtuvo, fue unida luego a

«la negación de....»

que estaba a la izquierda. A estas dos diferentes concepciones de la designación corresponden también dos concepciones diversas de la estructura del pensamiento designado[228].

Al comparar las designaciones

«la negación de la negación de que $\left(\frac{21}{20}\right)^{100}$ es igual a $\sqrt[10]{10^{21}}$»

y

«la negación de la negación de que: 5 es mayor que 3»

---

228. Sigo aquí la conjetura de Geach de que hay que leer «bezeichneten» o «zu bezeichnenden». «Bezeichnender» es con seguridad un error de imprenta. [A. G-L.]. La primera conjetura es propuesta por Angelelli (1967), mientras que la segunda por Patzig (1966). [R. E. y L. P.].

se puede reconocer que hay un componente común

«la negación de la negación de...»,

Esta es la designación de una parte del pensamiento, 157
parte común a ambas designaciones y que requiere ser complementada. Este componente es complementado en ambos casos por un pensamiento; en el primer caso, por el pensamiento de que

$$\left(\frac{21}{20}\right)^{100} \text{ es igual a } \sqrt[10]{10^{21}},$$

y, en el segundo caso, por el pensamiento de que 5 es mayor que 3. El resultado obtenido al complementar es, en ambos casos, un pensamiento. Al componente común que requería ser complementado se le puede llamar doble negación. Este ejemplo muestra cómo algo que requiere ser complementado puede fundirse con algo que a su vez requiere ser complementado para formar algo que requiere ser completado. Aquí tenemos el caso especial de que algo –la negación de ...– se fusiona consigo mismo. En este terreno fracasan las imágenes tomadas del ámbito de lo corporal, pues un cuerpo no puede fusionarse consigo mismo, de modo que surja algo diferente de él. Además, los cuerpos no son algo que requiera ser complementado en el sentido implicado aquí. Podemos componer cuerpos congruentes y en el ámbito de las designaciones tenemos también, en este caso, congruencia. Pero a designaciones congruentes corresponde exactamente lo mismo en el ámbito de lo designado.

Las expresiones figurativas, empleadas con cautela, pueden contribuir, pese a todo, a aclarar algo las cosas. Comparo lo que requiere ser complementado con un envoltorio que, como una chaqueta, no se puede mantener erguido por su propia fuerza sino que requiere de algo que cubrir. La persona cubierta puede ponerse un nuevo envoltorio, –por ejemplo: un abrigo–. Ambos envoltorios se unen para formar un envoltorio único. Esto hace posible una doble concepción. Se puede decir que quien está vestido con una chaqueta se envuelve en un segundo envoltorio, un abrigo, o bien que tiene una vestimenta compuesta de dos envoltorios, chaqueta y abrigo. Ambas concepciones son igualmente legítimas. El envoltorio que se agrega se une siempre con el ya dado para formar uno nuevo. No se debe olvidar, por cierto, que el envolver y el componer son procesos temporales, mientras que lo correspondiente a todo esto en el ámbito de los pensamientos es intemporal.

Si *A* es un pensamiento que no pertenece a la poesía, tampoco pertenece a la poesía la negación de *A*. De los pensamientos *A* y la negación de *A*, es siempre uno y solo uno verdadero. Igualmente, de los pensamientos la negación de *A* y la negación de la negación de *A*, uno y solo uno es verdadero. La negación de *A* es o verdadera o no verdadera. En el primer caso, ni *A* ni la negación de la negación de *A* son verdaderos. En el segundo, en cambio, tanto *A* como la negación de la negación de *A* son verdaderos. Los pensamientos *A* y la negación de la negación de *A* son o bien ambos verdaderos o ninguno de ellos. Esto lo puedo expresar también de la siguiente manera:

> La doble negación que envuelve a un pensamiento no altera el valor de verdad del pensamiento.

PENSAMIENTOS COMPUESTOS

(*GEDANKENGEFÜGE*)[229]

Es asombroso lo que pude hacer el lenguaje. Con pocas 36
sílabas expresa una cantidad incalculable de pensamientos. Incluso para un pensamiento que es captado por vez primera por un ser humano, el lenguaje encuentra un ropaje bajo el cual lo puede reconocer alguien más, para quien ese pensamiento es enteramente nuevo. Esto no sería posible si no pudiésemos distinguir partes dentro del pensamiento a las cuales correspondan partes de la oración, de manera que la estructura de la oración puede contar como imagen de la estructura del pensamiento. Es cierto que hablamos figurativamente cuando aplicamos al pensamiento la relación de todo y parte. Pero la comparación es tan natural, y en general tan acertada, que no nos dejamos perturbar por las insuficiencias que surgen aquí o allá.

Si consideramos a los pensamientos como compuestos de partes simples, correspondiendo a estas a su vez partes de la oración, se entiende que a partir de pocas partes de la oración se pueda formar una gran variedad de oraciones a las que a su vez corresponde una gran variedad de pensamientos. Aquí cabe preguntar cómo se construye el pensamiento y cómo se combinan las partes de tal manera que el todo llegue a ser algo más que las partes por separa-

---

229. Primera edición en *Beiträge zur Philosophie des deutschen Idealismus* Vol. III, 1923-1926, pp. 36-51. [A. G-L.].

37 do. En mi artículo «La negación»[230] estudié el caso en que un pensamiento aparece como compuesto por un pensamiento y por una parte que requiere complementación o, como se puede decir también, una parte no saturada, a la cual corresponde en el lenguaje la palabra de negación. No podemos negar sin negar algo y ese algo es un pensamiento. Por el hecho de que el pensamiento sature la parte no saturada o, como también se puede decir, complete la parte que requiere ser completada, se logra la cohesión del todo. Y es natural suponer que en general, en el ámbito de lo lógico, la composición para formar un todo tiene lugar porque algo no saturado es saturado[231].

Vamos a examinar aquí un caso especial de tal composición, el caso en que dos pensamientos se combinan para formar un pensamiento único. En el ámbito del lenguaje corresponderá a esto la combinación de dos oraciones para formar un todo que también es una oración. Imitando la expresión gramatical «oración compuesta» (*Satzgefüge*) formo la expresión «pensamiento compuesto» (*Gedankengefüge*), sin querer implicar con esto que toda oración compuesta tiene como sentido un pensamiento compuesto, ni que todo pensamiento compuesto es el sentido de una oración compuesta. Por un pensamiento compuesto entiendo un pensamiento compuesto por pensamientos, pero no solo por pensamientos. Un pensamiento es, en efecto, algo completo y saturado, no requiere ser complementado para existir. Por esto los pensamientos no se adhieren unos a otros si no los conecta algo que no es un pensamiento. Podemos suponer que este conectivo (*dieses Fügende*) no está saturado. El pensamiento

---

230. En el volumen 1 de esta revista, p. 143. [Nota de Frege]. Cf. Frege (1918-1919b), cf. pp. 187-212 de esta edición. [R. E. y L. P.].

231. Aquí y en lo sucesivo no se debe perder de vista jamás que este saturar, este combinar, no es un proceso en el tiempo. [Nota de Frege].

compuesto debe ser él mismo un pensamiento, a saber, algo que es verdadero o falso; no hay una tercera posibilidad.

No toda oración que en el lenguaje está formada por otras oraciones nos puede proveer de un ejemplo útil. La gramática, en efecto, conoce oraciones que no pueden ser admitidas por la lógica como oraciones en sentido estricto, porque no expresan pensamientos. Esto se ve en las oraciones relativas, pues en una relativa separada de su oración principal no podemos reconocer lo que se pretende designar con el pronombre relativo. En una oración de ese tipo no tenemos un sentido por cuya verdad podamos preguntar. En otras palabras: como sentido de una oración relativa aislada, no tenemos un pensamiento. Por eso no podemos esperar que a una oración compuesta por una oración principal y una relativa corresponda como sentido un pensamiento compuesto.

Primera clase de pensamientos compuestos

En el lenguaje parece que el caso más simple fuera el de una oración principal unida a otra principal por la conjunción «y». Sin embargo, el asunto no es tan simple como parece a primera vista, pues en una oración asertiva hay que distinguir dos cosas: el pensamiento expresado y la aserción.
Aquí interesa solo lo primero, porque no son actos de juzgar 38
los que han de ser ligados[232]. Por esta razón, entiendo que las oraciones ligadas por «y» deben ser enunciadas sin fuerza asertiva. La mejor manera de liberarse de la fuerza asertiva consiste en transformar el todo en una pregunta, pues con

---

232. Los lógicos, al parecer, entienden a menudo por «juicio» algo que yo llamo pensamiento. En mi terminología digo: se juzga al reconocer como verdadero un pensamiento. Este acto de reconocimiento lo llamo juicio. El juicio es manifestado por una oración enunciada con fuerza asertiva. Pero se puede captar y expresar un pensamiento sin reconocerlo como verdadero, es decir, sin juzgar. [Nota de Frege].

esta se puede expresar el mismo pensamiento que en la oración asertiva, pero sin aserción. Cuando unimos mediante «y» dos oraciones de las cuales ninguna es enunciada con fuerza asertiva, cabe preguntar si el sentido del todo, que de esta manera surge, es un pensamiento. En este caso no solo cada una de las oraciones que son partes, sino también el todo tiene que tener un sentido que pueda constituir el contenido de una pregunta. Cuando se pregunta a los miembros del jurado «¿El acusado prendió fuego intencionalmente al montón de leña y produjo intencionalmente un incendio forestal?» es importante saber si hay aquí dos preguntas o una sola. Si los miembros del jurado tienen posibilidad de responder afirmativamente a la pregunta relativa al montón de leña y negativamente la relativa al incendio forestal, quiere decir que tenemos dos preguntas, cada una de las cuales contiene un pensamiento. No cabe entonces hablar de un pensamiento compuesto por esos dos pensamientos. Pero si los miembros del jurado pueden responder solamente «sí» o «no», sin dividir el todo en preguntas que son partes –y supongo en este caso que es así– entonces ese todo es una única pregunta y esta solo puede ser respondida afirmativamente, si el acusado prendió fuego intencionalmente al montón de leña y produjo también intencionalmente el incendio forestal. En cualquier otro caso, la pregunta debe ser respondida negativamente. Por lo tanto, si uno de lo miembros estima que el acusado puso fuego intencionalmente al montón de leña pero que el fuego se extendió luego sin intención de parte del acusado y alcanzó el bosque, entonces debe responder negativamente. Por eso[233] hay que distinguir entre los pensamientos que son partes y el pensamiento de toda

233. Seguimos aquí la conjetura de Patzig, quien sugiere leer aquí «*darum*» (por eso) en vez de «*dann*» (luego, entonces). Cf. Patzig (1966) p. 88. [R. E. y L. P.].

la pregunta. Esta incluye, además de los dos pensamientos que son partes, aquello que los une, y a esto corresponde en el lenguaje la «y». Esa palabra es empleada aquí de una manera especial. Interesa en este contexto solo como conjunción entre oraciones propiamente tales. Estas son las oraciones que expresan un pensamiento. Un pensamiento, a su vez, es algo que es verdadero o falso, no cabe una tercera posibilidad. La «y» de la cual se habla aquí, debe unir sólo oraciones enunciadas sin fuerza asertiva. Con esto no se quiere excluir el acto de juzgar, pero este, en caso de darse, debe referirse al pensamiento compuesto completo. Si queremos presentar como verdadero un compuesto de esta primera clase, podemos emplear, por ejemplo, el giro: «es verdad que...y que...»[234].

Así como no debe ligar oraciones asertivas, nuestra «y» tampoco debe ligar oraciones interrogativas (*Fragesätze*).
En nuestro ejemplo se somete al jurado una sola pregunta. 39
Pero el pensamiento que esta pregunta somete a juicio está compuesto por dos pensamientos. El jurado tiene que dar un solo juicio en su respuesta. Esto pude parecer ciertamente un refinamiento excesivo y rebuscado. ¿No es en el fondo lo mismo que el jurado responda primero afirmativamente la pregunta «¿Prendió fuego el acusado intencionalmente al montón de leña?» y luego afirmativamente la pregunta «¿produjo el acusado intencionalmente un incendio forestal?» o que de un golpe responda afirmativamente toda la pregunta propuesta? En el caso de la afirmación puede parecer que es indiferente; la diferencia se ve en cambio claramente cuando la respuesta es negativa. Por eso es útil expresar el pensamiento mediante una pregunta, pues habrá que obser-

---

234. Seguimos la edición de Angelelli (1967) que marca aquí un punto aparte, en vez del punto seguido que se encuentra en Patzig (1966). [R. E. y L. P.].

var tanto el caso de negación como el de la afirmación, si se quiere captar correctamente el pensamiento.

La «y», determinada así más exactamente de acuerdo a su uso, aparece como doblemente no saturada. Para su saturación exige una oración que la anteceda y una oración que la siga. Lo que corresponde a la «y» en el ámbito del sentido debe ser también algo doblemente no saturado. Al ser saturado por pensamientos, combina esos pensamientos[235]. Como mera cosa, la letra «y» es algo tan saturado como cualquier otra cosa. Es respecto a su uso como signo para expresar un sentido que se la puede llamar no saturada, pues solo en la posición entre oraciones puede tener el sentido en cuestión. Su función como signo, reclama una complementación mediante una oración antecedente y una consecuente. En rigor, la no saturación se da en el ámbito del sentido y desde allí es transferida al signo.

Si «A» es una oración propiamente tal, enunciada sin fuerza asertiva y sin hacer una pregunta, y si lo mismo vale para «B», entonces «A y B» es también una oración propiamente tal y su sentido es un pensamiento compuesto de primera clase. Para expresar esto digo también: «A y B» expresa un pensamiento compuesto de primera clase.

Que «B y A» posee el mismo sentido que «A y B», se comprende sin necesidad de prueba al tomar conciencia de su sentido. Tenemos aquí un caso en que un mismo sentido corresponde en el lenguaje a diferentes expresiones. Esta divergencia entre el signo que lo expresa y el pensamiento expresado es una consecuencia inevitable de la diferencia entre lo que aparece en el espacio y el tiempo, y el mundo de los pensamientos[236].

---

235. Cf. la nota 231. [Nota de Frege].

236. Otro caso de este tipo es que «A y A» tiene el mismo sentido que «A». [Nota de Frege].

Por último podemos indicar una inferencia que es válida aquí.

> A es verdadero[237];
> B es verdadero; por lo tanto
> (A y B) es verdadero[238].

SEGUNDA CLASE DE PENSAMIENTOS COMPUESTOS 40

La negación de un compuesto de primera clase, de un pensamiento con un pensamiento, es ella misma un compuesto de ambos pensamientos. A esto lo quiero llamar pensamiento compuesto de segunda clase. Si un compuesto de primera clase de dos pensamientos es falso, el compuesto de segunda clase de dichos pensamientos es siempre verdadero y viceversa. Un compuesto de segunda clase solo es falso si cada uno de los pensamientos componentes (*gefügte Gedanken*) es verdadero. Un pensamiento compuesto de segunda clase es siempre verdadero, si por lo menos uno de los pensamientos componentes es falso. Aquí se da siempre por supuesto que los pensamientos no pertenecen a la poesía. Al presentar un pensamiento compuesto de segunda clase como verdadero declaro que los pensamientos componentes (*gefügte Gedanken*) son incompatibles (*unvereinbar*).

Sin saber si

$$\left(\frac{21}{20}\right)^{100} \text{ es mayor que } \sqrt[10]{10^{21}},$$

---

237. Cuando escribo «A es verdadero», quiero decir más exactamente: «el pensamiento expresado por la oración "A" es verdadero». Esto mismo vale para los casos semejantes. [Nota de Frege].

238. En suma, los pensamientos compuestos de primera clase corresponden a la forma $(a \wedge b)$. [R. E. y L. P.].

y sin saber si

$$\left(\frac{21}{20}\right)^{100} \text{ es menor que } \sqrt[10]{10^{21}}$$

puedo reconocer, pese a todo, que el compuesto de primera clase de estos dos pensamientos es falso. Por eso el compuesto de segunda clase de estos pensamientos es verdadero. Además de los pensamientos componentes (*gefügte Gedanken*) tenemos algo que los compone. El conectivo es aquí también doblemente no saturado. Y la composición se produce porque los pensamientos que son partes saturan el conectivo.

Para expresar brevemente un pensamiento compuesto de esta clase, escribo

«No [A y B]»

siendo «A» y «B» las oraciones que corresponden a los pensamientos componentes (*gefügte Gedanken*). En esta expresión resalta más claramente el conectivo; es el sentido de lo que en ella hay además de las letras «A» y «B». Los dos vacíos en la expresión

«No [y]»

permiten reconocer la doble no saturación. El conectivo es el sentido doblemente no saturado de esta expresión doblemente no saturada. Al llenar los vacíos mediante expresiones de pensamientos, formamos una expresión de un pensamiento compuesto de segunda clase. Pero en rigor no se debe decir que el pensamiento compuesto se origina de esta manera, pues es un pensamiento y un pensamiento no se origina.

En un pensamiento compuesto de primera clase, los dos pensamientos son intercambiables. La misma intercambiabilidad debe darse en la negación de un pensamiento compuesto de primera clase; en consecuencia, en un pensamiento compuesto de segunda clase. Si «No [A y B]» expresa un pensamiento compuesto, entonces «No [B y A]» expresa

el mismo compuesto de los mismos pensamientos. Ni aquí
ni en los compuestos de primera clase debe concebirse esta
intercambiabilidad como un teorema, pues en el dominio
del sentido no hay diferencia[239]. Es por lo tanto evidente que 41
el sentido de la segunda oración compuesta (*Satzgefüge*) es
verdadero si el de la primera lo es, pues se trata del mismo
sentido.

También aquí se puede indicar una inferencia

> No [A y B] es verdadero;
> A es verdadero; por lo tanto
> B es falso[240].

Tercera clase de pensamientos compuestos

El compuesto de primera clase de la negación de un primer pensamiento, con la negación de un segundo pensamiento, es también un compuesto del primer pensamiento con el segundo. Lo llamo compuesto de tercera clase del primer pensamiento con el segundo. Sea el primer pensamiento, por ejemplo, que Pablo sabe leer, el segundo, que Pablo sabe escribir. El compuesto de tercera clase de estos dos pensamientos será el pensamiento de que Pablo no sabe leer ni escribir. Un pensamiento compuesto de tercera clase solo es verdadero, si cada uno de los dos pensamientos componentes es falso. Un pensamiento compuesto de tercera clase es falso, si por lo menos uno de los pensamientos componentes es verdadero. También en el pensamiento com-

---

239. Esta afirmación no debe ser entendida con la universalidad que parece tener. Como lo indica la frase siguiente, quiere decir solamente que la intercambiabilidad modifica solo el orden de las oraciones parciales, no así el sentido de la oración compuesta. [A. G-L.].

240. Es decir, los pensamientos compuestos de segunda clase corresponden a la forma $\neg (a \wedge b)$. [R. E. y L. P.].

puesto de tercera clase los dos pensamientos componentes son intercambiables. Si «A» expresa un pensamiento, «no A» debe expresar la negación de este pensamiento. Valga lo mismo para «B». Si «A» y «B» son oraciones propiamente tales, entonces el sentido de

«(no A) y (no B)»

que también se puede escribir

«ni A, ni B»,

es el compuesto de tercera clase de los pensamientos expresados por «A» y por «B».

El conectivo es aquí el sentido de lo que hay en esas expresiones además de las letras «A» y «B». Los dos vacíos en

«(no) y (no)»

o en

«ni , ni »

indican la doble no saturación de estas expresiones que corresponde a la doble no saturación del conectivo. Al ser saturado este mediante pensamientos, se origina el compuesto de tercera clase de estos pensamientos.

También aquí puede indicarse una inferencia

A es falso;
B es falso; por lo tanto
(ni A ni B) es verdadero[241].

Los paréntesis sirven para aclarar que su contenido es el todo cuyo sentido es presentado como verdadero.

---

241. Los pensamientos compuestos de tercera clase tienen la siguiente forma $(\neg a \wedge \neg b)$. [R. E. y L. P.].

Cuarta clase de pensamientos compuestos

La negación de un compuesto de tercera clase de dos
pensamientos es también un compuesto de estos dos pen-
samientos. Lo podemos llamar un pensamiento compuesto
de cuarta clase. El compuesto de cuarta clase de dos pen- 42
samientos es el compuesto de segunda clase de la negación
de esos pensamientos. Si se presenta como verdadero un
pensamiento compuesto de este tipo, se quiere decir que
por lo menos uno de los pensamientos componentes (*gefügte
Gedanken*) es verdadero. Un pensamiento compuesto de cuar-
ta clase es falso solamente si cada uno de los pensamientos
componentes es falso. Si «A» y «B» son nuevamente oraciones
propiamente tales, el sentido de

«no [(no A) y (no B)]»

es un pensamiento compuesto de cuarta clase de los pensamientos expresados por «A» y «B». Lo mismo vale para

«no [ni A ni B]»

Esto lo escribimos brevemente así.

«A o B»

La «o» en este sentido solo puede estar entre dos oraciones, a saber, entre dos oraciones propiamente tales. Al reconocer como verdadero a un pensamiento compuesto de esta especie, no excluyo que ambos pensamientos componentes puedan ser verdaderos. Tenemos aquí la «o» no excluyente. El conectivo es el sentido de aquello que aparece en «A o B», además de «A» y «B», en consecuencia, es el sentido de

«(o)»,

donde ambos vacíos, a la izquierda y a la derecha de «o», indican la doble no saturación del conectivo. Las oraciones ligadas por «o» deben ser concebidas solo como expresiones de pensamientos, y desprovistas individualmente de fuerza asertiva. El pensamiento compuesto total, por el contrario, puede ser reconocido como verdadero. Esto no aparece con claridad en la expresión lingüística. Al afirmar que «5 es mayor que 4 o que 5 es menor que 4», cada una de las oraciones parciales tiene la forma lingüística que tendría si se la enunciara individualmente con fuerza asertiva, en tanto que, de hecho, es solo el compuesto total el que es presentado como verdadero.

Tal vez se estimará que el sentido que aquí damos a la palabra «o» no siempre concuerda con su uso habitual. En contra de esto, hay que señalar antes que nada que al fijar el sentido de expresiones científicas no se puede pretender que estas coincidan exactamente con el lenguaje usual. Las más de las veces este uso no es apropiado para fines científicos, donde se siente la necesidad de acuñar términos más exactos. Al científico le debe estar permitido emplear la palabra «oído» de una manera divergente de la usual. En el ámbito de la lógica los pensamientos secundarios que resuenan <en una expresión> puedan causar molestia. Después de lo dicho sobre el uso de «o» se puede afirmar conforme a la verdad: «Federico el Grande venció en Roßbach o dos es mayor que tres»[242]. Alguien podía pensar: «¡Que extraño! ¿Qué tiene que ver la batalla de Roßbach con el sinsentido de que dos es mayor que tres?». Que dos es mayor que tres es falso, pero no un sinsentido. Que la falsedad de un pensamiento sea fácil o difícil de discernir, es indiferente para la lógica. Habitualmente suponemos que, tratándose

---

242. La batalla de Roßbach fue librada en el marco de la «Guerra de los siete años» en las cercanías de Reichardtswerben (actual Sachsen-Anhalt) y fue ganada por las fuerzas de Prusia (cuyo rey a la sazón era Federico el Grande), que derrotaron al ejército francés. [R. E. y L. P.].

de oraciones ligadas por «o», el sentido de una tiene que ver con sentido de la otra, que entre ellas hay algún tipo de afinidad. En un caso dado se podrá incluso indicar esa 43
afinidad, pero en otros casos será diferente, de modo que se hace imposible indicar una afinidad de sentido que siempre vaya asociada con «o» y que pueda atribuirse al sentido de esta palabra. Pero ¿por qué el hablante agrega la segunda oración? Si quiere afirmar que Federico el Grande venció en Roßbach, basta con la primera oración; que el hablante no quiere afirmar que dos es mayor que tres, es algo que hay que dar por supuesto. Si el hablante se hubiera contentado con la primera oración, habría dicho más con menos palabras. ¿Por qué este derroche de palabras? También estas preguntas nos conducen solo a pensamientos secundarios. Que propósitos (*Absichten*) y motivos tuvo el hablante para decir esto y no aquello, es algo que no nos interesa. Nos interesa solo lo que dice.

Los pensamientos compuestos de las primeras cuatro clases tienen en común que los pensamientos componentes (*gefügte Gedanken*) son intercambiables.

Aquí también sigue una inferencia:

> (A o B) es verdadero;
> A es falso; por lo tanto
> B es verdadero[243].

Quinta clase de pensamientos compuestos

Si formamos un compuesto de primera clase a parir de la negación de un pensamiento y de un segundo pensamiento,

---

243. Los pensamientos compuestos de cuarta clase tienen, entonces, la forma (a ∨ b). [R. E. y L. P.].

obtenemos un compuesto de quinta clase del primer pensamiento con el segundo. Si «A» expresa el primer pensamiento y «B» el segundo, el sentido de

«(no A) y B»

expresa un pensamiento compuesto de este tipo. Un compuesto de esta clase es verdadero si y solo si el primer pensamiento componente (*der erste gefügte Gedanke*) es falso y el segundo verdadero. De este modo el pensamiento compuesto expresado, por ejemplo, por

«(no $3^2 = 2^3$) y ($2^4 = 4^2$)»

es verdadero. Es el pensamiento de que 3^2 no es igual a 2^3 y 2^4 es igual a 4^2. Después de que alguien ha reconocido que 2^4 es igual a 4^2, supone tal vez que en general el exponente y la base de una potencia son intercambiables. Otra persona procura mantener a raya este error diciendo «2^4 es igual a 4^2, pero 2^3 no es igual a 3^2». Si se pregunta qué diferencia hay entre la adición con «y» y la con «pero», hay que responder: respecto a lo que yo llamo pensamiento o sentido de una oración, es indiferente elegir el giro con «y» o aquel con «pero». La diferencia radica únicamente en lo que llamo iluminación[244] del pensamiento; ella no pertenece al ámbito de la lógica.

El conectivo en un pensamiento compuesto de quinta clase es el sentido, que requiere ser complementado doblemente, de la expresión

«(no) y ( )»

que a su vez necesita una doble complementación.

---

244. Cf. mi artículo «El pensamiento» en el tomo primero de esta revista, p. 63. [cf. Frege (1918-1919a). Esta edición pp. 151-185]. [Nota de Frege].

Aquí los pensamientos componentes (*gefügte Gedanken*) 44
no son intercambiables, porque

«(no B) y A»

no expresa lo mismo que

«(no A) y B».

El lugar del primer pensamiento en el compuesto no es del mismo tipo que el del segundo pensamiento. No atreviéndome a formar una nueva palabra, me veo forzado a emplear la palabra «lugar» en sentido figurado. Al hablar de la expresión escrita del pensamiento, habrá que tomar «lugar» en su sentido especial usual. Al lugar en la expresión del pensamiento debe corresponder algo en el pensamiento mismo y para esto mantengo la palabra «lugar». Aquí no podemos permitir que los pensamientos cambien de lugar; sin embargo, podemos poner en el lugar del primer pensamiento la negación del segundo y a la vez en el lugar del segundo la negación del primero. También esto debe ser entendido con prudencia, pues no me refiero a una acción en el espacio y el tiempo. A partir de

«(no A) y B»

obtenemos

«(no (no B)) y (no A)»

Puesto que «(no (no B))» tiene el mismo sentido que «B», tenemos

«B y (no A)»

que expresa lo mismo que

«(no A) y B»[245]

---

245. Los pensamientos compuestos de quinta clase tienen entonces la forma $(\neg a \wedge b)$. [R. E. y L. P.].

Sexta clase de pensamientos compuestos

La negación de un compuesto de quinta clase de un pensamiento con un segundo pensamiento es un compuesto de sexta clase del primer pensamiento con el segundo. Se puede decir, también, que el compuesto de segunda clase de la negación del primer pensamiento con el segundo es un compuesto de sexta clase del primer pensamiento con el segundo. Un compuesto de quinta clase de un primer pensamiento con un segundo, es verdadero si y solo si el primer pensamiento es falso y el segundo verdadero. De aquí se sigue que un compuesto de sexta clase de un primer pensamiento con un segundo es falso si y solo si el primer pensamiento es falso y el segundo verdadero. Un pensamiento compuesto de esta clase es, en consecuencia, verdadero si el primer pensamiento es verdadero, independientemente de que el segundo sea verdadero o falso. Un pensamiento compuesto de esta clase es también verdadero si el segundo pensamiento es falso, independientemente de que el primer pensamiento sea verdadero o falso.

Sin saber si

$$\left(\left(\frac{21}{20}\right)^{100}\right)^{2} \text{ es mayor que } 2^{2}$$

y sin saber si

$$\left(\frac{21}{20}\right)^{100} \text{ es mayor que } 2,$$

puedo, sin embargo, reconocer que el compuesto de sexta clase del primer pensamiento con el segundo es verdadero. La negación del primer pensamiento y el segundo pensamiento se excluyen mutuamente. Esto se pude enunciar así:

$$\text{«Si } \left(\frac{21}{20}\right)^{100} \text{ es mayor que 2, entonces } \left(\left(\frac{21}{20}\right)^{100}\right)^{2} \text{ es mayor que } 2^{2}\text{.»}$$

En lugar de «compuesto de sexta clase» digo también «pensamiento compuesto hipotético» y llamo al primer pensamiento «consecuencia» (*Folge*) y al segundo «condición» (*Bedingung*) en el pensamiento compuesto hipotético. De acuerdo con esto, un pensamiento compuesto hipotético es verdadero si la consecuencia es verdadera. También es verdadero un pensamiento compuesto hipotético si la condición es falsa, independientemente de que, la consecuencia sea verdadera o falsa. Pero la consecuencia debe ser siempre un pensamiento.

Sean nuevamente «A» y «B» oraciones propiamente tales. Tenemos entonces que

«no ((no A) y B)»

es la expresión de un compuesto hipotético, cuya consecuencia es el sentido (contenido del pensamiento) de «A» y cuya condición es el sentido de «B». Podemos escribir también

«Si B, entonces A».

Por cierto que aquí pueden surgir dudas. Se estimará tal vez que eso no coincide con el uso habitual del lenguaje. Frente a ello hay que volver a insistir en que a la ciencia le debe estar permitido tener su propio uso lingüístico y en que esta no siempre se puede someter al lenguaje usual. Justamente aquí, veo la mayor dificultad para la filosofía: para sus tareas se encuentra con un instrumento poco apropiado, el lenguaje usual, en cuya formación fueron codeterminantes necesidades completamente distintas que las de la filosofía. Así también la lógica se ve forzada a adaptar para sí un instrumento útil a partir de aquello con que se encuentra. También para esta tarea encuentra inicialmente instrumentos de escasa utilidad.

Muchos declararán con seguridad que la oración

«si 2 es mayor que 3, entonces 4
es un número primo»

carece de sentido y sin embargo, de acuerdo con lo que he establecido, es verdadera porque la condición es falsa. Ser falso no significa aún carecer de sentido. Sin saber si

$$\sqrt[10]{10^{21}} \text{ es mayor que } \left(\frac{21}{20}\right)^{100}$$

se puede reconocer que si

$$\sqrt[10]{10^{21}} \text{ es mayor que } \left(\frac{21}{20}\right)^{100},$$

$$\left(\sqrt[10]{10^{21}}\right)^{2} \text{ es mayor que } \left(\left(\frac{21}{20}\right)^{100}\right)^{2};$$

y nadie dirá que esto carece de sentido. Ahora bien, es falso que

$$\sqrt[10]{10^{21}} \text{ es mayor que } \left(\frac{21}{20}\right)^{100}.$$

46 E igualmente falso es que

$$\left(\sqrt[10]{10^{21}}\right)^{2} \text{ es mayor que } \left(\left(\frac{21}{20}\right)^{100}\right)^{2}.$$

Si esto se pudiese ver con la misma facilidad con que se ve la falsedad de que 2 es mayor que 3, el pensamiento compuesto hipotético de este ejemplo nos aparecería tan carente de sentido como aquel. Para la consideración lógica es indiferente que la falsedad de un pensamiento pueda verse con menor o mayor facilidad, pues esta diferencia es psicológica.

Incluso el pensamiento expresado por la oración compuesta

> «Si tengo un gallo que hoy puso un huevo, mañana por la mañana se derrumbará la catedral de Colonia»

es verdadero. «Pero la condición y la consecuencia no tienen aquí absolutamente ninguna interconexión interna», dirá tal vez alguien. Yo no he exigido ninguna interconexión de este tipo en mi explicación y pido que por «si B, entonces A» se entienda lo que he dicho y expresado en la fórmula

«no [no A y B]».

Es cierto que, en un comienzo, esta concepción de una oración compuesta hipotética parecerá extraña. En mi explicación no me interesa coincidir con el lenguaje usual, el cual es generalmente demasiado vago y ambiguo para los fines de la lógica. Todo tipo de problemas se agolpan aquí, por ejemplo, el de relación de causa y efecto; el del propósito (*Absicht*) con que un hablante enuncia una oración del tipo «si B entonces A»; la razón por la cual considera verdadero su contenido. El hablante da, tal vez, algunas pistas respecto a estas preguntas que le surgen al oyente. Estas pistas forman parte de los accesorios que a menudo se entretejen con el pensamiento en el lenguaje usual. Mi tarea consiste aquí en separar lo accesorio y dejar como núcleo lógico un compuesto de dos pensamientos, un compuesto que he llamado pensamiento compuesto hipotético. La visión de la estructura de los pensamientos <compuestos> de dos pensamientos componentes (*zwei gefügte Gedanken*) debe construir el fundamento para la consideración de múltiples pensamientos componentes (*gefügte Gedanken*).

Lo que he dicho sobre la expresión «si B, entonces A» no debe ser entendido en el sentido de que toda oración compuesta que tenga esta forma expresa un pensamiento compuesto hipotético. Si «A», por sí sola, no es la expresión completa de un pensamiento, es decir, no es una oración propiamente tal; o si «B», por sí sola, no es una oración propiamente tal, tenemos un caso diferente. En la oración compuesta

«Si alguien es un asesino,
entonces él es un delincuente»

ni el antecedente (*Bedingungssatz*), ni el consecuente (*Folgesatz*), expresan por separado un pensamiento. Si acaso lo expresado por la oración «él es un delincuente,» separada de la interconexión y desprovista de toda otra pista, es verdadero o falso, es algo que no se pude decidir, pues la palabra «él» no es un nombre propio. Si la oración es separada de la interconexión y no se le agrega otra pista, <esa palabra> no designa nada. De aquí se sigue que el consecuente (*Nachsatz*) no expresa ningún pensamiento y que no es una oración propiamente tal. Esto mismo vale
47 para la oración condicionante, pues posee un componente –«alguien»– que tampoco designa nada. Y a pesar de todo, la oración compuesta puede expresar un pensamiento. El «alguien» remite al «él» y viceversa. Por esto, y por el «si ..., entonces ...» quedan de tal modo ligadas ambas oraciones, que juntas expresan un pensamiento. En un pensamiento compuesto hipotético, en cambio, podemos distinguir tres pensamientos: la condición, la consecuencia y el pensamiento compuesto por ambas. Una oración compuesta no siempre expresa un pensamiento compuesto y es muy importante distinguir los dos casos que pueden darse en una oración compuesta que tenga la forma

«Si B, entonces A».

También aquí agrego una inferencia:

[Si B, entonces A] es verdadero;
B es verdadero; por lo tanto
A es verdadero.

Es en esta inferencia donde tal vez sale a la luz con mayor claridad lo más peculiar del pensamiento compuesto hipotético.

Digna de mención es también la siguiente manera de inferir:

[Si C, entonces B] es verdadero
[Si B, entonces A] es verdadero; por lo tanto
[Si C, entonces A] es verdadero.

Aquí hay que mencionar una manera de expresarse que induce a error. Algunos matemáticos se expresan como si se pudiese sacar conclusiones a partir de un pensamiento cuya verdad todavía es dudosa. Al decir «infiero A a parir de B» o «concluyo de B la verdad de A», se entiende por B una de las premisas o la premisa única de la inferencia. Pero antes de reconocer la verdad de un pensamiento no se lo puede emplear como premisa de una inferencia, no se pude inferir o concluir nada de él. Cuando se piensa que es esto lo que se está haciendo, se confunde, me parece, el reconocimiento de la verdad de un pensamiento compuesto hipotético con una inferencia, pues se toma la condición del compuesto como una premisa. Ahora bien, el reconocimiento de la verdad del sentido de

«si C, entonces A»

puede depender de una inferencia, como en el ejemplo señalando más arriba, y puede haber allí dudas acerca de si C es verdadero[246]; pero aquí el pensamiento expresado por «C» no es en absoluto premisa de esta inferencia. La premisa era el sentido de la oración.

«si C, entonces B».

Si el contenido del pensamiento de «C» fuese premisa de la inferencia, no aparecería en el resultado de la inferencia; pues en eso consiste precisamente la operación de inferir.

Hemos visto que en un pensamiento compuesto de quinta 48
clase el primer pensamiento puede ser reemplazado por la

---

246. Más exactamente: si el pensamiento expresado por «C» es verdadero. [Nota de Frege].

negación del segundo y, a la vez, el segundo pensamiento por la negación del primero sin modificar el sentido del todo. Dado que un pensamiento compuesto de sexta clase es la negación de un pensamiento compuesto de quinta clase, vale también lo mismo para un pensamiento de sexta clase: en un compuesto hipotético, sin cambiar el sentido, se puede reemplazar la condición por la negación de la consecuencia y, a la vez, la consecuencia por la negación de la condición. Paso del *modus ponens* al *modus tollens*, contraposición.

RESUMEN DE LOS SEIS PENSAMIENTOS COMPUESTOS

I. A y B;	II. No (A y B);
III. (no A) y (no B);	IV. No ((no A) y (no B));
V. (no A) y B;	VI. No ((no A) y B)).

Resulta tentador agregar

A y (no B);

pero el sentido de

«A y (no B)»

es el mismo que el de

«(no B) y A»,

para cualquier oración «A» y cualquier oración «B» con tal que sean oraciones propiamente tales. Dado que

«(no B) y A»

tiene la misma forma que

«(no A) y B»,

no obtenemos con esto nada nuevo, sino una vez más la expresión de un pensamiento compuesto de quinta clase, y con

«no (A y (no B))»

tenemos a su vez la expresión de un pensamiento compuesto de sexta clase. Nuestras seis clases de pensamientos compuestos forman así un todo completo y, como componentes originarios, aparecen aquí el compuesto de primera clase y la negación. La preeminencia que parece tener aquí el compuesto de primera clase sobre los demás, por aceptable que sea para el psicólogo, no se justifica lógicamente. Se puede tomar como base cualquier otra clase de pensamientos compuesto y derivar de ella las otras mediante la negación, de modo que para la lógica las seis clases están igualmente justificadas. Si se parte, por ejemplo, del compuesto hipotético.

Si B, entonces C

o

no ((no C) y B)

y si en lugar de «C» se pone «no A», se obtiene

si B, entonces no A

o

no (A y B).

Por negación del todo, resulta 49

no (si B, entonces no A)

o

A y B.

De acuerdo con esto,

no (si B, entonces no A)

quiere decir lo mismo que

A y B,

y se ha reducido así un compuesto de primera clase a un compuesto hipotético y a la negación. Puesto que de los compuestos de primera clase y de la negación se pueden derivar los pensamientos compuestos restantes, también se pueden derivar todos los pensamientos compuestos de nuestras seis clases a partir de los compuestos hipotéticos y de la negación. Lo dicho de los compuestos de primera y sexta clase vale en general para los pensamientos compuestos de la seis clases, de modo que ninguna de estas clases tiene precedencia alguna sobre la demás. Cada una de ellas puede servir de base para la derivación de las otras. La elección no está determinada por el estado de cosas lógico.

Con algo semejante nos encontramos en la fundamentación de la geometría. Es posible construir dos geometrías diferentes, de modo que algunos teoremas de la primera aparezcan como axiomas de la segunda y algunos teoremas de la segunda, aparezcan como axiomas de la primera.

Observemos ahora casos en los que no entran en composición diferentes pensamientos, sino que un pensamiento está en composición consigno mismo. Si «A» es nuevamente una oración propiamente tal,

«A y A»

expresa el mismo pensamiento que «A». Aquello no dice ni más ni menos que esto. Así también

«no (A y A)»

expresa lo mismo que «no A».

Igualmente

«(no A) y (no A)»

expresa lo mismo que «no A»: en consecuencia

«no [(no A) y (no A)]»

expresa lo mismo que «no no A» o que «A».

Ahora bien,

«no [(no A) y (no A)]»

expresa un compuesto de cuarta clase. En este caso decimos también

«A o A».

Por eso no solo

«A y A»,

sino también

«A o A»

tiene el mismo sentido que «A».

El asunto es distinto en el compuesto de quinta clase. El 50
pensamiento compuesto expresado por

«[(no A) y A]»

es falso, puesto que de dos pensamientos de los cuales uno es la negación del otro, uno es siempre falso, de modo que también su compuesto de primera clase es falso. Por lo tanto, el compuesto de sexta clase de un pensamiento consigo mismo, es decir, el expresado por

«no [(no A) y A]»

es verdadero, si «A» es una oración propiamente tal. Este pensamiento compuesto lo podemos reproducir en el lenguaje mediante la oración

«si A, entonces A»,

por ejemplo, «Si el Schneekoppe es más alto que el Brocken, entonces el Schneekoppe es más alto que el Brocken».

Ante un caso de esta especie se ciernen las siguientes preguntas «¿Expresa esta oración un pensamiento? ¿No se trata de una oración desprovista de contenido? ¿Qué se aprende de nuevo al oírla?». Tal vez antes de oírla uno no conocía en absoluto esta verdad y por lo tanto tampoco la reconocía. En esta medida, y bajo estas condiciones, se pude efectivamente aprender algo nuevo. No se puede, en efecto, negar la verdad de que el Schneekoppe es más alto que el Brocken, si el Schneekoppe es más alto que el Brocken. Puesto que solo los pensamientos pueden ser verdaderos, esta oración compuesta tiene que expresar un pensamiento y entonces también la negación de este pensamiento es un pensamiento, pese a su aparente falta de sentido. Siempre hay que tener presente que se puede expresar un pensamiento sin aseverarlo. Aquí se trata solamente del pensamiento. La apariencia de sinsentido viene dada solo por la fuerza asertiva con la que involuntariamente se piensa que ha sido enunciada la oración. Pero ¿quién puede decir que quien la enuncia sin fuerza asertiva, lo hace para presentar su contenido como verdadero? Tal vez lo hace precisamente con la intención contraria.

Esto se pude generalizar. Sea «O» una oración que expresa un caso concreto de una ley lógica, pero sin presentarlo como verdadero. «No O» aparece entonces fácilmente como carente de sentido, pero solo porque se piensa esta oración como enunciada con fuerza asertiva. El aseverar un pensamiento que contradice una ley lógica puede parecer, de hecho, si no un sinsentido, al menos un contrasentido, porque la verdad de una ley lógica se hace evidente directamente a partir de sí misma, a partir del sentido de su expresión. Pero es lícito expresar un pensamiento que contradice una ley lógica, pues es lícito negarlo. «O» misma, parece ser una oración casi sin contenido.

Dado que todo pensamiento compuesto es él mismo un pensamiento, puede entrar en composición con otros pensamientos. Así el compuesto expresado por

«(A y B) y C»,

está compuesto por los pensamientos expresados por

«A y B» y por «C».

También lo podemos concebir como compuesto por los pensamientos que

«A», «B», «C» 51

expresan. Pueden así originarse[247] pensamientos compuestos que contienen tres pensamientos. Otros ejemplos de compuestos de tres pensamientos son expresados por

«no [(no A) y (B y C)]» y
«no [(no A) y ((no B) y (no C))]».

Así se podrá encontrar también ejemplos de pensamientos compuestos que incluyen cuatro, cinco o más pensamientos.

Para formar todos estos compuestos bastan pensamientos compuestos de primera clase y la negación, pudiéndose elegir, en lugar de la primera clase, cualquiera otra de nuestras seis clases. Ahora nos apremia la pregunta de si acaso todo pensamiento compuesto se forma de esta manera. Por lo que respecta a las matemáticas, estoy convencido de que no aparecen allí pensamientos compuestos formados de otra manera. También en física, química y astronomía es difícil que se den pensamientos formados de manera diferente. Las oraciones finales, en cambio, exhortan a ir con cautela y parecen exigir una investigación más detallada. Este problema quiero dejarlo aquí sin resolver. Con todo, parece que los pensamientos compuestos formados a partir de compuestos de primera clase mediante la negación se merecen una denominación especial. Se los puede llamar pensamientos compuestos matemáticos. Esto no quiere decir que haya otros

---

247. Este originarse no debe ser concebido como un proceso en el tiempo. [Nota de Frege].

pensamientos compuestos. También desde otra perspectiva parecen tener algo en común los pensamientos compuestos matemáticos. En efecto, si se reemplaza en uno de ellos un pensamiento verdadero por otro verdadero, el pensamiento compuesto formado de esta manera será verdadero o falso, según haya sido verdadero o falso el compuesto originario. Lo mismo vale para el caso de que se reemplace en un pensamiento compuesto matemático un pensamiento falso por otro pensamiento falso. Ahora diré que dos pensamientos tienen el mismo valor de verdad, si ambos son verdaderos o si ambos son falsos. De acuerdo con esto, digo que el pensamiento expresado por «A» tiene el mismo valor de verdad que el expresado por «B», si o bien

«A y B»

o bien

«(no A) y (no B)»

expresa un pensamiento verdadero. Luego de haber establecido esto, nuestra tesis se puede enunciar así:

> «Si en un pensamiento compuesto matemático se reemplaza un pensamiento por otro pensamiento que tenga el mismo valor de verdad, el pensamiento compuesto resultante tiene el mismo valor de verdad que el originario».

APÉNDICE

El presente apéndice fue compilado especialmente para esta edición. Contiene la traducción de un conjunto de diez cartas que nos parecieron representativas de los aspectos más importantes que Frege aborda en su interesante epistolario con importantísimas figuras intelectuales de su época. En efecto, Frege estuvo en contacto epistolar con E. Husserl, B. Russell, P. Jourdain, L. Wittgenstein, D. Hilbert, G. Peano, M. Pasch, L. Couturat y C. Stumpf, entre otros. En este apéndice hemos incluido parte del epistolario de Frege con los tres primeros autores mencionados. Las cartas traducidas aquí son las siguientes:

Carta de Frege a Husserl (24/05/1891)
Carta de Frege a Husserl (30/10 - 01/11/1906)
Carta de Frege a Husserl (09/12/1906)

Carta de Russell a Frege (16/06/1902)
Carta de Frege a Russell (22/06/1902)
Carta de Russell a Frege (12/12/1902)
Carta de Frege a Russell (28/12/1902)

Carta de Jourdain a Frege (15/01/1914)
Borrador de carta a Jourdain (enero de 1914)

Las cartas entre Frege y Russell han sido traducidas por Ruth Espinosa. Las restantes, por Luis Placencia. Hemos seguido para la traducción la canónica edición del epistolario disponible en Frege (1976).

Carta de Frege a Husserl (24/05/1891)[1]

Jena, 24 de mayo de 1891.

Estimado Doctor:

94 Me ha alegrado usted con el envío de la *Filosofía de la aritmética*, junto con la reseña de las lecciones de Schröder sobre

---

1. Esta carta fue encontrada entre los manuscritos de Husserl en el «Archivo Husserl» de Lovaina. La carta de Husserl a la que Frege responde aquí no ha sido encontrada. Junto con ella Husserl envió a Frege tres obras suyas (Cfr. nota 2 en este APÉNDICE). Esta misiva inicia un breve intercambio epistolar que sostendrá Frege con el entonces poco conocido «docente privado» (*Privatdozent*) de la Universidad de Halle, E. Husserl. El intercambio cesará por algunos años después de la publicación de la crítica reseña a la *Filosofía de la aritmética* que escribió Frege y que parece haber congelado la relación entre ambos (para traducción de la reseña, cf. *supra* pp. 113-138). La correspondencia será retomada en 1906, nuevamente a instancias de Husserl, entonces ya un reconocido profesor en la Universidad de Göttingen (a la sazón había publicado ya sus *Investigaciones lógicas*). Husserl envía entonces a Frege nuevamente algunas de sus obras, lo cual abre una vez más el diálogo entre ambos. Fruto de ese segundo intercambio son las otras dos cartas de Frege a Husserl traducidas más abajo (cf. pp. 247-256). En la carta que aquí presentamos, se refiere Frege, luego de manifestar algunas de sus aprehensiones frente a las *Lecciones sobre el álgebra de la Lógica* de Schröder (Husserl envía una copia de su reseña de este texto a Frege): 1) a la distinción entre sentido y referencia (esta carta es el documento más temprano que tenemos en el que Frege recurre a esta distinción) y 2) al importante asunto de la referencia de las «palabras de concepto» (tratado también en Frege (1969) pp. 128-136, esta edición pp. 79-92), explicando su modelo por medio de un ilustrativo diagrama (cf. *infra* pp. 244-245). Frege considera que su modelo difiere del de Husserl en cuanto el propio Frege considera como referencia de las palabras de concepto al concepto mismo, mientras que Husserl, en la *Filosofía de la aritmética*, consideraría como referencia de las palabras de concepto a los objetos que caen bajo el concepto, quedando el concepto mismo como el sentido de las palabras de concepto. Lamentablemente, Husserl no se refiere en su respuesta a estos interesantes aspectos, sino que solo comenta aspectos menores de las obras que Frege le envía junto con esta carta. [R. E. y L. P.].

álgebra de la lógica y su ensayo sobre el cálculo inferencial y la lógica de contenido[2], tanto más porque yo mismo me he ocupado bastante de esos asuntos. Junto con discordancias respecto de mis opiniones, creo notar en sus escritos, no obstante, algunas coincidencias <conmigo>. He leído con mucho interés su reseña del trabajo de Schröder y me he sentido estimulado a poner por escrito ahora mis propias ideas <al respecto>, lo cual ya me había propuesto hacer una vez que hubiera aparecido el volumen II. Quizá aparezca <mi escrito> en *Zeitschrift für Philosophie und philosophische Kritik*[3]. Estoy de acuerdo con usted cuando considera defectuosas las definiciones que da Schröder del 0, del 1, de *a* + *b* y de *a* • *b*. En sentido estricto, Schröder define, en vez de *a* + *b*, el <signo> € por segunda vez, junto 95
con +. No es lícito definir con una y la misma definición dos cosas distintas, y menos aún lo que ya ha sido definido con anterioridad. El signo € debería haber sido introducido de una vez para todos los casos posibles. Aunque *a* + *b* haya sido definido por su cuenta, debería seguirse sin más lo que debe entenderse por «*a* + *b* € *c*». Si uno, asombrado por la primera aparición de $\sqrt{-1}$, se toma la cabeza a dos manos y se pregunta: ¿qué significa (*bedeuten*) eso?, hay entonces un indicio de que la primera introducción del signo de la raíz cuadrada contenía vacíos, y de que era, por ende, defectuosa. La definición debe ser tal, que no pueda surgir ninguna duda sobre <el signo> $\sqrt{-1}$, después de que hayan sido explicados correctamente el signo menos y «1». En lo concerniente a la argumentación de Schröder que usted llama sofística (p. 245 del texto de Schröder), creo poder mostrar que, a partir de los fundamentos (*Grundlagen*) de Schröder, se puede llegar tanto a los resultados

2. Cf. Husserl (1891a), (1891b), (1891c). [R. E. y L. P.].

3. Frege publicó finalmente esta obra, pero bastante tiempo después y en otra revista. Cf. Frege (1895a). [R. E. y L. P.].

de él como a los suyos[4], porque en su <concepto de> «clase», se hallan unidos dos significados (*Bedeutungen*) completamente diferentes. Si se adhiere a uno <de los significados>, entonces
96 el 0 de Schröder debe ser rechazado de todas maneras. Por cierto, puede mantenerse el algoritmo con la correspondiente determinación del significado (*Bedeutung*) de «€», pero no tiene nada que ver con la lógica. En el otro caso, es admisible el 0, y nos encontramos realmente en consideraciones lógicas, pero falta la intuitividad (*Anschaulichkeit*), y los diagramas de Euler no son totalmente inofensivos.

Pero aquí esto solo puede ser sugerido.

Le agradezco en particular su *Filosofía de la aritmética*, en la que usted toma en consideración detenidamente mis esfuerzos en este ámbito, tal como hasta aquí casi no ha ocurrido. Espero encontrar pronto tiempo para responder a sus objeciones. Todo lo que quisiera decir ahora es que parece haber una diferencia de opinión entre nosotros en lo tocante a cómo se relacionan las palabras de concepto (el nombre común) con los objetos. El siguiente esquema puede aclarar mi opinión:

Oración	Nombre propio	Palabra de concepto	
↓	↓	↓	
Sentido de la oración (pensamiento)	Sentido del nombre propio	Sentido de la palabra de concepto	
↓	↓	↓	
Referencia (*Bedeutung*) de la oración (valor de verdad)	Referencia (*Bedeutung*) del nombre propio (objeto)	(Referencia de la palabra de concepto (concepto))	Objeto que cae bajo el concepto

4. Este es uno de los principales puntos desarrollados en Frege (1895a). [R. E. y L. P.].

En el caso de las palabras de concepto, hay un paso más hasta el objeto que en el caso de los nombres propios, y el último paso puede no ocurrir –es decir, el concepto puede ser vacío– sin que por ello la palabra de concepto deje de ser aplicable científicamente[5]. He dibujado lateralmente el último paso del concepto al objeto, para indicar que ocurre al mismo nivel y que los objetos y conceptos tienen la misma objetividad (mis *Fundamentos* §47). Para el uso poético basta con que todo tenga un sentido, para el científico no deben faltar tampoco las referencias. En los *Fundamentos* no había hecho aún la distinción entre sentido y referencia. Yo diría ahora «que posee referencia» (*bedeutungsvoll*) en el §97 en vez de «que posee sentido» (*sinnvoll*). También, por lo demás, en los §§100, 101, 102 muchas veces «sentido» por «referencia». Lo que antes llamé contenido judicable[6] lo he dividido en pensamiento y valor de verdad. El juzgar (*das Urteilen*) en sentido estrecho se podría caracterizar como tránsito de un pensamiento a un valor de verdad.

Me[7] parece que en su caso el esquema se vería más o 98
menos así:

Palabra de concepto

↓

Sentido de la palabra de concepto
(concepto)

↓

Objeto que cae bajo el concepto

---

5. Cf. Frege (1969) p. 135. Esta edición p. 91. [R. E. y L. P.].
6. Cf. Frege (1879b) §2. [R. E. y L. P.].
7. El lector podrá haber notado que la numeración que introducimos aquí salta de la p. 96 a la 98. Esto se explica por el hecho de que la edición de Gabriel *et al.* incluye en la página 97 una reproducción facsimilar de una parte de la carta de Frege que aquí traducimos. [R. E. y L. P.].

de modo que en su caso habría igual número de pasos tanto desde el nombre propio, como desde la palabra de concepto, a los objetos. La diferencia entre nombres propios y palabras de concepto sería solamente que aquellos solo se podrían relacionar con un objeto, mientras que estos con más de uno. Una palabra de concepto cuyo concepto fuera vacío debería ser desechada en la ciencia, de igual manera que un nombre propio al cual no le corresponde ningún objeto.

Lamentablemente, solo le puedo enviar por el momento algunos escritos pequeños como réplica a sus valiosos envíos. A partir de las dos conferencias sobre la conceptografía espero que usted reconozca (*erkennen*) como infundado el juicio de Schröder (nota a la p. 95 de sus *Lecciones sobre el álgebra de la lógica*[8]). Por cierto, los textos que le envío no corresponden del todo a mi posición actual, como usted seguramente podrá notar a partir de una comparación con «Función y concepto». Pero, dado que es fácil traducirlos a mi terminología actual, pueden ser útiles para hacerse una idea del uso de mi conceptografía. En vez de «circunstancias», se debería decir «valores de verdad».

En la esperanza de que el intercambio de ideas entre nosotros continúe y de que contribuya en algo al fomento de la ciencia,

con gran respeto,

Dr. G. Frege.

---

8. Frege envía a Husserl, junto con esta carta, ejemplares de Frege (1879a) y Frege (1883). En la mención al juicio de Schröder, según hacen notar los editores de la correspondencia fregeana, Frege se refiere probablemente a la idea que expresa Schröder en la página citada indicando que la *Conceptografía* «no merece ese nombre, sino que sería algo así como una "escritura judicativa lógica" (aunque no la más adecuada)». [R. E. y L. P.].

Carta de Frege a Husserl (30/10 - 01/11/1906)[9]

Jena, 30 de octubre al 01 de noviembre de 1906.

Muy estimado colega:

Agradeciéndole mucho su amable envío[10], me permito 101
comunicarle <solo> algunas observaciones que se me han ocurrido al leerlo, dado que en este momento no tengo tiempo para explayarme a fondo.

Los lógicos hacen muchas distinciones sobre los juicios (*Urteile*) que me parecen indiferentes para la lógica y dejan de hacer otras que considero importantes. Los lógicos, me parece, todavía se apegan demasiado al lenguaje y a la gramática y están muy enredados en la psicología. Esto les impide estudiar mi *Conceptografía*, algo que justamente podría, por cierto, ejercer un efecto liberador. Consideran que el proceso mental no está correctamente presentado por medio de la *Conceptografía*, y ello ocurre con razón, pues este no es en absoluto su propósito. Si da pie a nuevos procesos mentales, esto no contradice su propósito. Aún se sostiene que la tarea de la lógica es estudiar ciertos procesos mentales. La lógica,

---

9. Al igual que en el caso de las cartas de 1891, no poseemos la epístola que Husserl dirigió a Frege y que reabre el intercambio de correspondencia entre ambos, después de más de una década. [R. E. y L. P.].

10. Según hacen notar los editores de la versión alemana disponible en Frege (1980), Husserl habría enviado, junto con la carta a la que aquí responde Frege, el quinto artículo de la serie titulada *Bericht über deutsche Schriften zur Logik in den Jahren 1895-1899* («Informe acerca de escritos alemanes sobre lógica en los años 1895-1899»), que fue publicado en *Archiv für systematische Philosophie* X 1904 pp. 101-125. Este quinto artículo trata de una discusión crítica del texto de A. Marty, titulado «Über subjektlose Sätze und das Verhältnis der Grammatik zur Logik und Psychologie», publicado en la *Vierteljahrsschrift für wissenschaftliche Philosophie* XIX, 1895, pp. 19-87. No se sabe si Frege leyó los anteriores cuatro artículos de Husserl. [R. E. y L. P.].

en realidad, tiene tan poco que ver con esos procesos como con el movimiento de los cuerpos celestes. La lógica no es en absoluto parte de la psicología. El teorema de Pitágoras
102 expresa el mismo pensamiento para todos los seres humanos, mientras que cada uno tiene sus propias representaciones, sentimientos, decisiones, que son diferentes de las de los demás. Los pensamientos no son imágenes mentales y el pensar (*das Denken*) no es un generar y construir interno, sino <que es> la captación de pensamientos que ya están dados de manera objetiva. Solo deberían hacerse aquellas distinciones que son relevantes para las leyes lógicas. En la mecánica gravitacional nadie diferencia los cuerpos según sus propiedades ópticas. No se diferencia <en la lógica actual> -o bien se diferencia muy poco- entre concepto y objeto. Naturalmente, si ambos son representaciones en sentido psicológico, la diferencia entre ambos apenas se nota. Con esto se vincula la diferencia entre conceptos de primer y segundo grado (*Begriffe erster und zweiter Stufe*). Es muy importante, mas ¿quién de entre los lógicos sabe algo de eso? En la lógica hay que decidirse a tratar las oraciones equipolentes como diferenciables solo según la forma. Una vez que se ha abstraído de la fuerza asertiva con que se han enunciado, las oraciones equipolentes tienen algo común en el contenido, y esto es lo que llamo el pensamiento que ellas expresan. Solo este es relevante para la lógica. A lo restante lo llamo coloración e iluminación del pensamiento. Si nos decidimos a dar este paso, obviamos de un solo golpe una mezcla de distinciones inútiles y una fuente de innumerables disputas, para las cuales no hay resolución objetiva. Y tenemos <además> la vía despejada para los genuinos análisis lógicos. Naturalmente, la oración mediante la cual se analiza es siempre diferente, desde el punto de vista psicológico, de la analizada. Y todo análisis lógico puede ser impedido por medio de la objeción de que ambas oraciones solo son

equipolentes, mientras se acepte esta objeción. En efecto, no es posible trazar un límite nítidamente reconocible entre oraciones meramente equipolentes y oraciones congruentes. Las mismas oraciones que impresas pueden parecer congruentes, pueden ser emitidas con diferente énfasis, y por lo tanto no son equivalentes desde toda perspectiva. Solo una vez que el genuino análisis lógico se ha hecho posible pueden reconocerse los elementos lógicos y se ilumina la espesura. Bastaría con poseer una sola oración modelo (*Normalsatz*)[11] para cada sistema de oraciones equipolentes y con estas oraciones modelo se podría comunicar cada pensamiento. Con una oración modelo tendría cada uno el sistema total de oraciones equipolentes y podría ir a cualquiera de aquellas, cuya iluminación fuera particularmente de su gusto. No puede ser tarea de la lógica el investigar el lenguaje y determinar lo que hay en las expresiones lingüísticas. Quien quiere aprender lógica a partir del lenguaje es como un adulto que quiere aprender a pensar a partir de un niño. Cuando los seres humanos crearon (*bilden*) el lenguaje se encontraban en un estado de pensamiento figurativo infantil. Las lenguas no están hechas conforme al patrón lógico (*nach dem logischen Lineale*). También lo lógico en el lenguaje aparece escondido bajo figuras que no siempre dan en el blanco. En un estadio temprano de la creación del lenguaje (*Sprachbildung*), parece ser que tuvo lugar una excesiva exuberancia de formas lingüísticas. Posteriormente muchas debieron ser dejadas de
lado y simplificadas. La tarea principal del lógico consiste en 103
liberarse del lenguaje y en simplificarlo. La lógica debe ser la jueza del lenguaje. Se debería dejar fuera <la distinción entre> sujeto y predicado o se debería limitar esa relación a la caída de un objeto bajo un concepto (subsunción). La

11. Debo en parte este giro a Valdés Villanueva (1998), que traduce «proposición modelo». [R. E. y L. P.].

relación de subordinación (*Unterordnung*) de un concepto bajo un concepto es tan diferente de aquella, que tampoco está permitido hablar en este caso de sujeto y predicado.

En relación a las oraciones conectadas por medio de «y» e «ni... ni» (p. 121), estoy de acuerdo con usted en lo esencial[12]. Yo lo diría así: A la conexión de dos oraciones por medio de «y» corresponde la conexión de dos pensamientos para formar un pensamiento al cual puede extenderse, como un todo, una negación y el que también puede ser reconocido como verdadero como un todo.

En cuanto a la pregunta por si la oración «si *A*, entonces *B*» es equipolente con la oración «no hay *A* sin *B*» (*es ist nicht A ohne B*)[13], se debe decir lo siguiente: en la conexión hipo-

12. Los editores de la correspondencia fregeana destacan que, en la página indicada del artículo, Husserl critica la interpretación de Marty según la cual, en las ya mencionadas oraciones conectadas por «y» o «ni... ni», la afrmación o la negación no alcanza unitariamente la totalidad del enunciado, sino que se divide en las dos partes del mismo. [R. E. y L. P.].

13. Frege comenta aquí lo sostenido por Husserl en torno a la doctrina de Marty, según la cual las dos proposiciones mencionadas tienen «idéntico sentido». Husserl niega no solo la igualdad de sentido de estas proposiciones, sino también la equipolencia de las mismas. Para Husserl, las proposiciones serían equipolentes si la negación de ambas da algo equivalente. Pero la negación de «Si A entonces B» sería, según Husserl «*Puede* darse el caso de que *A*, sin que se de el caso de que *B*», mientras que la negación de «no se da el caso de que *A* sin *B*», sería «se da el caso de que *A* sin *B*». Por tanto ambas oraciones no serían equipolentes, según Husserl. Esto ocurre porque, a diferencia de Frege, Husserl interpreta aquí el condicional como «implicación estricta» (cfr. Frege [1980] p. 42. n. 4). Husserl y Frege utilizan indistintamente la expresión «es ist *A* ohne *B*», que traduzco acá por «no hay *A* sin *B*» y la expresión «es gilt *A* ohne dass *B* gilt», que traduzco por «se da el caso de que *A* sin darse el caso de que *B*». La última expresión es particularmente compleja en castellano, ya que no existe un verbo que traduzca exactamente el sentido de la palabra alemana *gelten*, verbo de gran frecuencia en la lógica alemana

tética de oraciones (*Satzverbindung*) tenemos normalmente oraciones en sentido impropio, de modo que ni el antecedente (*Bedingungssatz*) ni el consecuente (*Folgesatz*) expresan por sí mismos un pensamiento, sino que solo lo hace la oración compuesta completa (*das ganze Satzgefüge*). Tenemos entonces, en cada una de las oraciones <que componen la oración compuesta>, un componente meramente indicativo (*andeutender Bestandteil*), y ellos se señalan mutuamente. En la matemática, ese tipo de componentes son usualmente letras (si $a > 1$, entonces $a^2 > 1$). De esta manera, la oración adquiere el carácter de una ley, es decir <adquiere> generalidad de contenido (*Allgemeinheit des Inhaltes*). Pero supongamos ahora que las letras «*A*» y «*B*» reemplazan genuinas oraciones. Entonces no hay casos en los cuales *A* es verdadera y otros
en los que *A* es falsa, sino que *A* es verdadera o falsa, *tertium* 104
non datur[14]. Lo mismo vale para *B*. Tenemos entonces cuatro combinaciones:

A es verdadera y B es verdadera
A es verdadera y B es falsa
A es falsa y B verdadera
A es falsa y B es falsa.

---

de fines del S. XIX y principios del XX, especialmente en el ámbito del neokantismo y de la llamada «lógica de la validez (o del valor)» (*Geltungslogik*). [R. E. y L. P.].

14. La expresión latina *tertium non datur*, es decir: «no hay un tercero», es una de las formas en que se nombra la también llamada «ley del tercero excluido», según la cual para una oración *p* solo hay dos valores de verdad, a saber: verdadero o falso, pues *tertium non datur*. Lo que parece querer decir Frege, entonces, es que a diferencia de una expresión matemática con variables libres, que puede ser verdadera o falsa según la sustitución de la variable, si *A* y *B* representan oraciones (es decir, cada una de ellas una oración determinada), entonces ocurre que *A* es verdadera o falsa en cada oración y lo mismo vale para *B*. [R. E. y L. P.].

De estas combinaciones, la primera, la tercera y la cuarta son compatibles con la oración «si *A* entonces *B*». La segunda no lo es. La negación <de si *A* entonces *B*>[15] es, entonces: *A* es verdadera y *B* es falsa. O: es el caso de que *A* sin que sea el caso de que *B* (*Es gilt A, ohne dass B gilt*), lo mismo que el lado derecho[16].

Asumamos ahora, en segundo lugar, que las letras «*A*» y «*B*» representan oraciones en sentido no genuino. Entonces las escribimos de preferencia así, en vez de «*A*» y «*B*», $\Phi(a)$ y $\Psi(a)$, donde «*a*» es el componente indicativo. La oración «si Φ(a) entonces $\Psi(a)$» tiene ahora generalidad de contenido y la negación elimina esa generalidad y señala que habría un objeto (llamémoslo Δ), tal que $\Phi(\Delta)$ sería verdadero y $\Psi(\Delta)$ falso. Esto es presumiblemente lo que usted quiere decir con

---

15. Como hacen notar los editores de la correspondencia de Frege, la expresión «la negación» se refiere a la negación de «si *A* entonces *B*». Frege procede comparando las negaciones de dos proposiciones, al igual que lo hacía Husserl en el artículo que acompaña la carta que aquí responde el filósofo de Wismar. En ella Husserl trataba de mostrar que las oraciones mencionadas («si *A* entonces *B*» y «no hay *A* sin *B*») *no son equipolentes*, y para ello utilizaba un método de comparación de negaciones. La negación de «si *A* entonces *B*» es «*puede* darse el caso que *A* sin que se de el caso que *B*», mientras que la negación de «no hay *A* sin *B*» es «se da el caso que *A* sin que se de el caso que *B*». [R. E. y L. P.].

16. La expresión «al lado derecho» cobra sentido en el marco de la ya mencionada comparación que realiza Frege emulando a Husserl (cf. *supra* pp. 250-251.). Dado que no tenemos el original de la carta, no podemos saber con exactitud lo anterior, pero lo más probable es que Frege haya puesto en dos columnas las oraciones «si *A* entonces *B*» (al lado izquierdo) y «no hay *A* sin *B*» o «no se da el caso que *A* sin que se de el caso que *B*» (al lado derecho), que es la igualdad de la que se ocupa Husserl en el artículo que comenta Frege aquí. Frege, entonces, ha mostrado que, según su consideración, las oraciones mencionadas más arriba («si *A* entonces *B*» y «no hay *A* sin *B*») sí son equipolentes. Husserl, por el contrario, las consideraba no equipolentes. [R. E. y L. P.].

las palabras «puede ser el caso que *A* sin que sea el caso que *B*». La proposición «no se da el caso de que $\Phi(a)$ sin $\Psi(a)$» ha de entenderse ahora así: «en general, sea lo que sea a, no se da el caso que $\Phi(\mathrm{a})$ sin $\Psi(\mathrm{a})$». Y la negación es: «No ocurre en general que, sea lo que sea a, no se da el caso que $\Phi(a)$ sin $\Psi(a)$». Con otras palabras: «Hay a lo menos un objeto (digamos Δ), tal que $\Phi(\Delta)$ es verdadero mientras que $\Psi(\Delta)$ falso». Tenemos entonces lo mismo que a la izquierda. En cada caso, por lo tanto, tenemos una equipolencia. Si se consulta mi *Conceptografía* (que ya tiene veintiocho años), encontramos la respuesta a tal pregunta sin mayor rodeo. ¿Son estas oraciones también congruentes? Sobre eso se podría discutir durante cien años o más. Yo, al menos, no veo cuál criterio podría dar ahí una solución objetiva.

Pero creo que una pregunta para cuya respuesta no hay un criterio objetivo no tiene absolutamente ningún lugar en la ciencia.

Un saludo muy respetuoso,

G. Frege.

Carta de Frege a Husserl (09/12/1906)

Jena, 9 de diciembre de 1906.

Muy distinguido colega: 105

Le agradezco mucho por su carta del 16 de noviembre[17], que me provocó las siguientes observaciones.

---

17. No conservamos esta carta de Husserl, así como tampoco la del 10/11/1906, que contenía la respuesta de Husserl a la carta de Frege traducida más arriba (cf. *supra* pp. 247-253). En la carta del 10/11/1906, según Scholz, Husserl remite a Bolzano para responder a Frege y se refiere al asunto de las oraciones equipolentes y de la coloración. La carta del 10/11/1906 es complementada por otra del 16 del mismo mes (a la que se refiere Frege aquí), donde Husserl se

Me parece que es necesario poseer un criterio para reconocer un pensamiento como el mismo porque sin un criterio tal no es posible el análisis lógico. Ahora bien, me parece que solo es posible decidir si la oración *A* expresa el mismo pensamiento que la oración *B* por el siguiente medio (supongo aquí que ninguna de las dos oraciones contiene en su sentido un componente lógicamente evidente). Si tanto la suposición de que el contenido de *A* es falso y el de *B* verdadero, como también la suposición de que el contenido de *A* es verdadero y el de *B* falso llevan a una contradicción lógica, sin que se necesite para esto saber si el contenido de *A* o de *B* es verdadero o falso y sin que se requiera otra cosa que leyes puramente lógicas, entonces nada puede pertenecer al contenido de *A*, en cuanto él puede ser juzga-
106 do como verdadero o falso, que no pertenezca también al contenido de *B*, puesto que para un excedente de ese tipo faltaría todo fundamento en el contenido de *B*, y según la suposición <inicial> un excedente tal tampoco sería lógicamente evidente. Asimismo, según nuestra suposición, nada puede pertenecer al contenido de *B*, en cuanto es capaz de ser juzgado como verdadero o falso, que no pertenezca también al contenido de *A*. Coincide entonces lo que es juzgable como verdadero o como falso en el contenido de *A* o *B* y solo esto es lo que concierne a la lógica, y esto es lo que llamo el pensamiento expresado tanto por *A* como por *B*. Por supuesto que se pueden contar múltiples cosas

---

refiere, de acuerdo a los apuntes de Scholz, a las «paradojas» (que según Scholz mismo, podría haber sido la ya mencionada paradoja de Russell-Zermello). Con posterioridad a la carta traducida aquí, Husserl escribió otra epístola entre los días 21/12/1906 y 13/01/1907. Según Scholz, la carta constaba de dos partes, una que continuaba la carta del 16/11/1906 (nuevamente sobre las paradojas) y otra que respondía a la presente carta de Frege (según Scholz, la carta versaba sobre los «compuestos hipotéticos»). [R. E. y L. P.].

como parte del contenido de *A*, por ejemplo, una disposición, sentimientos, representaciones. Pero nada de esto es juzgado como verdadero o falso. En el fondo, no interesa a la lógica. Así como tampoco interesa a la ética lo que no puede ser moralmente bueno o malo. ¿Hay algún otro medio para juzgar qué parte del contenido de una oración está sometido a la lógica, o cuándo dos oraciones expresan el mismo pensamiento? Yo creo que no. Si no se posee un medio de esta índole, se puede discutir infinitamente sobre asuntos lógicos, sin llegar a ningún resultado.

Tengo reparos, además, sobre lo siguiente. Usted escribe: «La forma <que contiene la expresión> "todos" es entendida normalmente de manera tal, que la existencia de objetos que caen bajo los términos conceptuales (*unter den terminalen Begriffen*) está mentada (*mitgemeint*) y se supone que ha sido admitida de antemano». Me parece que el sentido que usted persigue solo se alcanza si se borra la palabra «mentada». Si la existencia estuviera mentada, entonces la negación de la oración «todos los *m* son *n*», sería «hay un *m* que no es *n*» o «no hay ningún *m*». Pero me parece que usted no quiere decir esto. La existencia debe estar, por cierto, admitida de antemano como un supuesto, pero no estar mentada. Yo empleo el giro con <el término> «todos», de manera tal que la existencia no es ni mentada ni admitida de antemano como un supuesto. El uso lingüístico no puede ser lo absolutamente decisivo, ya que no tenemos que preocuparnos por lo que sea el uso lingüístico. Por el contrario, en la lógica podemos fijar el uso lingüístico según nuestras necesidades lógicas. El fundamento para mi fijación <del uso lingüístico> es la simplicidad. No es factible que una forma de expresión como aquella que contiene <la expresión> «todos», y que se quiere usar como forma fundamental en la consideración lógica, se use de manera tal que con ella se expresen al mismo tiempo en una oración dos pensamientos diferenciables, a menos que la oración consista en dos oraciones conectadas por «y». Hay que tratar siempre de regresar a los elementos, a lo simple. Debe ser posible expresar los pensamientos principales sin los pensamientos añadidos. Por eso no quiero mentar el pensamiento añadido de la existencia si uso un giro con <la expresión> «todos».

Como siempre, con gran respeto,

G. Frege

Carta de Russell a Frege (16/06/1902)

Friday's Hill, Haslemere,
16 de junio de 1902.

Estimado colega,

211 Hace ya un año y medio que conozco sus *Leyes fundamentales de la aritmética*, pero recién ahora me ha sido posible encontrar el tiempo para el estudio a fondo que me propongo dedicar a sus escritos. Estoy en total acuerdo con usted en todos los asuntos principales (*Hauptsachen*), especialmente en lo que concierne al rechazo de todo momento psicológico en la lógica y en la valoración de una conceptografía para los fundamentos de la matemática y de la lógica formal, las que son, por cierto, apenas diferenciables. En muchos temas específicos encuentro en usted discusiones, distinciones y definiciones que uno busca en vano en otros lógicos. En especial acerca de la función (§9 de su *Conceptografía*) llegué de manera independiente, incluso en los detalles, a las mismas ideas (*Ansichten*). Tan solo en un punto me topé con una dificultad. Usted afirma (p. 17) que la función podría también constituir (*bilden*) el elemento indeterminado. Yo también creí eso antes, sin embargo esa idea me parece ahora dudosa a causa de la

siguiente contradicción: sea *w* el predicado de ser un predicado que no puede ser predicado de sí mismo ¿Se puede predicar *w* de sí mismo? A partir de cada respuesta se sigue su contradictoria (*Gegenteil*), por lo que es necesario concluir que *w* no es un predicado[18]. De la misma manera, no hay una clase (como un todo [*als Ganzes*]) de las clases que, en tanto todo (*als Ganzes*), no se pertenezcan a sí misma. De ello concluyo que, bajo ciertas circunstancias, un conjunto (*Menge*) definible no constituye un todo.

Estoy terminando un libro acerca de los principios de la matemática[19], y en él quiero comentar su obra muy minuciosamente. Si bien ya tengo sus libros, o los compraré pronto, 212
le estaría muy agradecido si pudiese enviarme separatas de sus artículos <aparecidos> en diferentes revistas. Pero en caso de que lo último fuese imposible, los conseguiré de alguna biblioteca.

El tratamiento exacto de la lógica está muy retardado en las cuestiones fundamentales, donde los símbolos fallan. En su obra encuentro lo mejor que conozco de nuestro tiempo y por ello me he permitido expresarle mi profundo respeto.

---

18. Russell se refiere aquí al pasaje del §9 titulado «La función» de la *Conceptografía* donde Frege señala que «puede ser también al revés, que el argumento <sea> determinado y la función indeterminada». Este tipo de funciones indeterminadas son las que a partir del §10 de la misma obra será designadas por medio de letras griegas mayúsculas (*v. gr.* $\Phi(a)$). Russell rechaza esta idea de Frege sobre la base de la contradicción que él mismo explica en la carta, de la cual concluye que *w* no es un predicado y que no existe la clase de las clases que no se pertenecen a sí misma como elemento. Dicha contradicción conduce a la muy conocida paradoja que lleva su nombre, también denominada «paradoja (o antinomia) de Russell-Zermello». Para una breve aclaración de ella cf. *supra* pp. 24-25. [R. E. y L. P.].

19. Russell se refiere a Russell & Whitehead (1910-1913). [R. E. y L. P.].

Es muy de lamentar que aún no haya conseguido publicar el segundo volumen de sus *Leyes Fundamentales*, espero no obstante que esto ocurra.

Un saludo muy respetuoso,
Bertrand Russell.

La contradicción arriba mencionada se expresa en la notación (*Begriffsschrift*) de Peano como sigue:

$$w = \mathrm{cls} \cap x \ni (x \sim \varepsilon x) \,.\, \supset :\, w \,\varepsilon\, w \,.=.\, w \sim \varepsilon w.$$ [20]

He escrito al respecto a Peano, pero aún me debe una respuesta.

Carta de Frege a Russell (22/06/1902)

Jena, 22 de junio de 1902.

Estimado colega:

212 Muchas gracias por su interesante carta del 16 de junio. Me alegro de que usted esté de acuerdo conmigo en muchos <aspectos>, y de que tenga la intención de discutir mi obra en detalle. En relación a su petición le envío las siguientes <copias> impresas (*Drucksachen*)

1. Aclaración crítica, etc.
2. Sobre la conceptografía de Peano, etc.

---

20. Consideramos aquí de gran utilidad reproducir una parte de la nota explicativa de la fórmula recién introducida por Russell que añaden los editores de la correspondencia de Frege. Cf. Gabriel *et al.* (1969) p. 212: «Esta fórmula expresa que si w es la clase de los x, tal que $x \notin x$, es válido que $w \in w \longleftrightarrow w \notin w$. Russell asume, sin cambios en lo esencial, la notación de Peano, *Formulaire de Mathématiques*, Tome II, §2 (Arithmétique), Turin 9. VIII. 1898, cf. Fórmula 450 p. VII: u ε Cls . $\supset$. Cls u = Cls $\cap x \ni (x \supset a)$ = "clase de u" Df». [R. E. y L. P.].

3. Sobre concepto y objeto,

4. Sobre sentido y referencia,

5. Sobre las teorías formales de la aritmética[21].

He recibido un sobre vacío, cuya inscripción parece ser 213
de su mano. Supongo que ha tenido usted la intención de enviarme algo que por casualidad se ha extraviado. Si es ese el caso, le agradezco su amable intención. Incluyo el anverso del sobre.

Cuando ahora vuelvo a leer mi *Conceptografía*, encuentro que en algunos puntos he cambiado de parecer (*Ansicht*), tal como colegirá a partir de la comparación con mis *Leyes fundamentales de la aritmética*. En mi *Conceptografía* le solicito que tache el párrafo que comienza con «no menos se reconoce...» en la p. 7, puesto que es errado[22], lo que, por lo demás, no trae consecuencias desfavorables para lo que resta del contenido de mi opúsculo.

Su descubrimiento de la contradicción me ha sorprendido sobremanera y casi diría, consternado, porque por causa de ella tambalea el fundamento sobre el que pensé se edificaba la aritmética. Parece ser, pues, que la conmutación de la generalización (*Allgemeinheit*) de una ecuación (*Gleichheit*) en una ecuación de cursos de valor (*Wertverlaufsgleichheit*) (§9 de mis *Leyes fundamentales*) no es siempre lícita, que es falso mi axioma V (§20 p. 36)[23] y que mis aclaraciones en el §31

---

21. Estos textos corresponden a Frege (1895a), (1897), (1892b), (1892c), (1886). [R. E. y L. P.].

22. El error que entraña el párrafo aludido fue acusado por E. Schröder en su recensión de la *Conceptografía* de Frege. (*Zeitschrift für Mathematik und Physik* 25, 1880, pp. 81-94). [R. E. y L. P.].

23. En el pasaje aludido, Frege expresa simbólicamente el contenido de su axioma V, pero tal como él hace notar la relevancia del mismo debe rastrearse desde los primeros parágrafos de sus *Leyes fundamentales de la aritmética* donde se ocupa en detalle del concepto de función, entre otros. Reproducimos aquí las palabras de Frege en el §20 p. 36

ya no son suficientes para asegurarle, en todos los casos, una referencia a mis conexiones de signos. Debo seguir reflexionando acerca del asunto. El asunto es tanto más grave puesto que con la supresión de mi axioma V no solo los fundamentos de mi aritmética, sino el único fundamento posible de la aritmética parece condenado a hundirse. Y sin embargo, me inclino a pensar, que debe ser posible establecer (*aufstellen*) condiciones tales para la conversión de la generalización de una ecuación (*Gleichheit*), en una ecuación de curso de valor, de modo que se conserve lo esencial de mis pruebas (*Beweise*). En todo caso, su descubrimiento es muy notable y tendrá quizás como consecuencia un gran progreso en la lógica, aunque parezca ser a primera vista tan indeseable.

Por otra parte, la expresión «un predicado que se predica de sí mismo» no me parece precisa. Un predicado es, por regla general (*in der Regel*), una función de primer grado que exige como argumento un objeto, y por tanto no puede tenerse a sí misma como argumento (sujeto). Yo preferiría decir: «un concepto se predica de su propia extensión» (*Umfang*). Si la función $\Phi(\xi)$ es un concepto, designo su extensión (*Umfang*)
215 (o la clase[24] perteneciente) mediante «$\acute{\varepsilon}\Phi(\varepsilon)$» (por cierto que la legitimidad [*Berechtigung*] de esto se me ha vuelto ahora dudosa). En «$\Phi(\acute{\varepsilon}\Phi(\varepsilon))$» o «$\acute{\varepsilon}\Phi(\varepsilon) \frown \acute{\varepsilon}\Phi(\varepsilon)$[25]» tenemos entonces la predicación del concepto $\Phi(\xi)$ de su propia extensión.

---

de la obra ya mencionada: «Hemos visto (§3, §9) que una ecuación de cursos de valor se puede siempre convertir en la generalización (*Allgemeinheit*) de una ecuación y viceversa: $\vdash (\acute{\varepsilon}f(\varepsilon) = \acute{\alpha}g(\alpha)) = (\smile\!\!\mathfrak{a}\!\!-f(\mathfrak{a}) = g(\mathfrak{a}))$ aquí es necesario tener en consideración las reglas de los §§8 y 9». Sobre este tema, véase también en esta edición «Función y concepto», pp. 13-44 nota 16. [R. E. y L. P.].

24. El texto se salta de la página 213 a 215, dado que la página 214 contiene una copia facsimilar del manuscrito de Frege. [R. E. y L. P.].

25. Véase para más detalles sobre esta fórmula las *Leyes fundamentales de la aritmética*, I p. 52 §34, donde Frege introduce el signo $\frown$ en la sección titulada «definiciones especiales» (*besondere Definitionen*). Frege recuerda aquí haber señalado en el §25 que en lugar de funciones

El segundo volumen de mis *Leyes Fundamentales* debería aparecer próximamente. Tendré que añadir un anexo en el que sea valorado su descubrimiento. ¡Si tan solo tuviera el planteamiento correcto para ello!

Le saluda muy respetuosamente,

G. Frege.

Carta de Russell a Frege (12/12/1902)

Cheyne Walk 14
Chelsea, S. W.
12 de diciembre de 1902.

Estimado colega:

Cuando escribí acerca de las proposiciones (*Sätze*) 233
$p \varepsilon m . \supset . p$[26], entendí por *proposición* (*Satz*) su sentido, no su valor

---

de segundo grado podían usarse en adelante funciones de primer grado. Esto sería posible al sustituir la función que aparece como el argumento de una función de segundo grado por su curso de valor. De esta manera, señala «Se trata en principio solo de designar el valor de la función $\Phi(\xi)$ para el argumento Δ, así: $\Phi(\Delta)$ por medio de "Δ" y "$\acute{\varepsilon}\Phi(\varepsilon)$", esto lo hago así:

$$\text{“}\Delta \frown \acute{\varepsilon}\Phi(\varepsilon)\text{”}$$

lo que es equivalente con "$\Phi(\Delta)$"». Aquí «$\Delta \frown \acute{\varepsilon}\Phi(\varepsilon)$» significa el valor de la función cuyo curso de valor es $\acute{\varepsilon}\Phi(\varepsilon)$ para el argumento Δ. De esta forma se obtiene la mentada fórmula $\Phi(\acute{\varepsilon}\Phi(\varepsilon))$ en la respuesta de Frege, es decir, la predicación del concepto «$\Phi(\xi)$» de su propia extensión. Ahora, al aplicar esta regla al predicado «un concepto que se predica de su propia extensión» se obtiene la contradicción que acusa Russell. Esto es especialmente grave si se considera que para el sistema de las *Leyes fundamentales* resulta primordial garantizar que las expresiones correctamente formadas tengan una referencia (ver §31), es decir que sean verdaderas o falsas. Según esto resulta evidente que la expresión $\Phi(\acute{\varepsilon}\Phi(\varepsilon))$ carece de significado o referencia.

26. Entre esta carta y la del 22/06/1902, hay un conjunto de diez cartas en las que Frege y Russell discuten posibles soluciones a la de verdad. No me persuado de que la verdad y la falsedad sean la referencia (*Bedeutung*) de una oración (*Satz*) en el mismo sentido que, por ejemplo, un cierto hombre es la referencia del nombre Julio César. Mas esto es secundario. Es preciso admitir que hay diferentes sentidos, y se debe suponer que las clases de sentidos tienen números[27]. Ahora, si el sentido de «$p \varepsilon m . \supset . p$» está en una relación de uno a uno (*ein-eindeutig*) con *m*; luego, hay la misma cantidad (*Anzahl*) de sentidos que de clases de sentidos. (Pues *m* debe ser una clase de sentidos, de lo contrario «$p \varepsilon m . \supset . p$» no tendría sentido.)

Acerca de su solución de la contradicción, debo seguir reflexionando. Recientemente mi tiempo ha estado muy limitado por diversas exigencias, por lo que se me hace

---

manera surgen interesantes discusiones en torno a los conceptos claves de la filosofía de la lógica y la aritmética de Frege, como es el caso de la presente carta y la siguiente que reproducimos en esta edición. La formula aquí presentada es introducida por Russell en su carta del 29/09/1902. En su carta del 28/12/1902 (incluida en esta edición), Frege mismo ofrece una lectura de la fórmula, la que expresaría que si *p* es un elemento (ε en la simbología Russell-Peano) de la clase *m*, luego *p* es verdadero. La variante «$p \varepsilon m . \supset_p . p$», con la *p* suscrita, que se encuentra en la carta del 28/12/1902 tanto como en la del 29/09/1902, expresa la generalización de *p* y sugiere en esta simbología su universalización, de manera tal que $\forall p \, (p \in m) \rightarrow p$. En su carta del 29/09/1902, Russell introduce el problema que Frege continuará tratando en la respuesta del 28/12/1902: «Mi propuesta acerca de los tipos lógicos (*logische Typen*) me parece ahora incapaz de realizar lo que yo esperaba. A partir del teorema (*Satz*) de Cantor, según el cual una clase contiene (*enthalten*) más subclases que objetos, se puede obtener siempre nuevas contradicciones, por ejemplo, si *m* es una clase de proposiciones (*Sätze*), $p \varepsilon m . \supset_p . p$ representa su producto lógico. Esta proposición puede ella misma pertenecer o no a la clase *m*.». [R. E. y L. P.].

27. La oración de Russell no es del todo clara: *dass Klassen von Sinne Zahlen haben*, razón por la cual los editores alemanes agregan aquí una aclaración a «número» (*Zahlen*), según la cual debe entenderse aquí el concepto en el sentido de *Mächtigkeit*, es decir, en el sentido de cantidad de elementos o cardinalidad de un conjunto. [R. E. y L. P.].

difícil poder seguir avanzando en asuntos fundamentales. Sin embargo, me resulta difícil aceptar su solución, aunque probablemente sea correcta. ¿Niega usted, por ejemplo, que todas las clases formen una clase? Y si se admite esto, entonces es posible que $—a \frown a$[28]. Más aun, la clase de los no-hombres es un no-hombre. De no ser así, se debe admitir que no es el caso que todos los objetos caigan o bien bajo *a* o bien bajo *no-a*; concretamente, si *a* es un curso de valor, entonces no cae bajo *a* ni bajo *no-a*. Esto contradice la ley (*Gesetze*) del tercero excluído, lo que resulta, por decir lo menos, incómodo.

Espero que el segundo volumen de su Aritmética[29] 234
aparezca pronto. ¿Ha visto mi artículo en la *Revue de mathématiques* 7, 8[30]? También un artículo de Whitehead: *American Journal of Mathematics*, Oct. 1902 (vol. 24). En el último di la misma definición de número cardinal que usted, pero entonces no sabía aún que usted ya había hecho ese descubrimiento. Las definiciones que se dan de 1, 2, y 3 son incorrectas. Ellas deberían ser:

---

28. Es decir, que el curso de valor de la función *f*(*a*) es igual a *a*. Cfr. nota 25 en este Apéndice. [R. E. y L. P.].

29. La referencia es al segundo volumen de las *Leyes fundamentales de la aritmética*. [R. E. y L. P.].

30. El artículo en cuestión es «Sur la logique des relations avec des applications à la théorie des séries». *Rivista di matematica* (= *Revue de mathématiques*) 7 (1900-1901), pp. 115-148 (1901); «Théorie générale des séries bien ordonnées, ibid. 8 (1908-1906), pp. 12-43 (1902)». [R. E. y L. P.].

$$1 = u \ni \{\exists\, {}^{u} \cap x \ni (u - \iota x \varepsilon 0)\}$$ Df[31] etc.

Con un saludo muy respetuoso,

Bertrand Russell.

Carta de Frege a Russell (28/12/1902)

Jena, 28 de diciembre de 1902
Fortsweg 29.

Muy estimado colega:

234 Usted no se ha podido persuadir de que la referencia de una oración (*Satz*) sea el valor de verdad. No sé si leyó mi artículo «Sobre sentido y referencia» en el volumen 100 de *Zeitschrift für Philosophie und philosophische Kritik*. La distinción entre el sentido y la referencia de un signo es relevante aun para nuestro caso. A menudo acontece que diferentes signos designan el mismo objeto y, sin embargo, no son necesariamente intercambiables, en tanto que ellos determinan el mismo objeto de diversa manera. Se podría decir: ellos llevan a él desde diferentes ángulos (*Seiten*). Las palabras «la estrella de la mañana» (*Morgenstern*) y «la estrella de la tarde» (*Abendstern*) designan al mismo planeta Venus, pero para reconocer esto se precisa de un acto cognoscitivo especial. No puede deducirse simplemente del principio de

---

31. El artículo de Whitehead, «On cardinal numbers», *American Journal of Mathematics*, pp. 367-394, dedica su tercera sección al tratamiento de los números cardinales finitos e infinitos, y comienza su tratamiento con una mención explícita a Russell: «Esta sección III se debe enteramente a Russell, con excepción de algunas notas». La corrección que señala Russell a Frege refiere muy probablemente a las definiciones de los números 1, 2 y 3 dadas en esa sección del artículo de Whitehead. [R. E. y L. P.].

identidad. Dondequiera que la coincidencia de la referencia no es evidente, estamos ante una diferencia de sentido. Del 235
mismo modo el sentido de «$2^3 + 1$» es diferente del sentido de «3^2», a pesar de tener la misma referencia, porque se necesita un acto cognoscitivo especial para comprenderlo. Del mismo modo, las ecuaciones «$3^2 = 3^2$» y «$2^3 + 1 = 3^2$» tampoco tienen el mismo valor cognoscitivo pese a compartir el mismo valor de verdad. La diferencia es de sentido: los pensamientos expresados son distintos. Si la referencia de la oración fuera el pensamiento, él se mantendría invariable si una de sus partes fuese reemplazada por una expresión con la misma referencia. Ahora pregunto, ¿la oración completa tiene solamente un sentido, o tiene también una referencia? Aquello de lo que hablamos son las referencias de la palabras. Predicamos (*aussagen*) algo de la referencia de la palabra «Sirio» cuando decimos (*sagen*) «Sirio es más grande que el Sol». De aquí que en el ámbito de la ciencia nos sea valioso saber que las palabras utilizadas tienen una referencia. En la poesía (*Dichtung*) y en la fábula (*Sage*) aquello nos es ciertamente indiferente (*gleichgültig*). Si deseamos meramente disfrutar de la poesía, no nos preocupa que el nombre «Odiseo», por ejemplo, tenga una referencia (o, como acostumbramos decir, que sea un personaje histórico). La cuestión cobra interés para nosotros recién cuando nos conducimos científicamente, en el instante en que preguntamos: «¿es verdadera esa historia?», es decir, cuando nos interesamos por el valor de verdad. También hay pensamientos en la poesía, pero solo afirmaciones aparentes (*Scheinbehauptungen*). De aquí que tampoco se pueda desmentir a un poeta cuando, a sabiendas, dice algo falso en su poesía. Ahora bien, no se podría comprender por qué razón sería valioso para nosotros saber si una palabra tiene una referencia, si la oración completa no la tuviese y si esa referencia careciera de valor para nosotros, pues aquello no tiene influencia alguna sobre el pensamiento.

Esa referencia además, ha de ser algo que tenga valor para nosotros precisamente cuando nos interesa si las palabras son significativas (*bedeutungsvoll*) <o no>, es decir, cuando preguntamos por la verdad. La referencia de la oración debe ser algo que no varíe si reemplazamos un signo por otro que tenga la misma referencia pero diferente sentido. Lo que allí no cambia es el valor de verdad. Si se utiliza el signo de igualdad entre oraciones, se debe entonces reconocer al valor de verdad como la referencia de la oración (la *oratio oblicua*[32] requeriría una consideración especial). Las oraciones «la estrella de la mañana es un planeta» y «la estrella de la tarde es un planeta» no tienen el mismo sentido, pero la segunda surge (*entsteht*) a partir de la primera al ser reemplazado el nombre propio «estrella de la mañana» por el de igual referencia «estrella de la tarde». De esto se sigue que la referencia <de ambas> debe concordar (*übereinstimmen*):

> (La estrella de la mañana es un planeta) = (la estrella de la tarde es un planeta), según el principio (*Gesetz*)

$$\text{«}\vdash\!\begin{array}{l} \top\; F(a) = F(b)\text{»} \\ \llcorner\; a = b \end{array}$$[33]

Es de notar, a partir de esto, que el pensamiento expresado por la proposición (*Satz*) no puede ser aquello que se reconoce como idéntico (*dasselbe*), como tampoco se presenta el sentido de «la estrella de la mañana» como coincidiendo con el sentido de «la estrella de la tarde» cuando escribimos «estrella de la mañana = estrella de la tarde», o como tam-

32. Discurso indirecto. [R. E. y L. P.].

33. $(a = b) \rightarrow F(a) = F(b)$, no hay que pasar por alto el hecho de que la fórmula original tiene el trazo vertical de la aserción de Frege, para el que no hay un equivalente en la lógica tradicional. Cf. *supra* p. 35. [R. E. y L. P.].

poco se diría en el caso de la ecuación «$2^3 + 1 = 3^2$», que el sentido de «$2^3 + 1$» coincide con el sentido de «3^2».

Usted hace uso de la palabra «oración» (*Satz*) en el 236
mismo sentido en que yo uso la palabra «pensamiento» o «sentido de la proposición». Oración (*Satz*) es para mí un signo compuesto (*zusammengesetztes Zeichen*) que debe expresar un pensamiento. Su uso coincide (*sich decken*) con el de los matemáticos, el mío con el de los lógicos. Prefiero este último porque de lo contrario faltaría una palabra para «Proposición» en mi sentido <del término>.

Usted designa con «$p \varepsilon m . \supset_p . p$» un pensamiento, a saber, el pensamiento de que *todos los pensamientos que pertenecen a la clase m son verdaderos*, si entiendo correctamente sus signos. Una clase, empero, no puede ser un componente (*Bestandteil*) de un pensamiento, pero sí <puede serlo> el sentido de un nombre de clase (*Klassennamen*). Usted utiliza la proposición (*Satz*) como un discurso indirecto (*ungerade Rede*). En el discurso indirecto (*oratio oblicua*)[34], sin embargo, las palabras no tienen su referencia (*Bedeutung*) acostumbrada (directa [*gerade*]), sino que, como suelo decir, <tienen una> referencia indirecta (*ungerade*) que coincide con lo que normalmente es su sentido. Sean, por ejemplo, «*M*» y «*N*» (en discurso directo) nombres de la misma clase, de manera que $M = N$ es lo verdadero. Yo supongo, sin embargo, que estos nombres tienen diferentes sentidos, en tanto que determinan la clase de manera diversa. Luego, en el discurso indirecto, no se debe intercambiar *M* con *N* porque, en ese contexto, sus referencias son diferentes. En rigor, para evitar la ambigüedad (*Zweideutigkeit*), se debería tener signos especiales en el discurso indirecto, pero cuya conexión (*Zusammenhang*) con <los signos> correspondientes en el discurso directo fuera fácilmente reconocible. El pensamiento de que *todos los pensamiento que pertenecen a la*

---

34. Este paréntesis pertenece al texto de Frege. [R. E. y L. P.].

clase M son verdaderos, es diferente del <pensamiento> de que *todos los pensamientos que pertenecen a la clase N son verdaderos*, pues alguien que no estuviera en conocimiento de que *M* coincide con *N* podría tomar a uno de estos pensamientos por verdadero y al otro por falso. La expresión «la clase *M*» no refiere aquí, en discurso indirecto, a una clase, pues entonces referiría a la misma clase que «*N*». Si decimos a continuación: «el pensamiento de que *todos los pensamientos que pertenecen a la clase M son verdaderos* pertenece a la clase *M*», «*M*» tiene entonces aquí, en el segundo lugar <en que aparece> su referencia directa o usual. Aquí refiere a una clase, mientras que en todas <las oraciones> subrayadas[35] tiene referencia indirecta. Si «*M*», en el segundo lugar <en que aparece>, es reemplazada por «*N*», el valor de verdad se mantiene. Pero si hiciéramos lo mismo en las <oraciones> subrayadas[36], el valor de verdad se invertiría (*umgekehrt werden*); pues si también el pensamiento de que *todos los pensamientos que pertenecen a la clase M son verdaderos* pertenece a la clase *M*, el pensamiento de que *todos los pensamientos que pertenecen a la clase N son verdaderos* no necesita pertenecer a la clase *M*, dado que es un <pensamiento> diferente (*ein anderer*). Dado que «*M*» tiene diferente referencia en los dos lugares <en que aparece> en la oración «el pensamiento de que *todos los pensamientos que pertenecen a la clase M son verdaderos*, no pertenece a la clase *M*», entonces también debe persistir una diferencia de referencia de «*M*» en la expresión «el pensamiento de que e*l pensamiento de que TODOS LOS PENSAMIENTOS QUE PERTENECEN A LA CLASE M SON VERDADEROS no pertenecería a la clase M*». Se puede decir que en <las partes> doblemente subra-

35. En esta traducción en cursivas. [R. E. y L. P.].
36. En esta traducción en cursivas. [R. E. y L. P.].

yadas[37] tenemos la referencia indirecta de segundo grado. En las subrayadas[38] una sola vez, por el contrario, tenemos la referencia indirecta de primer grado. De esta forma el asunto se vuelve muy complicado; y si usted ahora designa con «*w*» la clase de todos los pensamientos cuya expresión tiene la forma «que *el pensamiento de que TODOS LOS PENSAMIENTOS QUE PERTENECES A LA CLASE m SON VERDADEROS no pertenece a la clase m*» y si usted designa con la letra «*r*» el pensamiento de que *todos los pensamientos que pertenecen a la clase w son verdaderos*, entonces no sé bien cómo ha llegado usted a la ecuación «*rεw*. =.*r*~*εw*», y qué se querría decir con ella: si la coincidencia de los pensamientos o la de los valores de verdad. ¿Por medio de qué tipo de inferencia (*Schlussweise*) obtiene usted la ecuación?

Leí algo de su autoría en *Revue de Mathématiques* una vez y noté que en ocasiones coincidimos en las mismas o similares líneas de pensamiento. Desconozco su artículo en *American Journal of Mathematics.*

Usted ha de haber recibido probablemente ya el segundo volumen de mis *Leyes fundamentales.*

Mis mejores deseos de bienestar en el nuevo año,

G. Frege.

---

37. Seguimos la convención de la traducción inglesa que señala el doble subrayado del original de Frege por medio de letras mayúsculas. [R. E. y L. P.].

38. En esta traducción en cursivas. [R. E. y L. P.].

Carta de Jourdain a Frege (15/01/1914)[39]

The Lodge, Girton
Cambridge,
15 Enero de 1914.

125 Estimado Prof. Frege:

¿Sería usted tan amable de darme permiso para traducir parte de sus *Leyes fundamentales* para *The Monist*? Estaba pensando en las partes más populares (tomo I, pp. vi-xxvi, 1-8,
126 51-52; Tomo II pp. 69-80)[40]. Si usted me da su permiso, la traducción sería revisada por Wittgenstein, que se ha ofrecido amablemente para ello, y luego yo se la mandaría a usted.

¿Me daría usted también su opinión sobre <los siguientes puntos>?: 1) si su teoría de las funciones de primer y segundo orden[41] no es la misma que la teoría de los órdenes de Russell (cf. *Principia mathematica* I 54 y ss.); 2) si usted considera la aserción (⊢) como meramente psicológica; 3) si usted, en virtud de lo que parece ser un hecho, a saber, que Russell

---

39. El epistolario de Frege con Jourdain (matemático y científico, reputado a comienzos del S. XX como un importante especialista en Newton), fue iniciado con la carta de este último a Frege del 7/09/1902 (cf. Frege (1976) p. 110). Este intercambio de cartas posee la peculiaridad de estar escrito en dos idiomas, ya que Jourdain le escribe a Frege en inglés, mientras que Frege, que reconoce no dominar con confianza el inglés (cf. Frege (1976) p. 126), responde invariablemente en alemán. [R. E. y L. P.].

40. Jourdain fue co-editor de las revistas *International Journal of Ethics* y *The Monist*, de la cual fue además editor general desde 1918-1919. En los números 25, 26 y 27 de esta última publicación (correspondientes a los años 1915, 1916 y 1917) se publicaron, con el consentimiento de Frege, fragmentos de sus *Leyes fundamentales de la aritmética*, precedidos por una introducción del mismo Jourdain. Cf. Frege (1915). [R. E. y L. P.].

41. En el original inglés Jourdain escribe aquí la expresión «de primer y segundo grado» en alemán (*erste bzw. zweite Stufe*). [R. E. y L. P.].

ha mostrado que las proposiciones (*propositions*) pueden ser analizadas de una forma que sólo asume que un nombre tiene referencia[42] y no sentido[43], sostendría que el sentido es una propiedad meramente psicológica de un nombre.

Sinceramente,
Philip E. B. Jourdain.

Carta de Frege a Jourdain (sin fecha)[44]

Estimado Sr. Jourdain:

Con mucho gusto lo autorizo a traducir para *The Monist* 126
parte de mis *Leyes fundamentales*. Me parece, de acuerdo con su carta, que Wittgenstein de nuevo está en Cambridge. Tuve largas conversaciones con él antes de Navidad y quise escribirle una carta para continuar con el hilo de la discusión, pero no sabía dónde estaba[45]. Lamentablemente no comprendo suficientemente bien el inglés como para poder aseverar con certeza que la teoría de Russell (*Principia mathematica* I 54 y ss.) concuerda con mi teoría de las funciones de primer, segundo, etc. grado. De todos modos parece ser así. Mas no entiendo todo. No tengo claro lo que Russell pretende con

---

42. Jourdain escribe aquí en alemán *Bedeutung*. [R. E. y L. P.].

43. Jourdain escribe aquí *Sinn*. [R. E. y L. P.].

44. Este texto corresponde a un borrador de la carta de Frege a Jourdain del 28/01/1914. Cf. pp. 285-286. El borrador posee un valor mayor que el de la carta final que Frege envió, al menos para la literatura secundaria, ya que en él Frege responde las tres preguntas que Jourdain le hace en su carta del 15/01/1914, y no sólo la primera de ellas, como ocurre en la mencionada carta del 28/01/1914. En esta carta además Frege menciona el hoy célebre ejemplo del monte «Afla» y «Ateb». [R. E. y L. P.].

45. Wittgenstein, en realidad, no había estado en Inglaterra desde octubre de 1913, y no volvería sino varios años después. [R. E. y L. P.].

su signo Φ!*x*[46]. Todavía no sé con seguridad si él habla del signo o de su contenido. ¿Significa (*bedeuten*) <el término> «función» un signo? Ya le escribí una vez a usted antes <explicando> por qué quisiera que se eliminara la expresión «variable». No se sabe nunca con exactitud si se trata de un signo o del contenido de un signo. Russell escribe (p. 54), en relación a la oración «Φ!*x* implica Φ!*a* con todos los posibles valores de Φ»: «Esto hace una predicación (*statement*) sobre *x*, pero no atribuye a *x* un *predicado*, en el sentido especial recién definido»[47]. En mi *Conceptografía* escribiría esa oración (si la entiendo bien) de la siguiente manera:

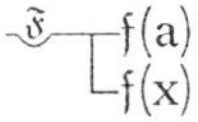

y, en mi opinión, se podría también escribir así: «*x* = *a*». ¿Por qué no se trata aquí, como es usual, de predicar (*aussagen*) un predicado (*Prädikat*) de *x*? ¿No tenemos aquí una función de primer orden[48]? En relación a su segunda pregunta, quisiera decir lo siguiente: ciertamente el juzgar (*das Urteilen*) (el reconocer como verdadero) es un proceso psicológico interno; pero el que algo sea verdadero es independiente del cognoscente (*Erkennenden*), es objetivo. Si asevero algo como verda-
127 dero, no quiero hablar de mí, de un proceso en mi mente.

---

46. En la notación de los *Principia Mathematica* el signo aquí indicado por Frege «denota», según Russell y Whitehead, «cualquier función de primer orden». Cf. Russell & Whitehead (1910) I p. 54. [R. E. y L. P.].

47. Frege cita el pasaje en inglés, que dice así: «This makes a statement about *x*, but does not attribute to *x* a *predicate* in the special sense just defined». Traduzco el término inglés «statement» como «predicación», pues el primero es claramente entendido por Frege como el equivalente inglés a «*Aussage*», que ha sido aquí consistentemente vertido al castellano como «predicación». [R. E. y L. P.].

48. Frege utiliza aquí la expresión inglesa *first-order function.* [R. E. y L. P.].

Y para entender lo que se asevera, no necesito saber quién lo hace. El que entiende la oración que es enunciada con fuerza asertiva agrega su reconocimiento (*Anerkennung*) de la verdad <de la oración>. Si una oración que es enunciada con fuerza asertiva expresa un pensamiento falso, entonces ella es inutilizable desde la perspectiva de la lógica y, en sentido estricto, incomprensible. Una oración enunciada sin fuerza asertiva puede ser útil desde la perspectiva de la lógica, aun cuando exprese un pensamiento falso, por ejemplo, como parte (antecedente) de otra oración. Lo que sirve como premisa de una inferencia (*Schluss*) debe ser verdadero. En conformidad con lo anterior, si se presenta una inferencia, se deben enunciar las premisas (*Prämissensätze*) con fuerza asertiva, puesto que la verdad de las premisas es esencial para que la inferencia sea correcta. Si en la presentación de una inferencia en mi *Conceptografía* se suprimiera la barra del juicio, faltaría algo esencial. Y es bueno que este <elemento> esencial también tome cuerpo de manera visible en un signo y que no sea agregado a la comprensión (*hinzuverstehen*) <de la inferencia> en conformidad con un acuerdo tácito (*unausgesprochene Übereinkunft*) pues un acuerdo tácito según el cual, bajo ciertas circunstancias, algo debería ser agregado a la comprensión (*hinzuverstehen*) <de la inferencia>, cae fácilmente en el olvido, incluso si dicho acuerdo fue explicitado en su momento. Y entonces ocurre que se pasa por alto algo esencial, porque <eso> no ha tomado cuerpo. Pero lo que es esencial para la inferencia (*das Schliessen*) debe formar parte de la lógica.

En lo concerniente a su tercera pregunta, no creo que podamos dispensarnos del sentido del nombre en la lógica, puesto que una oración debe tener un sentido si ella ha de ser útil. Pero la oración consta de partes que deben contribuir de alguna manera a la expresión del sentido de la misma. Por lo tanto, estas partes deben tener sentido (*sinnvoll*

sein) de alguna manera. Tomemos la oración: «El Etna es más alto que el Vesuvio». Aquí tenemos el nombre «Etna», que también aparece en otras oraciones, por ejemplo, en la oración «El Etna está en Sicilia». La posibilidad de que comprendamos oraciones que no hemos oído nunca radica abiertamente en el hecho de que construimos el sentido de una oración a partir de partes que corresponden a las palabras. Si encontramos en dos oraciones la misma palabra, por ejemplo, «Etna», entonces reconocemos también en los pensamientos correspondientes algo común, que corresponde a esa palabra. Sin esto, sería imposible una lengua en sentido genuino. Podemos, por cierto, acordar que ciertos signos deberían expresar ciertos pensamientos, como las señales en el ferrocarril (vía libre). Pero de este modo estaríamos siempre limitados a un ámbito muy estrecho y no podríamos construir una oración totalmente nueva que fuera entendida por otro a pesar de que no hubiera un acuerdo previo para ese caso. Ahora bien, esa parte del pensamiento que corresponde al nombre «Etna» no puede ser el monte Etna mismo, no puede ser la referencia de ese nombre. Cada pieza de lava solidificada que sea parte del Etna también será entonces parte del pensamiento de que el Etna es más alto que el Vesubio. Me parece empero sin sentido el que los trozos de lava, y por cierto también aquellos de los que no tengo conocimiento, formen parte
128 de un pensamiento. Entonces me parecen necesarios: 1) la referencia del nombre como aquello de lo cual algo es predicado, 2) el sentido del nombre como parte del pensamiento. Sin la referencia podríamos por cierto tener un pensamiento, pero sería un pensamiento de fábula o de poesía, no un pensamiento por medio del cual pudiera realizarse el conocimiento científico. Sin el sentido no tendríamos pensamiento, por lo tanto no tendríamos nada que podamos conocer como verdadero.

A esto se agrega lo siguiente. Supongamos que un explorador en un país no explorado ve en el horizonte hacia el norte un monte nevado alto. Preguntando a los nativos aprende el nombre «Afla». El explorador determina en lo posible la posición del monte por medio de la observación a partir de diferentes puntos. Apunta la posición en un mapa, y escribe en su bitácora: «El Afla tiene al menos 5000 metros de altura». Otro explorador ve en el horizonte hacia el sur un monte nevado alto y se entera de que se llama Ateb. Lo apunta en su mapa con ese nombre. Posteriormente una comparación muestra que ambos exploradores han visto el mismo monte. El contenido de la oración «El Ateb es el Afla» no es de ninguna manera una mera consecuencia del principio de identidad, sino que contiene un conocimiento geográfico valioso. Por ello lo que es enunciado en la oración «El Ateb es el Afla» no es lo mismo que el contenido de la oración «El Ateb es el Ateb». Si aquello que corresponde al nombre «Afla» como parte del pensamiento fuera la referencia de ese nombre, por lo tanto el monte mismo, entonces sería en ambos pensamientos lo mismo. El pensamiento expresado en la oración «El Ateb es el Afla» debería coincidir con el de la oración «El Ateb es el Ateb», lo cual no es de ninguna manera el caso. Aquello que corresponde como parte del pensamiento al nombre «Ateb» debe ser distinto de aquello que corresponde al nombre «Afla» como parte del pensamiento. Esto no puede ser la referencia, que es la misma en ambos nombres, sino que debe ser algo que es diferente en cada uno de los casos. Y yo digo, de acuerdo con esto, que el sentido del nombre «Ateb» es diferente al del nombre «Afla». En conformidad con lo anterior, también es diferente el sentido de la oración «El Ateb tiene al menos 5000 metros de altura» del sentido de la oración «El Afla tiene al menos 5000 metros de altura». El que tiene por verdadera esta, de ninguna manera tiene que dar por verdadera aquella. Un objeto puede ser determinado de distintas maneras y cada una de estas formas de determinarlo puede dar origen a un nombre especial, y estos diferentes nombres tienen entonces diferentes sentidos, puesto que no es autoevidente que sea un mismo objeto el que es determinado de diversas maneras. Tenemos casos de este tipo en la astronomía en el caso de planetoides y cometas. Si el sentido de un nombre fuera algo subjetivo, entonces también el sentido de la oración en la cual aparece el nombre, es decir, el pensamiento, sería algo subjetivo, y el pensamiento que este hombre vincula con la oración sería diferente del pensamiento que aquel vincula con ella. Un tesoro común de pensamientos, una ciencia común sería imposible. Una contradicción entre lo que dice aquel y lo que dice este sería imposible, porque no expresarían en absoluto el mismo pensamiento, sino que cada uno expresaría el suyo propio.

129 Por estas razones, creo que el sentido de un nombre no es algo subjetivo, y que, por lo tanto, no pertenece a la psicología. Y <creo también> que es imprescindible.

Lista de términos

En esta lista se ofrecen los términos castellanos que por lo general traducen el término alemán correspondiente. En algunos casos ha sido necesario recurrir a una expresión diferente debido al uso que hace Frege de una palabra alemana en un contexto determinado. Esta última va siempre entre paréntesis.

Afirmar: *bejahen*

Antecedente: *Bedingungssatz*

Aseverar: *behaupten*

Aserción: *Behauptung*

Asignación de un número: *Zahlangabe*

Concepto: *Begriff*

Conexión de signos: *Zeichenverbindung*

Consecuente: *Folgesatz*, *Nachsatz*

Contenido: *Inhalt*

Contenido judicable: *beurteilbarer Inhalt*

Curso de valor: *Wertverlauf*

Componente: *Bestandteil*

Correspondencia: *Übereinstimmung*

Denominación: *Benennung*

Designado: *Bezeichnetes*

Designar: *bezeichnen*

Dominio: *Reich*

Expresión de cálculo: *Rechnungsausdruck*

Expresión de concepto: *Begriffsausdruck*

Forma: *Form*

Fuerza asertiva: *behauptende Kraft*

Función: *Funktion*

Función de primer (segundo) grado: *Funktion erster (zweiter) Stufe*

Identidad: *Identität*

Igualdad: *Gleichheit*

Juicio: *Urteil*

Justificación: *Berechtigung / Rechtfertigung*

Negar: *verneinen*

Nota: *Merkmal*

Número: *Zahl, Anzahl*

Número cardinal: *Anzahl*

Objeto: *Gegenstand*

Oración: *Satz*

Oración asertiva: *Behauptungssatz*

Oración compuesta: *Satzgefüge*

Palabra de concepto: *Begriffswort*

Palabra de negación: *Verneinungswort*

Pensamiento: *Gedanke*

Predicación: *Aussage*

Predicar: *aussagen*

Propiedad: *Eigenschaft*

Referencia: *Bedeutung*

Referir: *bedeuten*

Sentido: *Sinn*

Ser verdadero: *Wahrsein*

Signo: *Zeichen*

Tesis / Teorema: *Satz*

Tener por verdadero: *Fürwahrhalten*

ÍNDICE

COLIHUE ☾ CLÁSICA

ÚLTIMOS TÍTULOS PUBLICADOS

- *Una casa de muñecas. Un enemigo del pueblo,* Henrik Ibsen
- *Frankenstein,* Mary W. Shelley
- *Edipo rey. Edipo en Colono. Antígona,* Sófocles
- *Los hermanos Karamázov,* Fiódor Dostoievski
- *Confesiones,* San Agustín
- *Peer Gynt. El pato salvaje. Hedda Gabler,* Henrik Ibsen
- *Enéadas. Textos esenciales,* Plotino
- *Elogio de la Locura,* Erasmo de Rotterdam
- *Pensamiento y habla,* Lev Vigotski
- *Obra poética,* Stéphane Mallarmé
- *Convivio,* Dante Alighieri
- *El contrato social,* Jean-Jacques Rousseau
- *La filosofía en el tocador,* Marqués de Sade
- *Poesía completa,* Catulo
- *Epistolario,* Baruch Spinoza
- *Discurso de la servidumbre voluntaria,* Étienne de La Boétie
- *Fedón,* Platón
- *Arte de amar,* Ovidio
- *Tratado de la reforma del entendimiento,* Baruch Spinoza
- *Crítica de la razón pura* (2ª ed.), Immanuel Kant
- *Poema de Mio Cid,* Anónimo
- *Categorías,* Aristóteles
- *Catilinarias,* Cicerón
- *Textos literarios,* Nicolás Maquiavelo
- *Madame Bovary,* Gustave Flaubert
- *El profeta. El loco. El vagabundo. El jardín del profeta,* Khalil Gibrán

- *El extraño caso del Dr. Jekyll y Mr. Hyde,* Robert L. Stevenson
- *Cuentos completos,* Edgar Allan Poe
- *Cuadernos de arte, literatura y ciencia,* Leonardo da Vinci
- *Acerca del alma,* Aristóteles
- *Crítica de la razón práctica,* Immanuel Kant
- *El hombre que fue Jueves,* G. K. Chesterton
- *Romancero,* Gloria Chicote (compiladora)
- *Evgueni Onieguin,* Alexandr Pushkin
- *Tragedias II,* Eurípides
- *El Maestro,* San Agustín
- *Moby-Dick,* Herman Melville
- *Banquete,* Platón
- *Tragedias III,* Eurípides
- *El primo Basilio,* José Maria Eça de Queirós
- *Fausto,* Johann Wolfgang von Goethe
- *El jugador,* Fiódor Dostoievski
- *Teatro completo,* Anton Chéjov
- *Teatro completo,* Iván S. Turguéniev
- *Ensayo sobre el origen de las lenguas,* Jean-Jacques Rousseau
- *Teatro completo,* Alexandr Pushkin
- *Opúsculos morales,* Giacomo Leopardi
- *El Ateneo,* Raul Pompeia
- *Ion,* Platón
- *Bases y puntos de partida para la organización política de la República Argentina,* Juan Bautista Alberdi
- *Bhagavad Gita,* Anónimo

Esta edición
de 2000 ejemplares
se terminó de imprimir en
Al Sur Producciones Gráficas S.R.L.,
Wenceslao Villafañe 468,
Buenos Aires, Argentina,
en noviembre de 2017.